农家历

（2019—2028 年）

曾强吾　编

内容简介

本书编排了2019—2028年农家历，同时介绍了天文历法知识、民间历表历项内涵、各月气候与农事、农家实用对联，并附有增广贤文和民间神佛诞辰、纪念日等内容。本书知识丰富，历表项目详细、准确，适合农家日常生活参考。

图书在版编目(CIP)数据

农家历 / 曾强吾编. -- 北京：气象出版社，2018.10(2019.1重印)

ISBN 978-7-5029-6243-2

Ⅰ. ①农… Ⅱ. ①曾… Ⅲ. ①历书－中国－2019－2028 Ⅳ. ①P195.2

中国版本图书馆CIP数据核字(2018)第215797号

NONGJIALI

农家历

曾强吾 编

出版发行：气象出版社

地　　址：北京市海淀区中关村南大街46号　邮政编码：100081

电　　话：010-68407112（总编室）　010-68408042（发行部）

网　　址：http://www.qxcbs.com　E-mail：qxcbs@cma.gov.cn

责任编辑：周　露　杨　辉　终　　审：张　斌

责任校对：王丽梅　责任技编：赵相宁

封面设计：博雅思企划

印　　刷：三河市百盛印装有限公司

开　　本：787 mm×1092 mm　1/32　印　　张：6

字　　数：190千字

版　　次：2018年10月第1版　印　　次：2019年1月第2次印刷

定　　价：16.00元

目录

一、天文历法知识 /1

二、农家历历项简介 /17

三、各月气候与农事 /30

一、天文历法知识

历　法

历法是按一定法则，组合年、月、日等计时单位，构成单位之间换算的方法，以供计量时间之用。

从远古到现在，世界各国通用的历法，种类繁多，诸如古埃及历、古巴比伦历、古希腊历、犹太历、儒略历、格里历、伊斯兰教历、印度历以及中国历朝历代颁行的多种历法。按照其着重点的不同，历法大体可归纳为三类：以太阳回归年为主要依据的历法叫作“阳历”，以月亮朔望月为主的历法叫作“阴历”，同时兼顾回归年和朔望月的历法叫作“阴阳历”。

回归年是地球绕太阳公转一周、从春分点再回到春分点的时间，即四季更迭的周期，长 365 天 5 时 48 分 46 秒。阳历就把它作为“历年”的标准。

朔望月是月亮和太阳会合的周期，也是月亮盈亏变化的周期，长度是 29 天 12 时 44 分 3 秒。阴历把朔望月作为“历月”的标准，规定大月 30 天，小月 29 天。

公　历

公历是现在世界各国通用的历法，又称格里历，实质上是一种阳历，它的前身是儒略历。公元前 46 年，罗马统治者儒略·恺撒采纳天文学家索西琴尼（Sosigène）的意见制定儒略历，它以回归年为历法的基本单位，历年中平年 365 天，四年一闰，闰年 366 天；一年分为 12 个月，单月 31 天，双月 30 天，只有 2 月平年 29 天，闰年 30 天。公元前 8 年，恺撒之侄奥古斯都作了调整，从 2 月里减去 1 天加在 8 月上面，又把 9、11 两月改为小月，10、12 两月改为大月。儒略历历年平均长 365.25 天，比回归年要长 0.0078 天，累积到 16 世纪末，3 月 21 日春分提早到了 3 月 11 日。于是，教皇格里高里十三世于 1582 年加以修订，把儒略历1582年10月4日的下一天定为格里历10月15日，中间销去10天，使春分日又恢复到3月21日。同时修改了儒略历置闰法则，公元年数被4除尽的仍为闰年，但对世纪年（如1600年、1700年……）只有能被400除尽的才为闰年。这样，在400年中只有97个闰年，而历年平均长度为365.2422天，与回归年只差0.0003天，因此要经过3333年才有1天的误差。修改后的格里历，先在信奉天主教的国家使用，后来被推行到新教国家，20世纪初期在全世界普遍使用。我国在辛亥革命后开始采用格里历，即现在的公元纪年。

农　历

农历是我国采用了几千年的一种传统历法，又叫夏历、旧历、中历、皇历，民间俗称阴历。它用严格的朔望月周期来定月，又用设置闰月的办法使得年的平均长度与回归年接近，因之兼有阴历月和阳历年的特性，实质上是一种阴阳合历。

农历把太阳和月亮黄经相同的日期（称为合朔）作为月首，即初一。朔望月长约29天半，所以有的月份是30天，称月大；有的月份是29天，称月小。每月初一所在的日期，是根据太阳和月亮的位置精确地来推算的。农历以12个月为一年，共354或355天，与回归年相差11天左右。为求年与月的协调，所以在19年中设置7个闰月，有闰月的年份共有13个月，全年约384天。

安插闰月是根据二十四节气来确定的。农历月份按照12个“中气”（即逢双的节气）而定名，各月所含中气如下：

正月：雨水；　二月：春分；　三月：谷雨；

四月：小满；　五月：夏至；　六月：大暑；

七月：处暑；　八月：秋分；　九月：霜降；

十月：小雪；　十一月：冬至；十二月：大寒。

实际上，由于太阳、月亮运动的复杂性，有时中气并不落在相应的月份，不含中气的月份就定为闰月，用上个月的名称命名为闰某月。当然这只是一般性的原则，具体安排闰月的法则要比这复杂些。用这种办法巧妙地设置闰月，可以使农历的月份与节气不会相差太远，从而各月所代表的气候虽不像阳历那样符合实际，但相差不会太大，缺点是平年与闰年的天数差别较大。

农历中有时标有农暴，指的是因天气的突然变化而引起的狂风暴雨或江湖边的巨大风浪等自然现象，由于其往往来势凶猛，可能给农作物和人们的日常生活造成不良影响，故而在民间比较受重视。

阴　　历

阴历以朔望月为基本单位，有名的阴历历法，主要有古希腊历和伊斯兰教历。

伊斯兰教历至今仍然在阿拉伯地区及其他伊斯兰国家和地区受到广泛的重视，并应用于宗教祭祀和节期假日等现实生活。该历由伊斯兰教创始人穆罕默德创立，规定单月为30天，双月为29天，平均每个历月为29.5天，一年为12个月，共354天。12个朔望月实际上约为354.3671天，为使月初和新年都在蛾眉月出现的那天开始，伊期兰教历也采用置闰的办法，每30年为一周期，共加11个闰日，在30年循环周期中，第2，5，7，10，13，16，18，21，24，26，29年为闰年，在12月底增加1日，共有355天。伊斯兰教历年比公历约少11天，因此元旦日逐年提早，寒暑日期变化无常，约33年循环一周。该历的起始历元定在穆罕默德从麦加迁到麦地那的那一天，即儒略历公元622年7月16日（星期五）。

太　　岁

我国古人认为天有五星，地有五行；天有九星，地有九州；天有十二次，地有十二辰。十二次以岁星（木星）十年为一周天，自西向东把周天分为十二等分，据此可知岁星历年所在之位，并由此观测日、月、五星之运行，因而产生了“岁星”纪年。但是十二次并不精确，因为岁星的恒星周期并非12年整，而是11.86年。我国古代天文历法专家们便假设有一个与岁星运行方向相反的“反木星”（十二年一周天）进行计算，取代岁星纪年，而这种纪年方式即在地平圈内，自东向西分十二等份，此一天体，谓之太岁，又称太阴、岁阴，即十二辰，并以子、丑、寅、卯、辰、巳、午、未、申、酉、戌、亥这十二地支表示。但太岁纪年法又不直接用十二辰的十二地支表年，而是用太岁所在十二辰对应的岁名。十二岁名与十二辰对应关系见下表：

十二辰	丑	子	亥	戌	酉	申	未	午	巳	辰	卯	寅
十二岁名	赤奋若	困敦	大渊献	阉茂	作噩	涒滩	协洽	敦牂	大荒落	执徐	单阏	摄提格

西汉年间，历法家们为了纪年的准确、便利，又以十干来配十二辰，也有十个名称，叫“岁阳”。岁阳与十干对应关系见下表：

十干	甲	乙	丙	丁	戊	己	庚	辛	壬	癸
岁阳	阏逢	旃蒙	柔兆	强圉	著雍	屠维	上章	重光	玄默	昭阳

于是，岁阳与岁阴（岁名）相配，就组成了60个年名，实际上就是干支相配的六十甲子，所以至今六十甲子纪年就是六十甲子值年的太岁，并逐一命以姓名。如公元2018年是农历戊戌年，太岁就是戊戌，姓姜名武；2019年是农历己亥年，太岁就是己亥，姓谢名寿……六十甲子太岁姓名如下：

甲子金赤（辨）　乙丑陈泰（材）　丙寅沈兴　丁卯耿章
戊辰赵达　己巳郭灿　庚午王清　辛未李素
壬申刘旺　癸酉康忠（志）　甲戌誓广　乙亥伍保（幸）
丙子郭嘉　丁丑汪文　戊寅曾光　己卯伍（龚）仲
庚辰童（董）德　辛巳郑祖　壬午路（陆）明　癸未魏明（仁）
甲申方公（杰）　乙酉蒋嵩（嵩）　丙戌向（白）般　丁亥封（均）齐
戊子郢班（镗）　己丑潘僖（佑）　庚寅邬桓　辛卯范宁
壬辰彭泰　癸巳徐舜　甲午张词　乙未杨贤
丙申管仲　丁酉康杰　戊戌姜武　己亥谢寿（涛）
庚子虞起（超）　辛丑汤信　壬寅贺谔　癸卯皮时
甲辰李成（诚）　乙巳吴遂　丙午文折（祐）　丁未缪（僇）丙
戊申俞忠　己酉程寅（实）　庚戌化（伍）秋　辛亥叶坚
壬子邱德　癸丑林簿（薄）　甲寅张朝　乙卯方（万）清
丙辰辛亚　丁巳易彦　戊午姚黎　己未傅悦
庚申毛倖（梓）　辛酉文（石）政　壬戌洪氾（克）　癸亥虞程

月　相

月球圆缺的各种形状称为月相，月球本身不发光，只能反射太阳光。月球在绕地球运转的同时，也随地球绕太阳运转，日、月、地三者的相对位置在不断地变化着。因此从地球上看到的月球被太阳照亮的部分也在不断变化，于是产生了不同的月相。一个月中主要的月相有四个，即朔、上弦、望、下弦。

朔 农历每月初一，月球运行到地球与太阳之间，跟太阳同时出没，地球上看不见月光，这种月相叫作“朔”。这时的月亮叫作“新月”。

上弦 农历每月初七或初八，太阳跟地球的连线和地球跟月亮的连线成直角时，在地球上看到月亮呈弓形，这种月相叫作“上弦”。

望 农历每月十五日（有时是十六或十七日），地球运行到太阳和月亮之间，这天太阳从西方落下去的时候，月亮正好从东方升上来，地球上看见圆形的月亮，这种月相叫“望”，这时的月亮叫“望月”。

下弦 农历每月二十二或二十三日，太阳跟地球的连线和地球跟月亮的连线成直角时，在地球上看到月亮呈弓形，这种月相叫作“下弦”。

月亮连续两次呈现同样的月相所经历的这段时间就是月相变化周期，为一个朔望月，它是制定太阴历中历月的依据。由于不同的月相在同一时间出现方位是不同的，同一月相在不同的时间出现方位也是不同的，故据此可以判断时间和方位。

二十四节气

二十四节气是我国历法的重要组成部分，是我们祖先长期总结天文、气象与农业之间相互关系而创造出来的。它反映寒暑变化和农时季节，在我国特别是在农村可说是家喻户晓。在国外华侨聚居的地区，也广泛流传。

节气时刻表示地球绕太阳运行时在轨道上的不同位置。从地球上看，太阳在黄道（地球轨道在天球上的投影）上运动，一回归年运行一周。太阳在黄道上的位置用黄经度量，从春分点（黄道与赤道的交点）算起。从0°开始，太阳在黄道上向东移动，每15°为一“气”，其中十二个“气”叫作“节气”，另外十二个“气”叫作“中气”。节气和中气相间排列，一年共二十四个“气”，每月基本上有一个节气和一个中气。

反映寒冷暑热的节气，是以地球绕太阳运行规律来确定的，而与月亮的运动没有关系，所以节气实际上属于公历范畴。然而很多人不明白这个道理，以为节气是农历。其实只要注意一下节气在公历和农历的日期，就不难看出：各个节气在农历里的日期变动很大，而在公历中差不多都有固定的日期，前后相差不会超过一两天。

二十四节气的名称、太阳所在位置、公历日期以及节气的意义如下表所示：

二十四节气

节气名称	太阳黄经	公历日期	农历月份	意　义
小寒（节）	285°	1月6日前后	十二月	天气寒冷，但未达极点
大寒（中）	300°	1月21日前后		数九严寒，气温最低
立春（节）	315°	2月4日前后	正月	春季开始
雨水（中）	330°	2月19日前后		气温回升，春雨绵绵
惊蛰（节）	345°	3月6日前后	二月	冬眠虫类开始苏醒、出土活动
春分（中）	0°	3月21日前后		太阳直射赤道，昼夜平分
清明（节）	15°	4月5日前后	三月	春光明媚，景色清明
谷雨（中）	30°	4月20日前后		播种百谷，雨水增多
立夏（节）	45°	5月6日前后	四月	夏季开始
小满（中）	60°	5月21日前后		夏熟作物开始结实成熟
芒种（节）	75°	6月6日前后	五月	麦类成穗，谷类忙种
夏至（中）	90°	6月21日前后		太阳直射北回归线，北半球昼最长、夜最短
小暑（节）	105°	7月7日前后	六月	暑气上升，气候稍热
大暑（中）	120°	7月23日前后		酷暑来临
立秋（节）	135°	8月8日前后	七月	秋季开始
处暑（中）	150°	8月23日前后		暑热渐消
白露（节）	165°	9月8日前后	八月	夜晚清凉，水汽凝结成露
秋分（中）	180°	9月23日前后		太阳直射赤道，昼夜再次平分
寒露（节）	195°	10月8日前后	九月	夜晚渐寒，露华日浓
霜降（中）	210°	10月23日前后		开始出现霜
立冬（节）	225°	11月7日前后	十月	冬季开始
小雪（中）	240°	11月22日前后		气温下降，开始降雪
大雪（节）	255°	12月7日前后	十一月	北方已经大雪纷飞
冬至（中）	270°	12月22日前后		太阳直射南回归线，北半球昼最短、夜最长

从一个节气经过中气到下一个节气，称为一个“节月”。由于地球

不是按正圆而是按照椭圆轨道绕太阳运行，运行的速度有快有慢。在小寒附近速度快，“节月”就短；而小暑前后速度最慢，“节月”最长。平均说来，一个节月是一回归年的十二分之一，约等于30天半。

为了帮助记忆，人们从每个节气名称各取一个字，按次序连成一首节气歌：

春雨惊春清谷天，夏满芒夏暑相连；
秋处露秋寒霜降，冬雪雪冬小大寒。
上半年来六、廿一，下半年来八、廿三；
每月两节日期定，最多不差一两天。

还有一首二十四节气诗：

地球绕着太阳转，转完一圈是一年。一年分成十二月，二十四节紧相连。按照公历来推算，每月两气不改变。

上半年是六、廿一，下半年逢八、廿三。这些就是交节日，有差不过一两天。二十四节有先后，下列口诀记心间：

一月小寒接大寒，二月立春雨水连；惊蛰春分在三月，清明谷雨四月天；五月立夏和小满，六月芒种夏至连；七月小暑和大暑，立秋处暑八月间；九月白露接秋分，寒露霜降十月全；立冬小雪十一月，大雪冬至迎新年。

抓紧季节忙生产，种收及时保丰年。

梅·伏·社日·分龙·九九

梅、伏、社日、分龙和九九是我国传统历法中二十四节气之外的杂节气。

梅　夏初我国江淮流域会连续出现空气潮湿、阴霾多雨或雷阵雨天气，称为“梅雨”期或“霉雨”期。实际上，梅雨的开始（入梅）和结束（出梅）要视当年气象条件的变化而定，比较复杂。在我国传统历法中，梅季的确定是根据江淮地区长期的经验，用干支纪日来推算的。按照规定，芒种后逢第一个丙日为入梅，小暑后逢第一个未日为出梅。这样，梅雨期即从入梅到出梅大概有一个月左右。

伏　“伏”标志着一年里最炎热的时期，俗语说“热在三伏”。伏的日期也是按照干支纪日来推算。从夏至日算起，第三个天干为“庚”的日子叫“头伏”，过十逢第四个庚日为“二伏”，立秋后第一个庚日为

"三伏"，总的叫"三伏"。从初伏到中伏总是10天；中伏到末伏，有的年份为10天，有的年份为20天，这要看夏至到立秋间有几个庚日来确定：有4个庚日则中伏到末伏间隔为10天，有5个庚日则间隔为20天。

每年三伏大概在公历7月中旬至8月中旬之间，这时太阳正直射地球北半球，昼长夜短，地面吸热量大于散热量，积储热量增多，加上我国东南地区常处在副热带高压控制下，天气晴朗少雨，温度升高，因此就有"热在三伏"之说。

社日 社日又分为春社日和秋社日，原是我国古代农民祭祀土地神的节日，分别在春分和秋分前后。春社是在立春算起第五个戊日（戊，为干支纪日的天干），是当时农民向土地神祈求一年丰收的祭祀日。秋社是立秋起第五个戊日，是农民向土地神报谢秋收的祭祀日。现已不信祈求和报谢了，社日只被作为杂节气看待。

分龙 《续博物志》："俗以五月雨为分龙雨。"分龙的日期依地理位置而不同，大抵江浙一带以农历五月二十日为分龙日，福建俗以夏至后为分龙，广东则以夏至后第一个辰日为分龙。

九九 九九是从冬至日数起，每九天为一段，共九段，顺次为一九、二九……九九，共81天。三九约在公历1月中旬，正在小寒节与大寒节之间。在地球北半球，昼短夜长，地面接收太阳辐射热少，散热却多。再加上我国常受来自西伯利亚的寒潮侵袭，因之难免"冷在三九"了。有一首妇孺皆知的"九九歌"唱道：

一九二九不出手，
三九四九冰上走，
五九六九隔河看柳，
七九河开，八九雁来，
九九加一九，耕牛遍地走。

七十二候

一年分二十四节气，每节气有三候。每候以一种物候现象的出现为代表。这是汉代《逸周书》中首先确定的。根据这种规定，全年二十四节气共七十二候。

到了5世纪的北魏时期，在一般的历书里不仅载有节气，并开始载有候应。候应就是每候应时而生的物候现象。每个节气分三候，如：

立春：东风解冻，蛰虫始振，鱼陟负冰；

雨水：獭祭鱼，候雁北，草木萌动。

这样，一年二十四节气分七十二候，就通过历书基本固定下来，并逐渐普及到民间大众中去了。从此以后，自隋唐起，直至宋、元、明、清各个朝代，历书中都沿用着二十四节气七十二候，对农业生产起到了重要指导作用。

由于物候随地区而异，南北寒暑不同，同一物候现象的出现期可以相差很远，所以由二十四节气而来的七十二候，难以适用于全国各地。另外，在七十二候中，如“天气上升”候应似带有迷信色彩，“鹰化为鸠”“田鼠化鴽（鹌鹑）”“腐草为萤”“雀入大水为蛤”“雉入大水化蜃”等候应，是不合乎科学实际的。对于这些，我们必须去伪补真，不断提高认识。

二十四番花信风

二十四番花信风记述始见于宋代。《荆楚岁时记》称：“始梅花，终楝花，凡二十四番花信风。”

冬去春来，万物复苏，风和日丽，百花齐放，芬芳馥郁，传送着季节变化讯息。自小寒起直到谷雨止，共八个节气一百二十日二十四候，每候以一花应之。明朝焦竑撰《焦氏笔乘》记载：

小寒，一候梅花，二候山茶，三候水仙；

大寒，一候瑞香，二候兰花，三候山矾；

立春，一候迎春，二候樱桃，三候望春；

雨水，一候菜花，二候杏花，三候李花；

惊蛰，一候桃花，二候棠棣，三候蔷薇；

春分，一候海棠，二候梨花，三候木兰；

清明，一候桐花，二候麦花，三候柳花；

谷雨，一候牡丹，二候荼醿，三候楝花。

以上这些花对应时节，时节对应花，展示了一幅绚丽多姿的美景画卷。这说明：时节的迟早与自然界各种花卉的开放有比较明显的关系，所以古人有“风不信，则花不成”之说。

其实，不同地区以及不同年代的花信风所对应的时节是有所差异的，这与地理条件和气候条件有着一定的联系。梁元帝《纂要》中写道："一月两番花信，阴阳寒暖各随其时，但光期一日，有风雨微寒者即是。"就是说，一月有两番花信，这和上面所说的一候一番花信就有所不同。之所以有这样那样的花信风，都是因为有气候的变化和时节的转换的缘故。

干支纪年

干支纪年法是我国古代历法的一个重要创造。我国古代很早就将天干和地支结合起来，用来记载和推算时间。天干有 10 个字（即十干）：甲、乙、丙、丁、戊、己、庚、辛、壬、癸；地支有 12 个字（即十二支）：子、丑、寅、卯、辰、巳、午、未、申、酉、戌、亥。一个天干配上一个地支，依次两两相配，至 60 次循环一周，称为一个甲子。干支相配次序列表如下：

1. 甲子	2. 乙丑	3. 丙寅	4. 丁卯	5. 戊辰
6. 己巳	7. 庚午	8. 辛未	9. 壬申	10. 癸酉
11. 甲戌	12. 乙亥	13. 丙子	14. 丁丑	15. 戊寅
16. 己卯	17. 庚辰	18. 辛巳	19. 壬午	20. 癸未
21. 甲申	22. 乙酉	23. 丙戌	24. 丁亥	25. 戊子
26. 己丑	27. 庚寅	28. 辛卯	29. 壬辰	30. 癸巳
31. 甲午	32. 乙未	33. 丙申	34. 丁酉	35. 戊戌
36. 己亥	37. 庚子	38. 辛丑	39. 壬寅	40. 癸卯
41. 甲辰	42. 乙巳	43. 丙午	44. 丁未	45. 戊申
46. 己酉	47. 庚戌	48. 辛亥	49. 壬子	50. 癸丑
51. 甲寅	52. 乙卯	53. 丙辰	54. 丁巳	55. 戊午
56. 己未	57. 庚申	58. 辛酉	59. 壬戌	60. 癸亥

这种干支纪年，是从战国时代的太岁纪年发展而来的。长沙出土的马王堆帛书证实，在战国时代已有干支纪年的情况。据较可靠的记载，东汉建武三十年（54 年）以后，就开始用六十花甲子纪年了，延续至今从未间断，已轮回超过 32 个花甲周期。在我国近代史中，也常见干支纪年。例如：光绪二十年（1894 年）发生了第一次中日战争，因为这一年是甲午年，所以称这一战争为中日甲午战争。又如，郭沫若于抗日战争胜利前夕的 1944 年写了一篇著名文章《甲申三百年祭》，就是讲 1644

年（甲申年）李自成率领起义军攻入北京，但起义军进城后暴露了不少缺点，最后以失败告终。当时在延安的党中央，曾将此文印发，作为干部学习资料，借古鉴今，引以为戒，希望进城后继续保持和发扬战争年代的革命传统和优良作风。1944 年是甲申年，300 年是五个“甲子”，所以，这篇文章起名《甲申三百年祭》。近代史上还有戊戌变法（1898 年）、庚子赔款（1900 年）、辛亥革命（1911 年）等用到了干支纪年。

利用干支纪年法，在我国民间还流行着一种推岁数的“属相”。这种属相就是以 12 种动物，即鼠、牛、虎、兔、龙、蛇、马、羊、猴、鸡、狗、猪来代表十二地支的子、丑、寅、卯、辰、巳、午、未、申、酉、戌、亥。

六十甲子图

甲子 乙丑 金	甲戌 乙亥 火	甲申 乙酉 水	甲午 乙未 金	甲辰 乙巳 火	甲寅 乙卯 水
丙寅 丁卯 火	丙子 丁丑 水	丙戌 丁亥 土	丙申 丁酉 火	丙午 丁未 水	丙辰 丁巳 土
戊辰 己巳 木	戊寅 己卯 土	戊子 己丑 火	戊戌 己亥 木	戊申 己酉 土	戊午 己未 火
庚午 辛未 土	庚辰 辛巳 金	庚寅 辛卯 木	庚子 辛丑 土	庚戌 辛亥 金	庚申 辛酉 木
壬申 癸酉 金	壬午 癸未 木	壬辰 癸巳 水	壬寅 癸卯 金	壬子 癸丑 木	壬戌 癸亥 水

干支纪月

我国古代有以十二辰纪月的做法，即以北极为中心，把天穹的大圆周等分为 12 个区域，分别以十二地支命名，然后根据北极斗星的斗柄方向在人们的视觉中每月移运一辰、每年转动一周天的特点，以斗柄每月所指辰名来命名该月，称为“月建”。十二辰纪月法规定以冬至所在的农历十一月为“建子之月”，这是因为当时还有干支纪月法。这种将十二支与实际月份相配的做法，春秋战国时就已经出现了。到了汉代，便正式开始使用干支直接纪月了，并规定六十甲子纪月为五年一循环，其中闰月不计月干支。

月建可利用下表查询：

月份 年干	正	二	三	四	五	六	七	八	九	十	十一	十二
甲、己	丙寅	丁卯	戊辰	己巳	庚午	辛未	壬申	癸酉	甲戌	乙亥	丙子	丁丑
乙、庚	戊寅	己卯	庚辰	辛巳	壬午	癸未	甲申	乙酉	丙戌	丁亥	戊子	己丑
丙、辛	庚寅	辛卯	壬辰	癸巳	甲午	乙未	丙申	丁酉	戊戌	己亥	庚子	辛丑
丁、壬	壬寅	癸卯	甲辰	乙巳	丙午	丁未	戊申	己酉	庚戌	辛亥	壬子	癸丑
戊、癸	甲寅	乙卯	丙辰	丁巳	戊午	己未	庚申	辛酉	壬戌	癸亥	甲子	乙丑

干支纪月也用“属相”来推月份，如：正月建寅，称之为寅月、虎月；二月建卯，称之为卯月、兔月；余类推。

干支纪日

干支纪日法也叫作甲子纪日法。据甲骨文研究，我国在春秋鲁隐公三年（公元前720年）二月己巳日起纪日，已连续不断记录了2700多年。干支纪日是世界上最悠久的纪日法，也是推算我国几千年来的历法和考古的重要依据。干支纪日，每天一个日序，甲子为第一日，乙丑为第二日，丙寅为第三日……60日为一周期。一周期完了再由甲子起循环。但由于农历的月大月小没有一定规律可循，现尚无一个简单的推算方法，还只能借助于历表查询。

干支纪时

干支纪时也是用十二地支，即把一天24小时分为12个时辰，每个时辰用一个地支表示，相当于现在的两个小时。这样，五天就是六十个时辰，六十甲子循环一周，周而复始，循环不已。由于农历纪时的地支是固定以23—1时为子时，且日干支与时干支有一定关系，所以可以利用下表查找干支纪时。

时干支 / 日天干	23时至1时前	1时至3时前	3时至5时前	5时至7时前	7时至9时前	9时至11时前	11时至13时前	13时至15时前	15时至17时前	17时至19时前	19时至21时前	21时至23时前
甲、己	甲子	乙丑	丙寅	丁卯	戊辰	己巳	庚午	辛未	壬申	癸酉	甲戌	乙亥
乙、庚	丙子	丁丑	戊寅	己卯	庚辰	辛巳	壬午	癸未	甲申	乙酉	丙戌	丁亥
丙、辛	戊子	己丑	庚寅	辛卯	壬辰	癸巳	甲午	乙未	丙申	丁酉	戊戌	己亥
丁、壬	庚子	辛丑	壬寅	癸卯	甲辰	乙巳	丙午	丁未	戊申	己酉	庚戌	辛亥
戊、癸	壬子	癸丑	甲寅	乙卯	丙辰	丁巳	戊午	己未	庚申	辛酉	壬戌	癸亥
时辰初、正	23时子初，0时子正	1时丑初，2时丑正	3时寅初，4时寅正	5时卯初，6时卯正	7时辰初，8时辰正	9时巳初，10时巳正	11时午初，12时午正	13时未初，14时未正	15时申初，16时申正	17时酉初，18时酉正	19时戌初，20时戌正	21时亥初，22时亥正
古俗称	夜半	鸡鸣	平旦	日出	食时	隅中	日中	日昳	晡食	日入	黄昏	人定

日食·月食·潮汐

公历是国际通用的历法，使用起来很方便。不过，使用农历也有方便之处。比如平时，人们看了月亮的圆缺程度，就可以判断农历的日期。另外，使用农历对于预报月食和日食的发生，以及预测潮汐的大小，都是有帮助的。

到了农历朔、望的日子，太阳、地球和月亮的方向是一致的。在这种时候，如果月亮恰好走到地球和太阳中间，遮住了太阳射向地球的光，就会发生日食；如果地球走到了太阳和月亮的中间，挡住了太阳射向月亮的光，就会发生月食。就是说，日食和月食都是发生在太阳、地球、月亮成一条直线的时候，发生日食，总是在朔日；发生月食，总是在望日。这是一条规律，也是使用农历的一个方便之处。

地球和月亮，互相都是有吸引力的。地球上的海水受到月亮的吸引，水位就会升高，倒流入海口、内河，便形成潮汐了。其实太阳对海水也有吸引力，只是太阳离地球太远，引力不像月亮那样大罢了。每逢农历朔、望的时候，正是太阳、月亮和地球成一条直线的时候，太阳和月亮的引潮力作用于同一方向，就出现大潮。到了上弦和下弦的日子，月亮和太阳正处在互相垂直的位置，月亮吸引海水的力量被太阳抵消了一部分，所以出现的是小潮。一看农历的日期，就可以知道出现大潮或小潮的日期了。

两头春·盲春·岁交春

农历丁酉（公元2017年）有两个立春日，正月初七日（2017年2月3日）和腊月十九日（公元2018年2月4日）立春，人们称这种现象为“两头春”，也叫“双春年”。这与农历闰月有直接关系，丁酉年是闰六月，闰月年有384或385天计13个月，由于闰月中少了一个节气，所以闰年里有25个节气。如闰年里第一个节气是立春，那么第25个节气必然是立春，且这个立春就处在岁末。在其后10年中，还有庚子年（2020年）、癸卯年（2023年）、乙巳年（2025年）三个“两头春”年。

一般来说，农历闰年25个节气两头春之年后的下一个农历年就只有23个节气了，当然也就没有立春这个节气了。这样的年就是“盲春”年，也叫“寡春”年，农历己亥年（2019年）、辛丑年（2021年）、甲辰年（2024年）、丁未年（2027年）就是“盲春”年。

农历闰年的次年仍有24个节气的年份也是有的，与2017年相应的2018年（戊戌岁）仍有24个节气，并且第24个节气就是立春，且处岁末腊月三十日（公历2018年2月4日），这种情况，民间称之为“隔年春”，而且由于正好在岁末除夕这天，因此又称“岁交春”。

以上，都是历法编算的结果，和人间的吉凶祸福没有丝毫联系。

春牛·春牛图

我国古代人们把立春节气作为春节，还有“立春大如年”的说法。立春同过年一样重要，我国俗以春牛祝岁，因为牛是农事中的主要工具，堪作农事的象征，立春还被称为春牛节。

春牛图

我国民间每当春牛节到来，人们总要食芦菔、春饼、春菜……以示祝贺。同时还举行“祭春牛”活动。它始于汉朝，那时劳动人民用泥捏成一个象征农事的春牛，表示春耕生产的耕力状况。在立春前一天，由一个年轻力壮的人扮演“芒神”，并手执柳条赶着土牛，大家欢庆祭礼，表示迎春。宋代孟元老《东京梦华录》记载：“立春前一日，开封府进春牛入禁中鞭春。”迎春活动当时遍及全国。以后有人就把它画成“春牛图”来代替“祭春牛”了。后来，历法家又把立春时间在春牛图上表示出来：立春在正月初一前后五天内，芒神与牛并立；前五天外牛立前面；后五天外则立牛后面。牛口的开合按纪年干支阴阳而定，阳年（天干单数甲、丙、戊、庚、壬）口张开，阴年（天干双数乙、丁、已、辛、癸）口闭合。同时，阳年春牛尾巴摆在左边，阴年则摆右。此外，春牛的颜色、芒神的老小和服饰颜色以及头髻的梳法都有规定。更有意思的是，过去的《春牛芒神图》下达各省府州县后，除样式、颜色严格按上述要求制作成偶像图外，同时要求在尺寸规格上充分反映出夏历的特点，把主要内容反映在春牛芒神身上：春牛身高四尺，象征春、夏、秋、冬四季；身长八尺，代表春分、秋分、夏至、冬至、立春、立夏、立秋、立冬八个主要节气；牛尾长一尺二寸，象征十二个月；芒神身长三尺六寸五分，代表一年 365 天；芒神手持鞭长二尺四寸，表示二十四节气……可见在古代农业社会里，春牛芒神的确扮演了非常重要的角色。可以说，春牛图是一种朴素的农业生产彩色挂图。

十二月农谚歌谣

正月： 岁朝蒙黑四边天，大雪纷飞是旱年，
但得立春晴一日，农夫不用力耕田。

二月： 惊蛰闻雷米似泥，春分有雨病人稀，
月中但得逢三卯，处处棉花豆麦宜。

三月： 风雨相逢初一头，沿村瘟疫万人忧，
清明风若从南起，定是农家有大收。
四月： 立夏东风少病祸，晴逢初八果生多，
雷鸣甲子庚辰日，定是蝗虫损稻禾。
五月： 端阳有雨是丰年，芒种闻雷美亦然，
夏至风从西北起，瓜果园内受熬煎。
六月： 三伏之中逢酷热，五谷田中多不结，
此时若不见灾厄，定主三冬多雨雪。
七月： 立秋无雨是堪忧，万物从来只半收，
处暑若逢天下雨，纵然结实也难留。
八月： 秋分天气白云多，处处欢歌好晚禾，
只怕此时雷电闪，冬来米价道如何。
九月： 初一飞霜侵损民，重阳无雨一冬晴，
月中火色人多病，更遇雷声菜价增。
十月： 立冬之日怕逢壬，来岁高田枉费心，
此日更逢壬子日，灾伤疾病损人民。
十一月： 初一西风疾病多，更兼大雪有灾魔，
冬至天晴无雨色，来年定唱太平歌。
十二月： 初一东风六畜灾，若逢大雪旱年来，
但得此日晴明好，吩咐农家放心怀。

二、农家历历项简介

希望拥有平安、健康和美好的生活，害怕失败、灾祸，担心痛苦、疾病和贫穷，可以说是人类的一种天性，一种合乎自然的理性要求。我国古代先哲贤达在与自然长期相处的过程中，不断归纳、总结、升华而形成的择吉方法正体现了这一点。久而久之，择吉不仅成为一门便于应用却十分玄妙而又难于理解的术数学，而且又演化为民俗，成为广大民众喜闻乐见的事物。虽然择吉术中包含着一些合理成分，但择吉毕竟有浓重的迷信色彩，过分笃信择吉，就会物极必反，所以我们要以科学的眼光来看待它。

在民间广泛流传的择吉方法以择时、择地两个方面较多见，主要以干支、五行、八卦、九星等为分析依据。下面简要介绍本书历表中所涉及的一些项目，以便读者查阅。

天干地支诀

天干阴阳之分：
- 甲丙戊庚壬为阳
- 乙丁己辛癸为阴

地支阴阳之分：
- 子寅辰午申戌为阳
- 丑卯巳未酉亥为阴

天干五行：
- 甲乙同属木　甲为阳木　乙为阴木
- 丙丁同属火　丙为阳火　丁为阴火
- 戊己同属土　戊为阳土　己为阴土
- 庚辛同属金　庚为阳金　辛为阴金
- 壬癸同属水　壬为阳水　癸为阴水

地支五行：
- 寅卯属木　寅为阳木　卯为阴木
- 巳午属火　午为阳火　巳为阴火
- 申酉属金　申为阳金　酉为阴金
- 子亥属水　子为阳水　亥为阴水
- 辰戌丑未属土　辰戌为阳土　丑未为阴土

天干五色
- 甲乙为青色
- 丙丁为红色
- 戊己为黄色
- 庚辛为白色
- 壬癸为黑色

天干方位
- 甲乙东方木
- 丙丁南方火
- 戊己中央土
- 庚辛西方金
- 壬癸北方水

地支方位
- 寅卯东方木
- 巳午南方火
- 申酉西方金
- 亥子北方水
- 辰戌丑未四季土

天干四季
- 甲乙属春
- 丙丁属夏
- 庚辛属秋
- 壬癸属冬

地支四季
- 寅卯辰为春
- 己午未为夏
- 申酉戌为秋
- 亥子丑为冬

天干合化
- 甲己合化土
- 乙庚合化金
- 丙辛合化水
- 丁壬合化木
- 戊癸合化火

地支六合
- 子丑合土
- 寅亥合木
- 卯戌合火
- 辰酉合金
- 巳申合水
- 午与未合　午为太阳
- 未为太阴　合而为土

地支六合，用在四柱即人的出生年、月、日、时中的天干地支的排列中。如出生的年、月、日、时中，地支中有子与丑，就是子与丑合，有寅与亥二支，就是寅与亥合。相合者，为合好之意。

地支三合局
- 申子辰合化水局
- 亥卯未合化木局
- 寅午戌合化火局
- 巳酉丑合化金局
- 辰戌丑未合化土局（即为四库）

天干相冲
- 甲戊相冲　乙巳相冲　丙庚相冲
- 丁辛相冲　戊壬相冲　己癸相冲
- 庚甲相冲　辛乙相冲　壬丙相冲　癸丁相冲

地支六冲 子午相冲 卯酉相冲 寅申相冲
巳亥相冲 辰戌相冲 丑未相冲

相冲实为对冲。如在八卦图上可以看出，卯为木在东，酉为金在西，午为火在南，子为水在北，其他地支也如此，都是处在互对的位上，故又为对冲。相冲为相克之意。

地支相害 子未相害 丑午相害 寅巳相害
卯辰相害 申亥相害 酉戌相害

地支相刑 子刑卯 巳刑申
丑刑戌 戌刑未
寅刑巳 辰午酉亥自相刑

地支暗藏 子宫单癸水 丑宫己癸辛 寅宫甲丙戊
卯宫独乙木 辰宫戊乙癸 巳宫丙戊庚
午宫丁己土 未宫乙己丁 申宫戊庚壬
酉宫独辛金 戌宫辛戊丁 亥宫壬甲木

年神方位

老黄历第一页开门见山就是一幅流年图。现在农村还流行一种印制得很粗糙的黄历，它把流年图放在封底。许多人看不懂流年图，其实它的表面解释是“一年所行之运通为流年”。

流年图又俗称“年神方位图”。所谓年神，只不过是择吉术语或名词罢了。所谓年神方位图就是写岁德神、金神、太岁、岁破、大将军、太阴、黄幡、豹尾、岁煞、岁刑和奏书、博士、力士、蚕官、蚕命、蚕室等年神的方位。年神方位按十二支的年份来确定方向，各自循环排列，其表现形式，就是年神方位图。

古人流传下来的年神名词，归纳起来有九个方面：①年神从岁干起者：岁德、岁德合、岁禄、阳贵、阴贵、金神。②从岁干取纳甲变卦者：破败五鬼、阴府太岁、浮天空亡。③随岁方游者：奏书、博士、力士、蚕室、大将军。④随岁支顺行者：太岁、太阴、太阳、丧门、官符、枝德、岁破、龙德、白虎、福德、吊客、病符、巡山罗睺。⑤随岁支逆行者：神后、功曹、天罡、胜光、传送、河魁、六害、五鬼。⑥从岁枝三合者：岁马、岁刑、三合前方、三合后方、劫煞、岁煞、伏兵、大祸、坐煞、向煞、天官符、大煞、黄幡、豹尾、炙退。⑦随岁支顺行一方者：

飞廉、巨门、武曲、文曲、独火。⑧从三元而起者：三元紫白。⑨从岁纳音而起者：年克山家。

二十八宿

二十八宿的起源很早，最初被用作观察日月五星运行的背景。这是因为古人觉得恒星相互间的位置恒久不变，可以利用它们作为标志来说明日月五星运行的位置。如古书上所说的“月离于毕”，意思是说月亮依附于毕宿，“离”有附着的意思；“荧惑守心”就是火星居于心宿；“太白食昴”是说太白金星把昴宿遮住了……经过长期观测，古人先后选择了黄道和白道（月球的运行轨道）附近的二十八个星宿作为坐标，称为二十八宿，也叫“二十八舍”或者“二十八星”。

东方苍龙七宿：角亢氐房心尾箕

北方玄武七宿：斗牛女虚危室壁

西方白虎七宿：奎娄胃昴毕觜参

南方朱雀七宿：井鬼柳星张翼轸

天河图

二十八宿作为纪年纪月纪日法，也是我国历法一大特点，早在 2000 多年前的周朝就有详细记载。特别是我国古代不讲星期，却以二十八宿分别代表一个月四个星期的每一天，二十八宿代表 28 日，周而复始。28

日为一个周期，正好四个星期。因此二十八宿与星期曜日的对应基本上是固定的，其对照如下表：

星　期	四	五	六	日	一	二	三
曜　日	木	金	土	日	月	火	水
二十八宿	角 斗 奎 井	亢 牛 娄 鬼	氐 女 胃 柳	房 虚 昴 星	心 危 毕 张	尾 室 觜 翼	箕 壁 参 轸

由上表就可借助通用万年历查出公历、农历某个日期和星期某一天的星宿。如公元2019年3月14日（农历2019年二月初八）是星期四，这一天所对应的星宿为角，即角宿值日，它是东方七宿第一宿；前一天星期三自然是南方七宿中的最后一宿第七宿轸宿值日了，其余依此类推。

古代星占家创立的二十八宿，后来被民间流传的黄历采用，并且配上二十八种禽兽，用通俗歌谣的形式来表示其值日的吉凶内涵，这当然是没有科学道理的，带有迷信色彩。

八卦与历法

八卦与历法的关系十分密切。我国历史上，曾出现过八卦盛行时代，把天地万物的各种现象术数都囊括在一页只有半张纸大的八卦图表上，天文气象、人文地理、医理数学、命相运道以及历法等，无所不备，所以有“师传半张纸，无师一肩挑”之说。后来，也有人称它是远古时期的“气候图”和变化莫测的“万能历”。

我国创造编制的八卦历，是世界历法中的一个奇迹。八卦历表式易懂，内容丰富，而且有一定规律性。本书列出了逐日八卦供读者查阅。八卦历又是研究和运用易学的一种工具。

由于八卦历具有独特的功能和作用，所以我国古人在编制黄历时，也以八卦历的一些内容编制了民用历书。如前面说的流年图，就是一种八卦图。八卦图的方位，与现地图标示的方位是相反的，为上南下北，左东右西。下图应倒立来看。所以现在有的人编印农家历，也常喜用流年图印在封底和封二上，可按现在习惯画制图，然后倒印在上面。

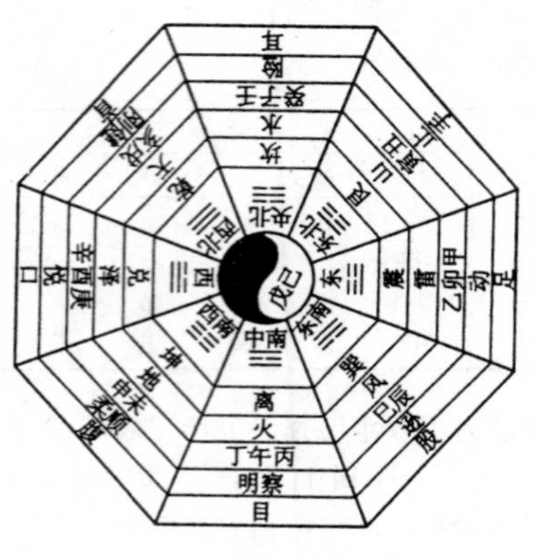

八卦图

本书八卦的列表方法是按十二地支（生肖）顺序从子鼠年依次排到亥猪年。每月从初一依次排到二十四日，二十五日以后进入循环。所取的逐日八卦一字，其规律是以农历一个月为一个单元，以 12 年（从地支纪年的子年开始到亥年）为一大循环。因此，每月只要注意初一的起卦名，就可按八卦：乾—兑—离—震—巽—坎—艮—坤，每日一卦循环编排。八卦的年、月、日规律如下：

地支纪年 / 月、日	子	丑	寅	卯	辰	巳	午	未	申	酉	戌	亥
正月初一	离	震	巽	坎	艮	坤	乾	兑	离	震	巽	坎
二月初一	震	巽	坎	艮	坤	乾	兑	离	震	巽	坎	艮
三月初一	巽	坎	艮	坤	乾	兑	离	震	巽	坎	艮	坤
四月初一	坎	艮	坤	乾	兑	离	震	巽	坎	艮	坤	乾
五月初一	艮	坤	乾	兑	离	震	巽	坎	艮	坤	乾	兑
六月初一	坤	乾	兑	离	震	巽	坎	艮	坤	乾	兑	离
七月初一	乾	兑	离	震	巽	坎	艮	坤	乾	兑	离	震
八月初一	兑	离	震	巽	坎	艮	坤	乾	兑	离	震	巽
九月初一	离	震	巽	坎	艮	坤	乾	兑	离	震	巽	坎
十月初一	震	巽	坎	艮	坤	乾	兑	离	震	巽	坎	艮
十一月初一	巽	坎	艮	坤	乾	兑	离	震	巽	坎	艮	坤
十二月初一	坎	艮	坤	乾	兑	离	震	巽	坎	艮	坤	乾

八卦还代表八种自然物质，称为卦征，即：乾为天、坤为地、震为雷、巽为风、坎为水、离为火、艮为山、兑为泽。

纳　　音

纳音是按照古乐六十律的构成方法，用五行与六十甲子相配纳。每五行中的一行纳上十二干支，形成六十纳音，并产生了六十甲子纳音所属。

甲子乙丑海中金，丙寅丁卯炉中火，
戊辰己巳大林木，庚午辛未路旁土，
壬申癸酉剑锋金，甲戌乙亥山头火，
丙子丁丑涧下水，戊寅己卯城头土，
庚辰辛巳白蜡金，壬午癸未杨柳木，
甲申乙酉泉中水，丙戌丁亥屋上土，
戊子己丑霹雳火，庚寅辛卯松柏木，
壬辰癸巳长流水，甲午乙未沙中金，
丙申丁酉山下火，戊戌己亥平地木，
庚子辛丑壁上土，壬寅癸卯金箔金，
甲辰乙巳佛灯火，丙午丁未天河水，
戊申己酉大驿土，庚戌辛亥钗钏金，
壬子癸丑桑柘木，甲寅乙卯大溪水，
丙辰丁巳沙中土，戊午己未天上火，
庚申辛酉石榴木，壬戌癸亥大海水。

根据纳音可查出历年所属，如 2019 年是己亥年，其纳音属“平地木”，也可不用纳音，而直接用五行，即属“木”；2020 年庚子年，其纳音属“壁上土”或“土”；2021 年辛丑年也属“壁上土”或“土”。也可根据干支纪年分别阴阳，如辛巳年辛为阴，称“白腊阴金”；壬午为阳称“杨柳阳木”；2019 年己亥年，己亥为阴，称“平地阴木”。

九　　星

九星又称九星术，也叫九宫算，它源于古代《洛书》中的 1 ~ 9 方阵算数方法，也是八卦衍生的一种八卦形式。古人为九星配以颜色，即一白、二黑、三碧、四绿、五黄、六白、七赤、八白、九紫。后来，在将九星用于历法时，古人又配出九种变化形式图，图中还有九星与五行相配：一水、二土、三木、四木、五土、六金、七金、八土、九火，如下图所示。

四绿 木星	九紫 火星	二黑 土星
三碧 木星	五黄 土星	七赤 金星
八白 土星	一白 水星	六白 金星

(1)

三碧 木星	八白 土星	一白 水星
二黑 土星	四绿 木星	六白 金星
七赤 金星	九紫 火星	五黄 土星

(2)

二黑 土星	七赤 金星	九紫 火星
一白 水星	三碧 木星	五黄 土星
六白 金星	八白 土星	四绿 木星

(3)

一白 九星	六白 金星	八白 土星
九紫 火星	二黑 土星	四绿 木星
五黄 土星	七赤 金星	三碧 木星

(4)

九紫 火星	五黄 土星	七赤 金星
八白 土星	一白 水星	三碧 木星
四绿 木星	六白 金星	二黑 土星

(5)

八白 土星	四绿 木星	六白 金星
七赤 金星	九紫 火星	二黑 土星
三碧 木星	五黄 土星	一白 水星

(6)

七赤 金星	三碧 木星	五黄 土星
六白 金星	八白 土星	一白 水星
二黑 土星	四绿 木星	九紫 火星

(7)

六白 金星	二黑 土星	四绿 木星
五黄 土星	七赤 金星	九紫 火星
一白 水星	三碧 木星	八白 土星

(8)

五黄 土星	一白 水星	三碧 木星
四绿 木星	六白 金星	八白 土星
九紫 火星	二黑 土星	七赤 金星

(9)

九星纪年、纪月、纪日、纪时也是我国历法的一种独创。

九星从哪年开始循环？古人选择某一个甲子年，把中宫的位置安排为一白水星（第5种图形），这年叫作上元。以后每年九星图形各减去一个入中宫的星，顺次为九紫火星、八白土星、七赤金星、六白金星、五黄土星、四绿木星、三碧木星、二黑土星、一白水星，这样，到了六十年，干支一周，又回到了甲子年（中元）；但入中宫的位置顺次为三碧木星、二黑土星、一白水星、九紫火星……当又回到甲子年，这时入中宫的星应为七赤金星，这年叫下元。其后再由一白水星开始循环，即经180年，干支和九星又是完全重合一次。九星配年以六十花甲子为一元，那么，究竟以哪个甲子年为上元呢？据说这也是依天意决定的。已定的上元恰在隋代仁寿四年（604年，即隋代刘焯创制《皇极历》之年），从这年推算到1864年复为上元，已循环了七次上、中、下三元之久。1984—2044年是第八次三元甲子循环的下元甲子，到2045年复为上元甲子，开始了第九次三元甲子循环。2019年己亥岁的九星是八白土星，2020年庚子岁的九星是七赤金星，以后逐年依次为六白金星、五黄土星……九星值年又称为紫白值年或“年紫白”。民间以一白、六白、八白、九紫为吉星，九紫最吉，一白、六白、八白次吉，并以紫白所在方位为当年的吉方。

九月配月：历法规定子年正月入中宫的星为八白，即九星图第七组，以后依次二月入中宫者七赤，三月六白，四月五黄，五月四绿……每隔三年，各月相当的九星重合一次。古人还摸索出了一种便于记忆九星配月的规律：

纪年地支	子	丑	寅	卯	辰	巳	午	未	申	酉	戌	亥
正月起星	八白	五黄	二黑	八白	五黄	二黑	八白	五黄	二黑	八白	五黄	二黑

九星配日：九星配日的移动方法冬至后与夏至后不同。冬至后甲子日以一白入中宫顺行，即次日入中宫为二黑，再次日为三碧，随后为四绿、五黄……九紫，再一白、二黑……依次循环顺行，这叫阳遁。夏至后甲子入中宫的九星是九紫、八白、七赤……依次逆行，这叫阴循。但个别也有顺数和逆推相互交错的情况，较难掌握。

旧历法还规定，自己生日那天在中宫的星，是自己的“本命星”。若是五黄土星不居中宫，其所在方，叫“五黄杀”。

奇门节元

我国古人认为，干支中的十天干以乙、丙、丁为三奇，《易经》又以八卦变相的“开、休、生、伤、杜、景、死、惊”八门为“奇门”。古代占星学家认为，三奇须配合八门。三奇与门，以门为主。两者相互配合，便产生了许多“格”。所谓“格”，相当于今天的数学公式，并由此推演出八卦九宫中的吉凶休咎结局，系六甲直符与奇仪相克。这样，以八门配九星为主，又以八门为首要，便产生了以六仪三奇为表现形式的天盘、地盘、人盘三种遁甲盘和每盘的若干局数。在古时，人们就是根据这种盘和局数来掌握天时、明确地理、了解天气、发挥人的主观能动性的。随之，历法也编造了《奇门遁甲历》，因为它是五天为一局，所以在历书上常每隔五天标明一次每局的盘数，也就是所谓的奇门节元。根据《奇门遁甲历》，只需查局数就知道每五天为一单元的天盘、地盘中的格局，而没有必要一天天地列出来。

奇门节元五天一局，所以又与纪日干支有密切的规律关系，也与二十四节气（每节气 15 天，分上、中、下三个盘局）不可分割，其规律如下：

上　8
立春中　5
下　2

上　4
立夏中　1
下　7

上　2
立秋中　5
下　8

上　6
立冬中　9
下　3

上　9
雨水中　6
下　3

上　5
小满中　2
下　8

上　1
处暑中　4
下　7

上　5
小雪中　8
下　2

上　1
惊蛰中　7
下　4

上　6
芒种中　3
下　9

上　9
白露中　3
下　6

上　4
大雪中　7
下　1

上　3
春分中　9
下　6

上　9
夏至中　3
下　6

上　7
秋分中　1
下　4

上　1
冬至中　7
下　4

节气	元	局数	节气	元	局数	节气	元	局数	节气	元	局数
	上	4		上	8		上	6		上	2
清明	中	1	小暑	中	2	寒露	中	9	小寒	中	8
	下	7		下	5		下	3		下	5
	上	5		上	7		上	5		上	3
谷雨	中	2	大暑	中	1	霜降	中	8	大寒	中	9
	下	8		下	4		下	2		下	6

表中每节气含上、中、下三局，又叫三元，每元五天，五天局数相同，只需在每五天的头一日标出局数（右边的阿拉伯数字）。凡日干支为甲或己之日即为三元之起日。此外，也有一些节气的局数相同者，如清明和立夏的上、中、下三元局数都是4，1，7；春分和大寒为3，9，6；霜降和小雪为5，8，2；秋分和大暑为7，1，4；冬至和惊蛰为1，7，4；谷雨和小满为5，2，8；寒露和立冬为6，9，3。

黄道和黑道

旧时，人们出门办事总爱看老黄历以便选个黄道吉日，避开黑道凶日，希望万事顺意，这主要是通过十二位值日星神来推断的。青龙、明堂、金匮、天德、玉堂、司命六个星宿是黄道星神，古人认为它们值日之时为黄道吉日，诸事皆宜。天刑、朱雀、白虎、天牢、元武（又称“玄武”）、勾陈六个星宿是黑道星神，它们值日之时为黑道凶日，有诸多不宜。今天，“黄道吉日”一词仍被人们广泛使用，其词义已经扩大，泛指好日子。

方　　位

方位是根据干支而定的，分喜神、贵神、财神、鹤神、休门、生门、五鬼、死门等。本书详注历表设的方位一栏，仅列喜神和财神两个方位。

喜神方位，共分东北、西北、西南、正南、东南五个方位，其编排顺序规律为：东北—西北—西南—正南—东南—东北，五天一循环，东北起自纪日干支甲或己。

财神方位的顺序规律：日天干甲、乙两日为东南，丙、丁两日为正西，戊、己为正北，庚、辛为正东，壬、癸为正南，十天一循环。

五　　脏

五脏，是人体内肝、心、脾、肺、肾五个脏器的合称。脏，古称藏。从中医学角度看，五脏的主要生理功能是生化和储藏精、气、血、津液和神，故又名五神脏。由于精、气、神是人体生命活动的根本，所以五脏在人体生命中起着重要作用。我国五行学说以五行为构成宇宙万物及各种自然现象变化的基础，因此在古人看来，五行与五脏之间也存在对应关系：木有生长、发育之性，故对应肝；火有炎热、向上之性，故对应心；土有和平、厚实之性，故对应脾；金有肃杀、收敛之性，故对应肺；水有寒凉、滋润之性，故对应肾。中医学还用五行描述五脏的功能和关系，但需要注意，这里的“五脏”是个功能概念，并不限于解剖学意义上的五脏，用五行学说来说明脏腑之间的平衡关系，存在一定的局限性。

十二建星

十二建星，又称十二直或十二客，依次为建、除、满、平、定、执、破、危、成、收、开、闭，最初是象征十二辰，用来预示月的凶吉，后来转化为日的凶吉。

十二建星的安排和破军星有关系。破军星即摇光星（大熊座星），是北斗七星斗柄柄头的星。久而久之，老黄历就用它来作为一种纪日的符号。它的循环排列是按十二建星的位置由月建和日辰地支推得，如正月建寅，正月的“节”后的寅日即为“建”，以下按各日建星建、除、满……次序排列，所谓“节”后是按每月节气排列，如正月节气立春，二月惊蛰，三月清明……在节气日应将建星重复一次，如惊蛰为满，则惊蛰前一日也为满。

星命家认为，十二建星即为十二神，它们是神仙的名字，并被统治阶级所利用，以十二建星中的除、定、执、危、成、开六个建星代表黄道吉日，以建、满、平、破、收、闭六个建星代表黑道凶日，这是人为制定的，并无科学依据。

按老黄历的编法，十二建星就是十二位神祇，各有凶吉，这可以说是毫无科学根据的。

几龙治水

过去的黄历常常印着龙治水的图画，龙多，年成偏旱，龙少则偏涝。这是按日干推算出来的，即每年从正月初一到十二日，哪一天日天干逢辰，便是几龙治水，如2019年正月初八日干支是庚辰，便是八龙治水，2020年正月初二日干支是戊辰，是双龙治水。其实，农历按干支纪日是人为地按历法编排的，用十二地支配十二种动物（生肖），也是人定出来的，既没有科学依据，也没有龙，是人们硬把它们凑在一起的，用来判断当年雨量。这同几牛耕田（地）、几人几饼一样，反映了人们求吉的心理。

几牛耕田是从正月初一到十二日干支推算出来的，哪一天日干支逢丑，便是几牛耕田。2019年正月初五干支是丁丑，便是五牛耕田，古人以此来推想一年的耕力状况。

几日得辛是从正月初一到初十日干支推算出来的，哪一天日干支逢辛，便是几日得辛。2019年正月初九干支是辛巳，便是九日得辛。辛，是金，几日得辛就是哪一天能得到金的意思。虽然这种推断并不可信，但却表达了人们对致富的美好期望。

几人几饼是从正月初一日起，哪一天逢壬（人）及哪一天逢丙（饼），就是几人几饼。2019年正月初十日干支是壬午，初四日干支是丙子，便是十人四饼。几人几饼是用来推想当年的丰欠情况，在科学不发达和人们对自然灾害无法预报和无抵抗能力的情况下，是完全可以理解的。而今天看来，这纯属无稽之谈。此外，旧历书里也有“几人分饼”的另一种说法，即从正月初一起为第一天，哪一天排上“丙”字，便定为几人分饼。2019年正月初四日为丙子，便是四人分饼，2020年正月初十日干支是丙子，即十人分饼。

三、各月气候与农事*

气候是农业形成和发展的主要环境因素，农业依气候而形成种植制度、作物类型和产量水平的地区分布特征。天气、气候以及温、湿、风、雨等各种气象要素与农业生产息息相关，其在很大程度上影响着农业生产的质和量。从事农业生产必须遵循气候规律，否则必将遭受巨大损失。我国地域辽阔，地理条件复杂，气候资源丰富，为农业生产提供了有利的气候条件。但我国的气象灾害也很频繁，如干旱、洪涝、台风、低温霜冻、连阴雨、干热风等常给农业生产带来重大影响，严重威胁着农业的稳产高产。

在自然环境中，不同农作物、不同生长阶段对气象条件的要求是不同的。适宜的气象条件对农作物生长发育及高产十分有利，不适宜的气象条件可引发各种气象灾害。全面了解农作物各发育期需要什么气象条件，对于如何防御并且最大限度地减轻或避免气象灾害，保证农业丰收起着重要的作用。

另外，人体与外界环境也是息息相通的。人类的进化及文明的发展进程都与气候的变迁有关。早在2000多年前，我国的中医学界就把气象条件与人体健康的关系看得十分重要。中医的五行学说强调“夫百病之生也，皆生于风、寒、暑、湿、燥、火”，并认为一年四季的气候变化对人体的脏腑、经络、气血、脉象等生理功能都有影响。现代医学研究表明，人类疾病的发展与许多因素有关，其中气象因素也是许多疾病发生及发展的原因之一。因此，了解不同季节、不同地区的气候条件与天气变化对疾病的不同影响，从而采取不同的保健、养生措施，对保障人们的身体健康有着重要的作用。由于保健、养生在季节上差异明显，而各月之间差异不大，故为了减少重复，保健养生知识仅在4月（春）、7月（夏）、10月（秋）、1月（冬）中加以叙述。

在下面的介绍中，“华南”“江南”等地区包括的范围是：

---

* 本节内容引自崔晓君、李翠金、陆均天编著的《农家实用历书》，气象出版社1998年出版。

华南：广东、广西、福建、海南、台湾、香港、澳门。

江南：湖南、江西、浙江、苏南、皖南、上海。

江淮：江苏、安徽两省内长江与淮河之间的地区、河南省内淮河以南地区、湖北。

江汉：以武当山东侧山麓为界，分为包括河南南阳盆地、湖北中东部以平原为主的东部和以山地为主的西部。

西南：四川、云南、贵州、西藏。

华北：北京、天津、河北、山西、内蒙古。

西北：陕西、甘肃、宁夏、青海、新疆。

东北：辽宁、吉林、黑龙江。

1 月气候与农事

气候概况 1 月，冬季进入最寒冷时期，西伯利亚冷空气频频南下侵袭我国，致使大部地区气候干燥，气温最低，淮河、秦岭以北地区月平均气温普遍在 0 ℃以下，东北、华北北部、西北大部在 -10 ℃以下。1 月有小寒、大寒两个节气，我国北方地区大都在大寒节最冷，长江以南地区的最冷旬则出现在大寒之前，南北最冷旬的气温差别也较大，东北长春为 -17.1 ℃，而华南广州则为 13.2 ℃。从月降水量来看，郑州 8.6 毫米，北京 3.0 毫米，沈阳 7.2 毫米，杭州 66.2 毫米，长沙 59.1 毫米，广州 36.9 毫米，差别也较大。

农事活动 本月，华北、西北地区的冬小麦仍处于越冬期，江南地区的冬小麦处于缓慢生长期，油菜处于长叶、抽薹期。西南地区大部油菜进入开花期，冬小麦处于幼穗分化期，滇南冬小麦 1 月下旬进入孕穗期。

灾害与防治 寒害是江南、华南、西南地区本月的主要气象灾害。当寒潮入侵，气温骤降到一定程度时，不但农作物会遭受冻害，香蕉、菠萝、荔枝、龙眼、柑橘、甘蔗、橡胶等热带、亚热带经济林木也会遭受冻害。在冬季，防寒、防冻最为重要。除了选择耐寒品种，提高其本身的抗寒能力外，还应充分利用当地的山体（如向阳坡、背风坡）、水体（如江、河、湖滨地区）等有利的小气候环境栽培热带、亚热带果树，这样可以有效地避免或减轻低温引起的寒害或冻害。在寒潮来临前或降温期间，还要因地制宜地采用熏烟、覆盖、喷施化学药剂等措施。

此外，江南、华南地区，如果出现低温伴随阴雨的湿冷天气，常会发生冻死耕牛的现象。所以，冬前备足耕牛过冬的草料及饲料，随时注意天气变化，加强对耕牛的护理，做好牛圈的防寒工作，对保护耕牛过冬，也是十分重要的。

保健养生 寒冷干燥的冬季，人体处于闭藏阶段，抵抗力较弱，因“寒邪”入侵或“燥气”过旺，咽喉炎、气管炎、支气管炎、肺炎、肺脓肿、肺结核、支气管哮喘等呼吸道疾病和心脑血管疾病、溃疡病、疼痛病、皮肤搔痒及冻伤、摔伤等疾病较为常见。尤其是对冠心病、肺心病、中风、哮喘、心肌梗塞、心绞痛、肝绞痛、偏头痛、溃疡病、慢性肾炎、高血压病等患者，在不同程度上都有一定威胁。这是因为寒冷不仅能诱发这些疾病的发生，而且能使病情加剧，甚至死亡。冬季应适时增加衣服，防寒保暖，戒烟限酒，经常洗手，增加饮水，居室注意开窗换气，保持空气新鲜，被褥要松软保暖；饮食上要注意营养和易于消化；生活上要有一定规律性，坚持适当的活动，以增强抗病能力。还要注意收听天气预报广播，以便及时采取措施来改善生活条件，把突然变化气象因素对人体的影响减小到最低程度。

2月气候与农事

气候概况 2月节气有立春、雨水。从立春开始，黄河流域地区的盛行风向转向东风和偏南风，10厘米土层已基本解冻，0 ℃等温线大致在本地区内，但东北仍在 -10 ℃以下，而华南已处于10 ℃以上。从降水来看，黄河中下游地区的降水量和降水日数都有不同程度的增加，而长江以南降水量则在50毫米左右，已开始显露“春雨贵如油”的态势。

农事活动 本月，华北、西北地区的冬小麦大多仍处于越冬期。江南、江淮地区的冬小麦处于缓慢生长阶段，部分进入幼穗分化期，油菜进入抽薹、开花期。季节来得早的两广南部及云南南部地区，2月中下旬早稻开始播种育秧。西南大部地区冬小麦处于孕穗阶段，油菜则进入抽薹、开花期。

灾害与防治 冻害是影响油菜产量的重要因子之一。油菜现蕾、开花一般要求气温在10 ℃以上，低于10 ℃开花极为缓慢，若在5 ℃以下则不能开花结实。江南、江淮一带，要做好早春油菜的田间管理，在晚霜出现前，可施用草木灰、土粪、厩肥、堆肥等有机肥料，以保持土温不致降低。在霜冻发生时，可采用灌水、覆盖、熏烟等方法，随时注意防御或减轻霜冻危害。

2月，内蒙古、新疆、青海、西藏等地牧区，容易出现暴风雪天气，对畜牧业危害较大。在草原草场，一般当积雪超过10厘米，就会发生白灾，当积雪超过20厘米时，就会发生严重白灾。建立草料库是抗御白灾的主要措施。在入冬前，要备足草料，加强棚圈建设，在白灾期间，要选择适宜地形转场放牧。两广及云南要注意防御低温连阴雨对早稻秧苗的危害。

黄河下游山东河段河冰解冻时，要预防冰凌洪水可能给两岸带来的危害。

3月气候与农事

气候概况　3月节气有惊蛰、春分。冬季风逐渐北退，气温普遍回升，降水开始增多，万物复苏，百花争艳。长江流域地区到春分时气温已经稳定达到10 ℃以上，月降水量75～200毫米；黄淮流域地区的气温和10厘米深地温已先后达到5 ℃以上。降水量10～50毫米；东北、内蒙古、新疆北部月平均气温仍在0 ℃以下，月降水量10毫米左右。我国大部地区进入春耕春播的大忙季节，但时有强冷空气入侵，乍寒乍暖，“春天孩儿面，一天变三变”，正是初春气候特征的写照，而在我国东部和江南地区已先后进入温暖湿润或较湿润的仲春季节，到处呈现出一派桃红柳绿的春天气息。

农事活动　本月，华南大部和江南南部早稻播种育秧进入大忙季节，华南南部下旬开始插秧。江南、江淮地区的冬小麦处于拔节期，油菜为现蕾、开花期。西南地区一季稻开始播种育秧，冬小麦为拔节至开花期，部分地区进入乳熟期。北方大部地区冬小麦开始返青，华北南部则进入拔节期。西北大部地区春小麦处于播种、出苗期。东北地区季节来得晚，南部3月下旬春小麦开始播种。

灾害与防治　低温连阴雨是南方早稻播种育秧的主要气象灾害。入春后，如遇强冷空气南下，气温急剧下降，当日平均气温降到12 ℃以下，且连续3天以上，就会发生烂种烂秧现象。大田育秧，应根据天气预报，抓住“冷尾暖头”（冷空气刚过、气温开始回升）播种，秧苗期如遇强降温，可采用灌水法，防御低温冷害。

干旱是华北、西北地区春季的主要气象灾害。这些地区冬季雨雪少，入春后降雨也不多，有“十年九春旱”之说。从华北的北京和保定地区来说，冬、春两季降水量不到全年总降水量的15% ~20%，春季气温回升，风速大，故而土壤水分散失快，容易出现干旱。3月正值冬小麦返青、拔节期，要根据土壤墒情，在土壤完全解冻后，适时浇灌返青水，防御干旱，这是获得丰产的重要措施。

入春后，西北、华北北部、东北西部等降水少，大风天气多，气候干燥，频繁发生的沙尘天气对农牧业生产及人们的生活、健康等带来很多影响。退耕还林、还草，改善生态环境是减少沙尘天气危害的重要措施。

黄河上游宁夏、内蒙古河段河冰解冻时，要预防冰凌洪水可能对两岸带来的危害。

4月气候与农事

气候概况 4月节气有清明、谷雨。夏季风开始影响我国，气温继续回升，全国大部地区气候温和，月平均气温兰州 11.8 ℃、成都 17.0 ℃、昆明 16.5 ℃、海口 24.9 ℃、广州 21.9 ℃、上海 14.0 ℃、武汉 16.1 ℃、北京 13.1 ℃、哈尔滨 6.0 ℃。降雨也陆续自南向北明显增多。月降水量广州 175.0 毫米、武汉 140.0 毫米、北京 19.4 毫米、西宁 20.2 毫米、贵阳 109.9 毫米、哈尔滨 23.8 毫米。“清明时节雨纷纷”，正是华南、江南气候特征的写照。春雨滋润大地，植物枝叶繁茂，春意盎然。黄河中下游一带已是“清明断雪”，并且降水量一般达到 30 毫米以上。东北、西北和内蒙古各地还是“清明断雪不断雪，谷雨断霜不断霜”。但大部分地区月平均气温升至5 ℃以上，春耕春播季节开始了。

农事活动 本月，华南地区早稻为插秧盛期，部分早稻返青、分蘖。江南大部地区上旬早稻进入播种大忙期，下旬早稻陆续插秧，冬小麦处于抽穗开花期，油菜为开花结荚期，棉花开始播种出苗。江淮地区棉花进入播种期，一季稻中旬开始播种。西南地区冬小麦处于抽穗至成熟期，一季稻为返青、拔节期，春玉米、棉花为播种、出苗期。华北地区棉花、春玉米进入播种大忙季节，冬小麦为拔节盛期。西北地区中旬春玉米始播，下旬新疆棉花播种。东北地区此时进入春播盛期，春小麦、大豆、玉米自南往北陆续播种。

灾害与防治 干旱是华北、西北地区及东北西部地区春季常见的气象灾害，它严重威胁春播作物的播种、出苗。俗语说“有苗七分收”，抓全苗是获得丰收的基础。各地可因地制宜，采用顶凌播种、抢墒播种等抗旱播种措施，适时播种，而不误农时。

4 月份有些年份在甘肃、宁夏、陕西及河南、山东、苏北、皖北等地会出现晚霜冻。此时正值冬小麦拔节、孕穗阶段及棉花、玉米等春播作物幼苗期，要注意防御春季晚霜冻的危害。

另外，大部地区少雨干燥的气候背景，在清明节扫墓祭祖活动中，要预防林火发生。

保健养生 春季是四时之首，万象更新之始，即阳气上升，万物萌动。然而，这万物的生发却不仅限于人们所乐见的繁花似锦，也意味着蛰伏了一冬的细菌、病毒蠢蠢欲动。春季气候时冷时热，变化极其频繁。因此，春季发生的疾病多属于外感，是容易得瘟病的季节，为流感、流脑、肺炎、麻疹、猩红热、肝炎等流行病的多发期，也是偏头疼、慢性咽炎、过敏性哮喘等痼疾的易发期，冠心病、风湿性心脏病、关节炎、肾炎等病也较常见。因此，应特别注意预防。要适时增减衣服，注意保暖，俗话说“春捂秋冻，四季没病”。居室要保证空气流通，尽可能少去人口密集的公共场所。要养成饭前、便后用流动水洗手，不随地吐痰等良好的卫生习惯。此外，有过敏的人，要注意预防花粉症和蚕豆症的感染。

5 月气候与农事

气候概况 5 月节气有立夏、小满。立夏是夏季开始的第一个节气。这时气温上升变暖，南北之间差距缩小，温差约为 18 ℃。黄河中下游地区的平均气温已接近或达到 20 ℃，华南一带已达 25 ℃以上，而东北、华北、西北和内蒙古地区绝大多数还为 10 ~ 20 ℃，偶尔受到终霜冻袭击。全国大部地区降水大幅度增加，长江流域及其以南地区月降水量为 100 ~ 300 毫米，淮河至汉水流域及其以北大部地区为 25 ~ 100 毫米，西南地区 100 毫米左右，西藏地区 20 ~ 30 毫米。

农事活动 本月，华南地区早稻处于分蘖至开花期。江南、江淮地区的油菜、冬小麦先后成熟、收获，早稻则进入拔节期。华北、西北地区的冬小麦陆续抽穗、开花、灌浆，河南、苏北、皖北等地下旬开始成熟，正像小满节气的含义一样，夏收作物的籽粒开始饱满，但还没有成熟，相当于乳熟期。西北地区的春玉米、棉花处于苗期。东北地区春小麦为分蘖、拔节期，大豆、玉米仍处在播种、出苗阶段。

灾害与防治 洪涝是华南地区的主要气象灾害。处于孕穗期的早稻最怕洪水淹泡。江南、江淮地区春雨多，由于田间积水，油菜、三麦还会遭受渍害。这些地区要做好防涝、防渍工作。在易涝地区，在雨季前修好排水沟是非常重要的防涝措施。水稻受淹后，如有再成活的可能，可采取洗苗、合理排灌、及时耘田、追肥等办法，及时进行抢救。油菜、小麦等旱地作物，在发生渍害的地块，除了补挖或加深排水沟、尽力排水外，要抢晴天进行抢收工作。

干热风是华北、西北地区冬小麦生长后期的主要气象灾害之一。5月中旬至6月中旬，一般当日最高气温≥30 ℃、最小相对湿度≤30%、风速≥3 米／秒时，且持续 3 天以上，就会发生干热风，影响小麦正常灌浆、成熟，使之减产。应选择抗干热风良种，早、晚熟品种合理搭配，并采取适时播种、合理施肥等措施防御干热风。在干热风来临前，喷洒化学药剂，提高小麦对干热风的抗性，也可减轻或防止干热风危害。

冰雹是春、夏季对农业生产危害较大的一种气象灾害。华北、西北地区在冬小麦灌浆、成熟期，尤其要警惕和防御冰雹的危害。

内蒙古、黑龙江、吉林等省（区）林区气候干燥，为高火险期，要严控野外用火，预防林火发生。

6 月气候与农事

气候概况 6 月节气有芒种、夏至。夏季风继续增强北上，全国普遍进入夏季，天气炎热。月平均气温，东北和内蒙古北部在 15 ~ 20 ℃之间，全国其他地方大都在 20 ℃以上。江淮地区梅雨开始，月降水量为 200 ~ 400 毫米，东北、华北大部为 50 ~ 100 毫米，西北地区一般有 10 ~ 50 毫米。

农事活动 本月，华南早稻处于开花、乳熟阶段，晚稻开始播种育秧。江南早稻为抽穗、开花期，棉花为现蕾期。江淮地区一季稻处于返青至分蘖期，上旬冬小麦收割。华北、西北东部冬小麦进入成熟、收割大忙季节，棉花陆续现蕾、开花，春玉米进入拔节期。东北地区一季稻处于插秧、返青、分蘖期，春小麦为拔节至开花期，玉米、大豆等作物为营养生长期。这些都表明“芒种忙种”，农业生产上迎来了夏收、夏种、夏管的“三夏”大忙季节。

灾害与防治 进入6月中旬后，雨带常常维持在江淮流域，天气阴沉，不但雨日多，而且雨量大，暴雨频发，这就是“梅雨”。梅雨时间过长，易致洪涝，对江南地区早稻后期生长发育十分不利。此时，防洪、防湿、防霉尤为重要。另外，夏季西南、西北东部等地受降雨影响，还经常发生泥石流、滑坡，崩塌等地质灾害。

东北夏季低温冷害是影响产量的重大气象灾害。这一地区农作物受低温冷害的类型有：延迟型冷害（农作物生育期间，气温较低，生育期推迟，到秋霜来临前不能成熟）、障碍型冷害（生育期内，较短时间的异常低温，直接危害了结实器官的形成）及混合型冷害（上述两种冷害兼有）。例如，在盛夏期间，当日平均气温低于20 ℃对大田作物生长发育不利，低于17 ℃对水稻孕穗、开花不利。防御低温冷害，要因地制宜，综合采取措施。如：加强农田基本建设，防旱排涝；合理施肥，防止贪青徒长；水田要科学用水，浅灌勤灌，提高水温等。

北方冬小麦产区在冬小麦成熟、收获期间，要注意收听（看）天气预报，利用晴朗天气，及时抢收小麦，防御大雨、连阴雨对小麦收晒的影响。

另外，我国是多雷电的国家，每年春末至初秋季节，各地常有雷击事件发生，造成建筑物、电器遭破坏，甚至人员伤亡，应注意防护。

7月气候与农事

气候概况 7月小暑连大暑。夏季风处于鼎盛时期，全国大部地区为一年中天气最热的月份。江淮流域梅雨结束后，天气酷热少雨，最高气温普遍在35 ℃以上，“赤日炎炎似火烧”，按夏至后第三个日干支庚日为初伏，已进入伏热伏旱季节。头伏和二伏一般在大暑节气前后，大暑开始全国进入最热期，有“热在三伏”的说法。大暑的日期和全国各地最热天气出现的日期大体符合，大暑节气也是全国从南到北气温相差最小的季节，如长春和广州相差只有5.3 ℃。长江流域地区在二暑期间出梅，梅雨期虽结束，但又进入台风季节，往往带来降雨，黄河流域地区则正是雨季盛期，北方降雨量显著增多，月降水量100~300毫米，大部地区为一年中降雨量最多的月份。同时，我国东南沿海地区台风活动日渐频繁。

农事活动　本月，华南地区是早稻收获、晚稻开始栽插的农忙季节。江南地区早稻进入灌浆、成熟期，晚稻开始插秧。江淮、西南地区一季稻均处于拔节至开花期。华北地区春玉米为抽雄、开花期，夏玉米为3～7叶期，西北地区上半月继续收获冬小麦，下旬开始收割春小麦。江南、江淮、华北、西北地区的棉花均处于开花期，东北地区下半月开始收割春小麦，春玉米为抽雄、开花期，一季稻处于拔节至开花期。

灾害与防治　7月，北方地区进入主汛期。此间，常出现一段时间的大雨或暴雨，有些年份降雨集中，雨量大，引起山洪暴发或河水泛滥，淹没或冲毁农田，造成严重洪涝灾害。要做好防洪、防涝的一切准备，防御或减轻洪涝的危害。

本月是台风活跃期，平均每年约有2个台风（包括热带风暴）在我国登陆，最多年份曾达5个。登陆地点几乎遍及我国沿海各省（区、市），其中在华南登陆的约占85%。华南是受台风危害最频繁、最严重的地区。台风所挟带来的狂风、暴雨，不仅危害农业生产，而且对海产业以及人民生命财产也造成严重损害。所以，要注意经常收听（看）天气预报，因地制宜，采取一切必要措施，防御台风的危害。例如，在台风侵袭前，及时抢收已成熟的农作物，鱼船迅速回港避风等。

伏旱是长江中下游一带常见的气象灾害。一般在7月上旬梅雨结束后，天气转入晴热的少雨季节，容易发生干旱，影响中稻开花、灌浆、结实及晚稻移栽和苗期生长，无灌溉条件的将严重减产。所以，这些地区，在防洪的同时，还要抓住雨季结束前的有利时机，合理蓄水，这对增强防汛抗旱能力，保证农业生产正常用水具有十分重要的意义。

保健养生　夏季气温高，降水多，湿度大，气压低。人体气血趋于体表，常见的疾病有细菌性痢疾、霍乱、热中风、皮炎、中暑、红眼病、疖肿（疔疮）、痱子、伤寒、乙脑、蛔虫病等。饮食调养着眼于清热消暑，健脾益气。多吃些清淡少油、易于消化的食物。搞好环境、饮食和个人卫生，消灭苍蝇，不吃腐败变质或不新鲜的食物，养成饭前、便后洗手的习惯。高温天气，特别是每天11—14时，尽量减少外出，田间劳动一定戴上草帽，不要长时间曝晒。多饮凉开水、绿豆汤、酸梅汤等清凉饮料。

用电扇取凉，宜用轻柔风，使用空调不要调得过低，使用时间不宜过长。在外劳动，不宜坐卧在潮湿的地方（包括木头）休息，俗话说

"夏不坐木"，更不宜在外露宿。

8月气候与农事

气候概况 8月节气有立秋、处暑。上半月夏季风仍处于鼎盛时期，全国大部地区热量充足，雨量丰沛，农作物处于旺盛生长期。下半月夏季风开始减弱南撤，北方偏北地区气温开始下降，降水减少；但长江中下游一带及以南地区月平均气温仍为27～29℃，仍呈现"立秋处暑，上蒸下煮"的酷热天气。

农事活动 本月，华南地区晚稻进入插秧大忙季节，而江南地区则已进入返青至拔节期；江淮、西南地区一季稻为开花期，部分地区进入乳熟期；而北方一季稻作区已进入灌浆至乳熟期。华北、江淮、江汉、江南及新疆棉区棉花进入开花、裂铃期。东北、华北、西北、江淮、江汉、西南等地春玉米已进入灌浆乳熟期，华北等地夏玉米抽雄开花。东北地区大豆开花结荚。西北、东北及内蒙古河套地区春小麦为收获期。

灾害与防治 暴雨洪涝仍是本月主要的气象灾害。黄河、海河、辽河、松花江流域各省（区、市）前半月仍是一年中的降雨集中期，大至暴雨时有发生，应根据预报和水情信息做好洪涝灾害的预防工作。

东北三省和内蒙古东部一带由于农作物生长季节短，热量不足的年份水稻、玉米、大豆等农作物常遭受低温冷害。培育或引进耐寒、早熟、高产品种，采取早播、早育苗及育苗移栽、地膜覆盖、增加施肥、加强田间管理等措施可以避免或减轻低温冷害。

长江中下游及重庆等地月内常在副热带高压控制之下，降水少，气温高，蒸发量大，伏旱发生频率高，对水稻、棉花等生长影响较大。因此，要做好节水防旱工作。

一般年份月内有2个或2个以上台风在沿海地区登陆。因此，防台风工作不能放松，特别更要警惕深入内陆台风引起的强降水而造成的洪涝灾害。

北方地区集中降雨期将先后结束。要根据天气预报，做好汛期最后一场大降水的蓄水工作，以保证冬春农业生产和生活用水的需求。

9月气候与农事

气候概况 9月节气有白露、秋分。秋分这天昼夜正好对半分，和春分相对应，但气温却是下降趋势。极地大陆气团从西伯利亚南下侵入北方地区的机会增多，加上地面辐射冷却作用，月平均气温已降至20 ℃以下，不少地区将先后进入“一阵秋风一阵凉，一场秋雨一场寒”的季节；东北、西北和内蒙古地区气温都已降到10 ℃以下，但长江中下游以南地区仍可能出现35 ℃以上的高温天气，暑气未消。全国大部降水量大减，除西南地区因西南季风未退，又受地形影响，阴雨天气多和东南地区受台风影响，月降水量有150~250毫米外，其余全国大部地区月降水量在100毫米以下。

农事活动 本月，全国大部地区进入收获的季节。东北的春玉米、一季稻、大豆等陆续成熟；华北的夏玉米、一季稻灌浆、乳熟，棉花吐絮，西北的春玉米、一季稻成熟，棉花吐絮；江淮、江汉、西南地区一季稻成熟，棉花吐絮，先后进入繁忙的收获季节，江南地区晚稻为抽穗至乳熟期，华南晚稻则处在拔节至开花期。与此同时，华北、西北冬小麦和江淮、江汉、江南和西南地区油菜开始播种。

灾害与防治 月内，随着北方冷空气势力的增强，东北、西北和华北北部地区常遭受初霜冻危害，对处于灌浆阶段的秋作物造成严重的损失。因此，除种植耐寒作物、培育抗寒高产品种外，采用中耕除草、追肥、去掉老叶等促早熟措施及在初霜冻发生前采用熏烟、覆盖、灌溉等方法来提高气温、土温，也可以避免或减轻初霜冻危害。

长江中下游和华南地区晚稻孕穗至开花期间出现日平均气温低于20 ℃或22 ℃、最低气温低于17 ℃，并持续3天或3天以上的连阴雨天气时，就会抑制花粉粒的正常生长和代谢，造成空壳而减产。这一灾害性天气在长江中下游一带称为“秋季低温”，而在华南地区，因已接近寒露节气，通常称之为“寒露风”。通过选育抗低温高产品种和根据低温（寒露风）发生规律，选择品种、合理安排播种期，使孕穗至开花期避免低温危害。另外，在低温（寒露风）来临前采用灌水、喷磷、喷施根外肥料等措施，以减轻危害。

沿海地区还可能有2个台风登陆。防台风工作不能放松。

10 月气候与农事

气候概况 10 月节气有寒露、霜降。随着冬季风势力加强，夏季风撤出大陆地区，全国大部地区在大陆气团的影响之下，黄河以北大部地区月平均气温在 15 ℃以下，江淮地区为 16 ~ 19 ℃，雨日和云量少，秋高气爽，万里无云，“月到中秋分外明”就是描写这个气候宜人季节的诗句。只有华西一带仍可能持续秋雨连绵天气，月降水量有 100 毫米左右。

农事活动 本月，全国大部地区农作物还处于收获的季节，东北、华北、江淮一带收获玉米、大豆、一季稻，西北、华北、江淮、江汉、江南等地收摘棉花，江南地区开始收割晚稻，而华南地区的晚稻也处于抽穗至乳熟阶段。华北中南部、江淮、江汉、西南及陕西中南部一带冬小麦为播种出苗阶段，江淮、江汉、江南、西南等地区油菜为播种或出苗阶段。

灾害与防治 月内，干旱是华北、西北、江淮、江汉和西南等地冬小麦和油菜种植地区的主要气象灾害。这些地区常常因伏雨偏少、早秋降雨又不多，而造成耕作层土壤相对湿度在 60% 以下，使播种和出苗遭受干旱威胁。因此，加强节水保墒工作，适时播种，争取全苗和壮苗，为来年夏季粮油丰收打下基础。

随着冷空气势力的增强，华北中南部、西北东南部、江淮等棉区将先后出现初霜冻。因此，应注意收看（听）天气预报，争取在霜冻来临前抢摘吐絮的棉花，以保证棉花的质量。

另外，华南中南部地区双季晚稻上半月仍是寒露风危害的时期，华西、江淮一带的连阴雨和沿海地区台风等灾害性天气还可能发生，预防工作不能放松。

东北林区一带由于降水少、气温较高，早霜后枝叶枯黄失水，地被物含水量低，进入一年中的第二个高火险期。因此，在搞好森林防火带建设的同时，应加强防火执法力度，做好森林火险预报及监测工作，尽快尽早发现火情，及时扑灭，避免或减轻火灾损失。

保健养生 秋季是冷热交替的季节，也是大部地区气温下降最快的时期，降水量减少，气候干燥，应注意预防感冒、哮喘、肺炎、关节炎、胃炎、痢疾、脑炎、秋燥等症。饭食调理应以防燥护阴、滋肾润肺为主。

深秋时节宜进食一些易于被人体消化吸收和藏纳的滋补食品，以改善脏腑功能，增强身体素质。

由于秋天处于阳消阴长过渡阶段，所以衣着方面除多关注当地天气预报，适时增减衣服外，还应有意地让肌体“冻一冻”（即秋冻），进行适当的抗寒锻炼。另外，养成饭前便后洗手、不随地吐痰、不乱丢垃圾等卫生习惯，把住“病从口入”关。

11 月气候与农事

气候概况　11 月节气有立冬、小雪。冬季风势力进一步加强，东北、西北和华北北部一带月平均气温降到 0 ℃以下，将陆续进入天寒地冻的季节，黄淮等地则呈现“霜叶红于二月花”的景象，江南一带也将寒风阵阵，梧桐叶落。长沙的月平均气温 12.5 ℃，杭州 12.1 ℃。这一切都告诉人们：秋天即将过去，冬天就要降临大地了。

农事活动　本月，江南地区晚稻继续收获，华南晚稻也进入成熟收获期。江淮、江汉、江南、西南油菜进入移栽阶段。江南地区冬小麦开始播种，而华北、西北、江淮、江汉等地冬小麦处于分蘖阶段，下旬西北部分地区冬小麦停止生长，进入越冬期。新疆牧区牲畜转入冬牧场。

灾害与防治　月内，暴风雪天气对新疆牧区牲畜转场和内蒙古牧区放牧影响较大。因此，在草场应因地制宜地建设一些透光保温的棚圈，利用避风向阳、干燥的地形，垒筑防风墙、防雪墙等是使牲畜避寒防冻、减轻暴风雪袭击的有效措施。同时，注意收听（看）天气预报，在暴风雪天气来临之前把牲畜赶回棚圈，对老、弱、病畜做好防御措施，减少牲畜损失。

河南、湖北、湖南、江西、福建、广东、广西等省（区）林区随着降水的急剧减少，空气湿度降低，林区地干物燥而进入高火险期。因此，要加强森林防火宣传，严格野外火源管理，预防林火发生。

另外，华北、江淮、江汉、西南等地区的干旱，华南、西南、江南一带的连阴雨，江南地区初霜冻，华南、西南地区的强降温及南部沿海地区的台风等灾害性天气仍可能发生，仍需做好预防工作。

12月气候与农事

气候概况 12 月节气有大雪、冬至。冬季风将进入鼎盛时期，黄河以北地区月平均气温降到 0 ℃以下，其中东北、西北两地大部，华北北部已在 -10 ℃以下，进入“千里冰封，万里雪飘”的季节，而回归线以南地区月平均气温仍在 15 ℃以上，到处仍是百花争艳、郁郁葱葱的景象。

农事活动 本月，全国大部地区进入寒冷的冬季。华北、西北冬小麦由北往南陆续进入越冬期，江淮、江汉、江南一带冬小麦处于缓慢生长阶段，云南中南部下旬冬小麦进入拔节期。江淮、江汉、江南、西南等地油菜处于移栽或现蕾阶段。华南地区小麦、马铃薯等作物处于播种出苗阶段，热带经济果木生长，部分处于花芽分化期。

灾害与防治 华北、西北、江淮北部一带在干旱年份如遇强寒潮袭击，常导致冬小麦死苗加重。因此，这些地区应在气温降至 0 ℃左右（即白天化冻、夜间冻结）的时期，采用灌冬水的措施，提高土壤含水率，增湿保温，预防冬小麦冻害发生。

西北及内蒙古等地牧区降雪量过多，积雪过厚，掩埋牧场，影响牲畜放牧采食或不能采食，造成饿冻或因而染病，甚至发生大量死亡，这就是通常所说的白灾。加强棚圈建设，建立草料库，并在入冬前备足草料是抗御白灾的主要措施。

华南、西南南部一带气温低于 10 ℃时，农作物及热带经济果木就会遭受不同程度的寒害，最低气温在 -4 ℃或以下会遭受严重寒害。因此，这些作物宜选择向阳、背风的小气候生态环境。同时，因地制宜，调整热带经济果木的种植布局和抗寒品系，在降温前采用覆盖、灌水、熏烟等提高温度的措施来避免或减轻寒害。

另外，入冬后至来年早春，我国中东部的大部地区还多大雾天气，不仅给交通运输和输电等带来严重影响，而且也给人们的日常生活带来不便和困难。

四、实用对联集锦

春　联

春来眼际　人勤春早　九州溢彩　全家福气　丰收岁月　门迎百福
喜上眉梢　马到功成　五谷飘香　满院春光　康乐人家　户纳千祥

乘龙能揽月　春到农家院　安定千家乐　笔绘丰收景　岁岁平安日
策马喜迎春　福临致富门　辛勤五谷香　笙歌幸福年　年年如意春

天赐一门吉庆　田园风光绝好　锦绣河山牛马壮　山乡踩出兴农路
春来二字平安　农家岁月更新　升平世界猪羊肥　田野流行致富歌

春播秋收门第　欢歌笑语辞旧　日丽风和人乐　桃吐千花迎财至
山欢水笑人家　爆竹红灯迎新　国强民富年丰　梅开五福接春来

天泰地泰三阳泰　家添财富人添寿　紫燕高飞剪开千重云雾
国兴家兴万事兴　春满田园福满门　布谷欢歌唤起万家春耕

家庭和睦事事如意　望天宇万里清似玉　山青水秀阳春有脚
老幼安康岁岁平安　喜人间四季暖如春　人寿年丰幸福无边

展宏图华夏繁荣昌盛　张灯结彩喜气盈万户　喜神州春色百花娇艳
歌盛世人民福寿康宁　溢绿飘红春光满千村　绘小康蓝图万马奔腾

祖国换新装天然画卷山和水　处处春光好政策归心虎跃龙腾创奇迹
农家多乐事自在生涯读与耕　家家喜气浓劳动致富山欢水笑着新装

婚　联

百年好合　天长地久　志同道合　同心永结　花开并蒂　新人入户
五世其昌　花好月圆　意厚情长　白头偕老　藕结同心　喜气盈门

四季花常好　百年琴瑟好　良辰辉绣辇　金杯斟喜酒　春风人共醉
百年月永圆　千载凤凰翔　吉日过嘉门　彩笔写婚书　笑语燕双飞

良日良辰良偶　花烛交心勉志　一门喜庆三春暖　百岁同心百事乐
佳男佳女佳缘　百年携手图强　两姓欣成百世缘　两情融洽两心知

银河双星庆会　喜迎亲朋贵客　一曲求凰终引凤　十里好花迎淑女
金屋大礼观成　欣接伉俪佳人　九霄攀桂始乘龙　一庭芳草贺新郎

人勤耕作事农圃　今日结成幸福侣　好国好家好夫好妻好日子好了再好
新有室家长子孙　毕生描绘锦绣图　新春新婚新事新办新风尚新而又新

和睦家庭风光好　对对莲花映碧水　喜期办喜事吃喜糖喝喜酒皆大欢喜
恩爱夫妻幸福长　双双蝶舞乘东风　新春结新婚瞧新娘闹新房焕然一新

一代良缘九天丽日　万紫千红十分春色　日暖风和伉俪同心山成玉
八方贵客七色彩虹　双声叠韵一曲新歌　月圆花好夫妻协力土变金

室霭祥光花团锦簇　意重情深心心互印　恩爱夫妻情似青山不老
天生佳偶璧合珠联　恩知爱解息息相关　幸福伴侣意如碧水长流

相敬如宾好好和和四季乐　佳期值佳节喜看阶前佳儿佳妇成佳配
钟情似海恩恩爱爱百年长　春庭开春筵敬教座上春日春人醉春风

寿　联

福如东海　老骥伏枥　地天同寿　福同海阔　寿同山永　名高北斗
寿比南山　余热生辉　日月齐光　寿与天齐　福共天长　寿比南山

福临寿星门　鹤算千年寿　岁老根弥壮　松鹤千年寿　南山高如寿
春到劳动家　松龄万古春　阳骄叶更荫　子孙万代和　北海福满樽

福与山河共在　紫气辉连南极　幸福门前松柏秀　室有芝兰春自秀
寿和日月同辉　丹心彩映北楼　安乐堂上步履轻　人如松柏岁长新

汉柏秦松骨气　瑶草奇葩不谢　东海白鹤千秋寿　福星高照满庭庆
商彝夏鼎精神　青松翠柏常青　南岭青松万载春　寿诞生辉合家欢

福如东海长流水　堂前燕舞迎春舞　瑞气满乡村人与青山同不老
寿比南山不老松　院内莺歌祝寿歌　暖风吹大地心随绿野共丰收

足食足衣晚景好　柏节松心宜晚翠　吞吐风云大鹏九万里驰南北
勤耕勤种夕阳红　童颜鹤发胜当年　沉酣泉石灵椿八千岁为春秋

鹤发童颜宜登上寿　子敬孙贤福如东海　飒飒金风声奏丰收乐曲
丰衣足食乐享晚年　体强身健寿比南山　朗朗秋月光照长寿人家

北极同荣南极同寿　绿野云开丹崖春霁　天上太阳光照山河万里
灵芝为圃丹桂为林　瑶池桃熟海屋筹添　人间高寿喜看兰桂盈庭

福地人勤荷锄载月三星朗　乐享遐龄寿比南山松不老
南山寿考傲雪凌霜一柏坚　生逢盛世福如东海水长流

五、2019—2028年农家历

公元2019年

农历己亥（猪）年

己亥岁干土支水，纳音属木。大利南北，不利东西。

八龙治水，五牛耕地，九日得辛，十人四饼。

太岁谢寿，九星八白，道院黄猪，平地阴木。岁德在甲，岁德合在己，岁禄在午，岁马在巳，奏书在乾，博士在巽，阳贵人在子，阴贵人在申，太阳在子，太阴在寅，龙德在午，福德在申。

太岁在亥，岁破在巳，力士在艮，蚕室在坤，豹尾在丑，飞廉在丑。

公元2019年　　农历己亥(猪)年

正月大

孟春之月　虎月　丙寅　室宿

白	白	白
紫	黑	绿
黄	赤	碧

天道行南，日躔在亥宫，宜用甲丙庚壬时

十五日雨水 7:04　初一日朔 5:03

三十日惊蛰 5:10　十六日望 23:51

农历	初一	初二	初三	初四	初五	初六	初七	初八	初九	初十
阳历	5	6	7	8	9	10	11	12	13	14
星期	二	三	四	五	六	日	一	二	三	四
干支	癸酉	甲戌	乙亥	丙子	丁丑	戊寅	己卯	庚辰	辛巳	壬午
28宿	觜 危	参 成	井 收	鬼 开	柳 闭	星 建	张 除	翼 满	轸 平	角 定
五行	金	火	火	水	水	土	土	金	金	木
吉时（节元）	寅 辰 巳 午	大 寒 下 6	子 丑 寅 卯	子 丑 戌 亥	寅 卯 巳 午	丑 辰 巳 未	立 春 上 8	丑 寅 辰 午	丑 寅 午 未	丑 卯 午 未
黄道黑道	元 武	司 命	勾 陈	青 龙	明 堂	天 刑	朱 雀	金 匮	天 德	白 虎
八卦	坎	艮	坤	乾	兑	离	震	巽	坎	艮
方位	东 南 正 南	东 北 东 南	西 北 东 南	西 南 正 西	正 南 正 西	东 南 正 北	东 北 正 北	西 北 正 东	西 南 正 东	正 南 正 南
五脏	肺	心	心	肾	肾	脾	脾	肺	肺	肝
子时时辰	壬子	甲子	丙子	戊子	庚子	壬子	甲子	丙子	戊子	庚子
农事节令	春节，六九，卯时朔	财神节			破五节，五牛耕地		人胜节	八龙治水，上弦	农暴，九日得辛	十人四饼，七九，土神诞

农历	十一	十二	十三	十四	十五	十六	十七	十八	十九	二十
阳历	15	16	17	18	19	20	21	22	23	24
星期	五	六	日	一	二	三	四	五	六	日
干支	癸未	甲申	乙酉	丙戌	丁亥	戊子	己丑	庚寅	辛卯	壬辰
28宿	亢 执	氐 破	房 危	心 成	尾 收	箕 开	斗 闭	牛 建	女 除	虚 满
五行	木	水	水	土	土	火	火	木	木	水
吉时（节元）	寅 卯 辰 巳	立 春 中 5	子 丑 寅 酉	子 丑 辰 巳	丑 辰 酉 戌	丑 卯 巳 申	立 春 下 2	子 丑 辰 巳	子 寅 卯 巳	丑 寅 辰 巳
黄道黑道	玉 堂	天 牢	元 武	司 命	勾 陈	青 龙	明 堂	天 刑	朱 雀	金 匮
八卦	坤	乾	兑	离	震	巽	坎	艮	坤	乾
方位	东 南 正 南	东 北 东 南	西 北 东 南	西 南 正 西	正 南 正 西	东 南 正 北	东 北 正 北	西 北 正 东	西 南 正 东	正 南 正 南
五脏	肝	肾	肾	脾	脾	心	心	肝	肝	肾
子时时辰	壬子	甲子	丙子	戊子	庚子	壬子	甲子	丙子	戊子	庚子
农事节令			农暴，杨公忌		元宵节，辰时雨水		夜子望		农暴，八九	

农历	廿一	廿二	廿三	廿四	廿五	廿六	廿七	廿八	廿九	三十
阳历	25	26	27	28	3月	2	3	4	5	6
星期	一	二	三	四	五	六	日	一	二	三
干支	癸巳	甲午	乙未	丙申	丁酉	戊戌	己亥	庚子	辛丑	壬寅
28宿	危 平	室 定	壁 执	奎 破	娄 危	胃 成	昴 收	毕 开	觜 闭	参 闭
五行	水	金	金	火	火	木	木	土	土	金
吉时（节元）	丑 卯 辰 巳	雨 水 上 9	寅 卯 午 申	子 丑 未 戌	子 丑 寅 午	寅 卯 未 申	雨 水 中 6	子 丑 卯 申	寅 卯 申 亥	子 丑 午 未
黄道黑道	天 德	白 虎	玉 堂	天 牢	元 武	司 命	勾 陈	青 龙	明 堂	青 龙
八卦	兑	离	震	巽	坎	艮	坤	乾	兑	离
方位	东 南 正 南	东 北 东 南	西 北 东 南	西 南 正 西	正 南 正 西	东 南 正 北	东 北 正 北	西 北 正 东	西 南 正 东	正 南 正 南
五脏	肾	肺	肺	心	心	肝	肝	脾	脾	肺
子时时辰	壬子	甲子	丙子	戊子	庚子	壬子	甲子	丙子	戊子	庚子
农事节令			下弦		填仓节			九九	农暴，送穷节	卯时惊蛰

公元2019年　农历己亥(猪)年

二月小

紫	黄	赤
白	白	碧
绿	白	黑

仲春之月　兔月　丁卯　壁宿

天道行西南，日躔在戌宫，宜用艮巽坤乾时

十五日春分 5:59

初一日朔 0:02

十五日望 9:41

农历	初一	初二	初三	初四	初五	初六	初七	初八	初九	初十	十一	十二	十三	十四	十五	十六	十七	十八	十九	二十	廿一	廿二	廿三	廿四	廿五	廿六	廿七	廿八	廿九	三十
阳历	7	8	9	10	11	12	13	14	15	16	17	18	19	20	21	22	23	24	25	26	27	28	29	30	31	4月	2	3	4	
星期	四	五	六	日	一	二	三	四	五	六	日	一	二	三	四	五	六	日	一	二	三	四	五	六	日	一	二	三	四	
干支	癸卯	甲辰	乙巳	丙午	丁未	戊申	己酉	庚戌	辛亥	壬子	癸丑	甲寅	乙卯	丙辰	丁巳	戊午	己未	庚申	辛酉	壬戌	癸亥	甲子	乙丑	丙寅	丁卯	戊辰	己巳	庚午	辛未	
28宿	井 建	鬼 除	柳 满	星 平	张 定	翼 执	轸 破	角 危	亢 成	氐 收	房 开	心 闭	尾 建	箕 除	斗 满	牛 平	女 定	虚 执	危 破	室 危	壁 成	奎 收	娄 开	胃 闭	昴 建	毕 除	觜 满	参 平	井 定	
五行	金	火	火	水	水	土	土	金	金	木	木	水	水	土	土	火	火	木	木	水	水	金	金	火	火	木	木	土	土	
吉时（节元）	寅 卯 巳 午	雨 水 下 3	子 丑 申 戌	丑 午 申 酉	巳 午 申 酉	子 丑 辰 巳	惊 蛰 上 1	丑 巳 午 申	丑 午 未 申	子 丑 午 未	子 丑 辰 巳	惊 蛰 中 7	子 卯 午 申	子 寅 申 酉	辰 巳 午 未	卯 午 未 申	惊 蛰 下 4	辰 巳 未 申	寅 巳 午 未	巳 午 未 申	卯 辰 午 未	春 分 上 3	丑 寅 卯 申	子 卯 午 酉	寅 卯 午 未	丑 卯 巳 申	春 分 中 9	丑 寅 午 申	寅 卯 巳 申	
黄道黑道	明堂	天刑	朱雀	金匮	天德	白虎	玉堂	天牢	元武	司命	勾陈	青龙	明堂	天刑	朱雀	金匮	天德	白虎	玉堂	天牢	元武	司命	勾陈	青龙	明堂	天刑	朱雀	金匮	天德	
八卦	艮	坤	乾	兑	离	震	巽	坎	艮	坤	乾	兑	离	震	巽	坎	艮	坤	乾	兑	离	震	巽	坎	艮	坤	乾	兑	离	
方位	东南 正南	东北 东南	西北 东南	西南 正西	正南 正西	东南 正北	东北 正北	西北 正东	西南 正东	正南 正南	东南 正南	东北 东南	西北 东南	西南 正西	正南 正西	东南 正北	东北 正北	西北 正东	西南 正东	正南 正南	东南 正南	东北 东南	西北 东南	西南 正西	正南 正西	东南 正北	东北 正北	西北 正东	西南 正东	
五脏	肺	心	心	肾	肾	脾	脾	肺	肺	肝	肝	肾	肾	脾	脾	心	心	肝	肝	肾	肾	肺	肺	心	心	肝	肝	脾	脾	
子时时辰	壬子	甲子	丙子	戊子	庚子	壬子	甲子	丙子	戊子	庚子	壬子	甲子	丙子	戊子	庚子	壬子	甲子	丙子	戊子	庚子	壬子	甲子	丙子	戊子	庚子	壬子	甲子	丙子	戊子	
农事节令	子时朔，中和节	龙头节，闺女节，妇女节，农暴	农暴			植树节，上戊	春斫暴	上弦，农暴	农暴，消费者权益日		乌龟暴，杨公忌		农暴	离日	花朝节，巳时望，卯时春分	春社，世界水日	世界气象日	世界防治结核病日	农暴，观音诞				下弦			愚人节		农暴	农暴	

公元 2019 年　　农历己亥(猪)年

三月大

季春之月　龙月　戊辰　奎宿

白绿白
赤紫黑
碧黄白

天道行北，日躔在酉宫，宜用癸乙丁辛时

初一日**清明** 9:51　初一日**朔** 16:49

十六日**谷雨** 16:55　十五日**望** 19:11

农历	初一	初二	初三	初四	初五	初六	初七	初八	初九	初十	十一	十二	十三	十四	十五	十六	十七	十八	十九	二十	廿一	廿二	廿三	廿四	廿五	廿六	廿七	廿八	廿九	三十
阳历	5	6	7	8	9	10	11	12	13	14	15	16	17	18	19	20	21	22	23	24	25	26	27	28	29	30	5月	2	3	4
星期	五	六	日	一	二	三	四	五	六	日	一	二	三	四	五	六	日	一	二	三	四	五	六	日	一	二	三	四	五	六
干支	壬申	癸酉	甲戌	乙亥	丙子	丁丑	戊寅	己卯	庚辰	辛巳	壬午	癸未	甲申	乙酉	丙戌	丁亥	戊子	己丑	庚寅	辛卯	壬辰	癸巳	甲午	乙未	丙申	丁酉	戊戌	己亥	庚子	辛丑
28宿	鬼定	柳执	星破	张危	翼成	轸收	角开	亢闭	氐建	房除	心满	尾平	箕定	斗执	牛破	女危	虚成	危收	室开	壁闭	奎建	娄除	胃满	昴平	毕定	觜执	参破	井危	鬼成	柳收
五行	金	金	火	火	水	水	土	土	金	金	木	木	水	水	土	土	火	火	木	木	水	水	金	金	火	火	木	木	土	土
吉时（节元）	子丑辰巳	寅辰巳午	春分下6	子丑寅卯	子丑戌亥	寅卯巳午	丑辰巳未	清明上4	丑寅辰午	丑寅午未	丑卯午未	寅卯辰巳	清明中1	子丑寅酉	子丑辰巳	丑辰酉戌	丑卯巳申	清明下7	子丑辰巳	子寅卯巳	丑寅辰巳	丑卯辰巳	谷雨上5	寅卯午申	子丑未戌	子丑寅午	寅卯未申	谷雨中2	子丑卯申	寅卯申亥
黄道黑道	金匮	天德	白虎	玉堂	天牢	元武	司命	勾陈	青龙	明堂	天刑	朱雀	金匮	天德	白虎	玉堂	天牢	元武	司命	勾陈	青龙	明堂	天刑	朱雀	金匮	天德	白虎	玉堂	天牢	元武
八卦	坤	乾	兑	离	震	巽	坎	艮	坤	乾	兑	离	震	巽	坎	艮	坤	乾	兑	离	震	巽	坎	艮	坤	乾	兑	离	震	巽
方位	正南正南	东南正南	东北东南	西北东南	西南正西	正南正西	东南正北	东北正北	西北正东	西南正东	正南正南	东南正南	东北东南	西北东南	西南正西	正南正西	东南正北	东北正北	西北正东	西南正东	正南正南	东南正南	东北东南	西北东南	西南正西	正南正西	东南正北	东北正北	西北正东	西南正东
五脏	肺	肺	心	心	肾	肾	脾	脾	肺	肺	肝	肝	肾	肾	脾	脾	心	心	肝	肝	肾	肾	肺	肺	心	心	肝	肝	脾	脾
子时时辰	庚子	壬子	甲子	丙子	戊子	庚子	壬子	甲子	丙子	戊子	庚子	壬子	甲子	丙子	戊子	庚子	壬子	甲子	丙子	戊子	庚子	壬子	甲子	丙子	戊子	庚子	壬子	甲子	丙子	戊子
农事节令	申时朔，巳时清明		三月三，桃花暴				农暴，上弦		杨公忌						戌时望，农暴	申时谷雨		世界地球日					天石暴，下弦		猴子暴	农暴	劳动节	东帝暴		五四青年节

公元 2019 年　　农历己亥(猪)年

四 月 小

孟夏之月　蛇月　己巳　娄宿

天道行西，日躔在申宫，宜用甲丙庚壬时

初二日**立夏** 3:03　初一日**朔** 6:44

十七日**小满** 15:59　十五日**望** 5:10

农历	初一	初二	初三	初四	初五	初六	初七	初八	初九	初十	十一	十二	十三	十四	十五	十六	十七	十八	十九	二十	廿一	廿二	廿三	廿四	廿五	廿六	廿七	廿八	廿九	三十
阳历	5	6	7	8	9	10	11	12	13	14	15	16	17	18	19	20	21	22	23	24	25	26	27	28	29	30	31	6月	2	
星期	日	一	二	三	四	五	六	日	一	二	三	四	五	六	日	一	二	三	四	五	六	日	一	二	三	四	五	六	日	
干支	壬寅	癸卯	甲辰	乙巳	丙午	丁未	戊申	己酉	庚戌	辛亥	壬子	癸丑	甲寅	乙卯	丙辰	丁巳	戊午	己未	庚申	辛酉	壬戌	癸亥	甲子	乙丑	丙寅	丁卯	戊辰	己巳	庚午	
28宿	星	张	翼	轸	角	亢	氐	房	心	尾	箕	斗	牛	女	虚	危	室	壁	奎	娄	胃	昴	毕	觜	参	井	鬼	柳	星	
	开	开	闭	建	除	满	平	定	执	破	危	成	收	开	闭	建	除	满	平	定	执	破	危	成	收	开	闭	建	除	
五行	金	金	火	火	水	水	土	土	金	金	木	木	水	水	土	土	火	火	木	木	水	水	金	金	火	火	木	木	土	
吉时（节元）	子丑午未	寅卯巳午	谷雨下8	子丑申戌	丑午申酉	巳午申酉	子丑辰巳	立夏上4	丑巳午申	丑午未申	子丑午未	子丑辰巳	立夏中1	子卯午申	子寅申酉	辰巳午未	卯午未申	立夏下7	辰巳未申	寅巳午未	巳午未申	卯辰午未	小满上5	丑寅卯申	子卯午酉	寅卯午未	丑卯巳申	小满中2	丑寅午申	
黄道黑道	司命	元武	司命	勾陈	青龙	明堂	天刑	朱雀	金匮	天德	白虎	玉堂	天牢	元武	司命	勾陈	青龙	明堂	天刑	朱雀	金匮	天德	白虎	玉堂	天牢	元武	司命	勾陈	青龙	
八卦	乾	兑	离	震	巽	坎	艮	坤	乾	兑	离	震	巽	坎	艮	坤	乾	兑	离	震	巽	坎	艮	坤	乾	兑	离	震	巽	
方位	正南正南	东南正南	东北东南	西北东南	西南正西	正南正西	东南正北	东北正北	西北正东	西南正东	正南正南	东南正南	东北东南	西北东南	西南正西	正南正西	东南正北	东北正北	西北正东	西南正东	正南正南	东南正南	东北东南	西北东南	西南正西	正南正西	东南正北	东北正北	西北正东	
五脏	肺	肺	心	心	肾	肾	脾	脾	肺	肺	肝	肝	肾	肾	脾	脾	心	心	肝	肝	肾	肾	肺	肺	心	心	肝	肝	脾	
子时时辰	庚子	壬子	甲子	丙子	戊子	庚子	壬子	甲子	丙子	戊子	庚子	壬子	甲子	丙子	戊子	庚子	壬子	甲子	丙子	戊子	庚子	壬子	甲子	丙子	戊子	庚子	壬子	甲子	丙子	
农事节令	卯时朔，农暴，绝日	寅时立夏					杨公忌，上弦	防灾减灾日，牛王节，母亲节			国际家庭日				卯时望，农暴		申时小满						下弦		农暴		世界无烟日	国际儿童节		

五月大

仲夏之月　马月　庚午　胃宿

白	黑	绿
黄	赤	紫
白	碧	白

天道行西北，日躔在未宫，宜用艮巽坤乾时

初四日**芒种** 7:06　初一日**朔** 18:01

十九日**夏至** 23:55　十五日**望** 16:29

农历	初一	初二	初三	初四	初五	初六	初七	初八	初九	初十
阳历	3	4	5	6	7	8	9	10	11	12
星期	一	二	三	四	五	六	日	一	二	三
干支	辛未	壬申	癸酉	甲戌	乙亥	丙子	丁丑	戊寅	己卯	庚辰
28宿	张 满	翼 平	轸 定	角 定	亢 执	氐 破	房 危	心 成	尾 收	箕 开
五行	土	金	金	火	火	水	水	土	土	金
吉时（节元）	寅 卯 巳 申	子 丑 辰 巳	寅 辰 巳 午	小 满 下 8	子 丑 寅 卯	子 丑 戌 亥	寅 卯 巳 午	丑 辰 巳 未	芒 种 上 6	丑 寅 辰 午
黄黑道道	明堂	天刑	朱雀	天刑	朱雀	金匮	天德	白虎	玉堂	天牢
八卦	兑	离	震	巽	坎	艮	坤	乾	兑	离
方位	西南 正东	正南 正南	东南 正南	东北 东南	西北 东南	西南 正西	正南 正西	东南 正北	东北 正北	西北 正东
五脏	脾	肺	肺	心	心	肾	肾	脾	脾	肺
子时时辰	戊子	庚子	壬子	甲子	丙子	戊子	庚子	壬子	甲子	丙子
农事节令	酉时朔		世界环境日	辰时芒种	端午节，端阳暴，杨公忌	入梅	上弦			

农历	十一	十二	十三	十四	十五	十六	十七	十八	十九	二十
阳历	13	14	15	16	17	18	19	20	21	22
星期	四	五	六	日	一	二	三	四	五	六
干支	辛巳	壬午	癸未	甲申	乙酉	丙戌	丁亥	戊子	己丑	庚寅
28宿	斗 闭	牛 建	女 除	虚 满	危 平	室 定	壁 执	奎 破	娄 危	胃 成
五行	金	木	木	水	水	土	土	火	火	木
吉时（节元）	丑 寅 午 未	丑 卯 午 未	寅 卯 辰 巳	芒 种 中 3	子 丑 寅 酉	子 丑 辰 巳	丑 辰 酉 戌	丑 卯 巳 申	芒 种 下 9	子 丑 辰 巳
黄黑道道	元武	司命	勾陈	青龙	明堂	天刑	朱雀	金匮	天德	白虎
八卦	震	巽	坎	艮	坤	乾	兑	离	震	巽
方位	西南 正东	正南 正南	东南 正南	东北 东南	西北 东南	西南 正西	正南 正西	东南 正北	东北 正北	西北 正东
五脏	肺	肝	肝	肾	肾	脾	脾	心	心	肝
子时时辰	戊子	庚子	壬子	甲子	丙子	戊子	庚子	壬子	甲子	丙子
农事节令			磨刀暴	父亲节	申时望，防治沙漠化和干旱日			离日	夜子夏至	分龙，农暴

农历	廿一	廿二	廿三	廿四	廿五	廿六	廿七	廿八	廿九	三十
阳历	23	24	25	26	27	28	29	30	7月	2
星期	日	一	二	三	四	五	六	日	一	二
干支	辛卯	壬辰	癸巳	甲午	乙未	丙申	丁酉	戊戌	己亥	庚子
28宿	昴 收	毕 开	觜 闭	参 建	井 除	鬼 满	柳 平	星 定	张 执	翼 破
五行	木	水	水	金	金	火	火	木	木	土
吉时（节元）	子 寅 卯 巳	丑 寅 辰 巳	丑 卯 辰 巳	夏 至 上 9	寅 卯 午 申	子 丑 未 戌	子 丑 寅 午	寅 卯 未 申	夏 至 中 3	子 丑 卯 申
黄黑道道	玉堂	天牢	元武	司命	勾陈	青龙	明堂	天刑	朱雀	金匮
八卦	坎	艮	坤	乾	兑	离	震	巽	坎	艮
方位	西南 正东	正南 正南	东南 正南	东北 东南	西北 东南	西南 正西	正南 正西	东南 正北	东北 正北	西北 正东
五脏	肝	肾	肾	肺	肺	心	心	肝	肝	脾
子时时辰	戊子	庚子	壬子	甲子	丙子	戊子	庚子	壬子	甲子	丙子
农事节令	龙母暴	下弦	全国土地日	国际禁毒日					建党节，香港回归日	

公元2019年 农历己亥(猪)年

六月小

季夏之月 羊月 辛未 昴宿

黄白碧
绿白白
紫黑赤

天道行东，日躔在午宫，宜用癸乙丁辛时

初五日**小暑** 17:21　初一日**朔** 3:15

廿一日**大暑** 10:51　十五日**望** 5:37

农历	初一	初二	初三	初四	初五	初六	初七	初八	初九	初十	十一	十二	十三	十四	十五	十六	十七	十八	十九	二十	廿一	廿二	廿三	廿四	廿五	廿六	廿七	廿八	廿九	三十
阳历	3	4	5	6	7	8	9	10	11	12	13	14	15	16	17	18	19	20	21	22	23	24	25	26	27	28	29	30	31	
星期	三	四	五	六	日	一	二	三	四	五	六	日	一	二	三	四	五	六	日	一	二	三	四	五	六	日	一	二	三	
干支	辛丑	壬寅	癸卯	甲辰	乙巳	丙午	丁未	戊申	己酉	庚戌	辛亥	壬子	癸丑	甲寅	乙卯	丙辰	丁巳	戊午	己未	庚申	辛酉	壬戌	癸亥	甲子	乙丑	丙寅	丁卯	戊辰	己巳	
28宿	轸危	角成	亢收	氐开	房开	心闭	尾建	箕除	斗满	牛平	女定	虚执	危破	室危	壁成	奎收	娄开	胃闭	昴建	毕除	觜满	参平	井定	鬼执	柳破	星危	张成	翼收	轸开	
五行	土	金	金	火	火	水	水	土	土	金	金	木	木	水	水	土	土	火	火	木	木	水	水	金	金	火	火	木	木	
吉时(节元)	寅卯申亥	子丑午未	寅卯巳午	夏至下6	子丑申戊	丑午申酉	巳午申酉	子丑辰巳	小暑上8	丑巳午申	丑午未申	子丑午未	子丑辰巳	小暑中2	子卯午申	子寅申酉	辰巳午未	卯午未申	小暑下5	辰巳未申	寅巳午未	巳午未申	卯辰午未	大暑上7	丑寅卯申	子卯午酉	寅卯午未	丑卯巳申	大暑中1	
黄道黑道	天德	白虎	玉堂	天牢	玉堂	天牢	元武	司命	勾陈	青龙	明堂	天刑	朱雀	金匮	天德	白虎	玉堂	天牢	元武	司命	勾陈	青龙	明堂	天刑	朱雀	金匮	天德	白虎	玉堂	
八卦	离	震	巽	坎	艮	坤	乾	兑	离	震	巽	坎	艮	坤	乾	兑	离	震	巽	坎	艮	坤	乾	兑	离	震	巽	坎	艮	
方位	西南正东	正南正南	东南正南	东北东南	西北东南	西南正西	正南正西	东南正北	东北正北	西北正东	西南正东	正南正南	东南正南	东北东南	西北东南	西南正西	正南正西	东南正北	东北正北	西北正东	西南正东	正南正南	东南正南	东北东南	西北东南	西南正西	正南正西	东南正北	东北正北	
五脏	脾	肺	肺	心	心	肾	肾	脾	脾	肺	肺	肝	肝	肾	肾	脾	脾	心	心	肝	肝	肾	肾	肺	肺	心	心	肝	肝	
子时时辰	戊子	庚子	壬子	甲子	丙子	戊子	庚子	壬子	甲子	丙子	戊子	庚子	壬子	甲子	丙子	戊子	庚子	壬子	甲子	丙子	戊子	庚子	壬子	甲子	丙子	戊子	庚子	壬子	甲子	
农事节令	寅时朔		杨公忌	荷花节	酉时小暑	天贶节，农暴，姑姑节	出梅	上弦	世界人口日	头伏		农暴	鲁班诞		卯时望，月偏食				农暴	农暴，中伏	巳时大暑	下弦							农暴	

七月小

孟秋 之月　猴月　壬申　毕宿

天道行北，日躔在巳宫，宜用甲丙庚壬时

初八日**立秋** 3:13　初一日**朔** 11:11

廿三日**处暑** 18:02　十五日**望** 20:29

农历	初初初初初初初初初初十十十十十十十十十二廿廿廿廿廿廿廿廿廿三 一二三四五六七八九十一二三四五六七八九十一二三四五六七八九十
阳历	8月 2 3 4 5 6 7 8 9 10 11 12 13 14 15 16 17 18 19 20 21 22 23 24 25 26 27 28 29
星期	四五六日一二三四五六日一二三四五六日一二三四五六日一二三四
干支	庚辛壬癸甲乙丙丁戊己庚辛壬癸甲乙丙丁戊己庚辛壬癸甲乙丙丁戊 午未申酉戌亥子丑寅卯辰巳午未申酉戌亥子丑寅卯辰巳午未申酉戌
28宿	角亢氐房心尾箕斗牛女虚危室壁奎娄胃昴毕觜参井鬼柳星张翼轸角 闭建除满平定执执破危成收开闭建除满平定执破危成收开闭建除满
五行	土土金金火火水水土土金金木木水水土土火火木木水水金金火火木
吉时（节元）	丑寅子寅大子子寅丑立丑丑丑寅立子子丑丑立子子丑丑处寅子子寅 寅卯丑辰暑丑丑卯辰秋寅寅卯卯秋丑丑辰卯秋丑寅寅卯暑卯丑丑卯 午巳辰巳下寅戌巳巳上辰午午辰中寅辰酉巳下辰卯辰辰上午未寅未 申申巳午4卯亥午未2午未未巳5酉巳戌申8巳巳巳巳1申戌午申
黄道黑道	天元司勾青明天明天朱金天白玉天元司勾青明天朱金天白玉天元司 牢武命陈龙堂刑堂刑雀匮德虎堂牢武命陈龙堂刑雀匮德虎堂牢武命
八卦	震巽坎艮坤乾兑离震巽坎艮坤乾兑离震巽坎艮坤乾兑离震巽坎艮坤
方位	西西正东东西西正东东西西正东东西西正东东西西正东东西西正东 北南南南北北南南南北北南南南北北南南南北北南南南北北南南南 正正正正东东正正正正正正正正东东正正正正正正正正东东正正正 东东南南南南西西北北东东南南南南西西北北东东南南南南西西北
五脏	脾脾肺肺心心肾肾脾脾肺肺肝肝肾肾脾脾心心肝肝肾肾肺肺心心肝
子时时辰	丙戊庚壬甲丙戊庚壬甲丙戊庚壬甲丙戊庚壬甲丙戊庚壬甲丙戊庚壬 子子子子子子子子子子子子子子子子子子子子子子子子子子子子子
农事节令	8月1日：午时朔，建军节，杨公忌 8月7日：上弦，七夕，农暴，绝日 8月8日：寅时立秋 8月11日：三伏 8月15日：戌时望，中元节 8月17日：农暴 8月18日：王母诞 8月23日：酉时处暑，下弦 8月28日：农暴 8月29日：杨公忌

八月大

仲秋之月　鸡月　癸酉　觜宿

碧	白	白
黑	绿	白
赤	紫	黄

天道行东北，日躔在辰宫，宜用艮巽坤乾时

初十日**白露** 6:17　初一日**朔** 18:36

廿五日**秋分** 15:50　十六日**望** 12:32

农历	初一	初二	初三	初四	初五	初六	初七	初八	初九	初十	十一	十二	十三	十四	十五	十六	十七	十八	十九	二十	廿一	廿二	廿三	廿四	廿五	廿六	廿七	廿八	廿九	三十
阳历	30	31	9月	2	3	4	5	6	7	8	9	10	11	12	13	14	15	16	17	18	19	20	21	22	23	24	25	26	27	28
星期	五	六	日	一	二	三	四	五	六	日	一	二	三	四	五	六	日	一	二	三	四	五	六	日	一	二	三	四	五	六
干支	己亥	庚子	辛丑	壬寅	癸卯	甲辰	乙巳	丙午	丁未	戊申	己酉	庚戌	辛亥	壬子	癸丑	甲寅	乙卯	丙辰	丁巳	戊午	己未	庚申	辛酉	壬戌	癸亥	甲子	乙丑	丙寅	丁卯	戊辰
28宿	亢 平	氐 定	房 执	心 破	尾 危	箕 成	斗 收	牛 开	女 闭	虚 闭	危 建	室 除	壁 满	奎 平	娄 定	胃 执	昴 破	毕 危	觜 成	参 收	井 开	鬼 闭	柳 建	星 除	张 满	翼 平	轸 定	角 执	亢 破	氐 危
五行	木	土	土	金	金	火	火	水	水	土	土	金	金	木	木	水	水	土	土	火	火	木	木	水	水	金	金	火	火	木
吉时（节元）	处 暑 中 4	子 丑 卯 申	寅 卯 申 亥	子 丑 午 未	寅 卯 巳 午	处 暑 下 7	子 丑 申 戌	丑 午 申 酉	巳 午 申 酉	子 丑 辰 巳	白 露 上 9	丑 巳 午 申	丑 午 未 申	子 丑 午 未	子 丑 辰 巳	白 露 中 3	子 卯 午 申	子 寅 申 酉	辰 巳 午 未	卯 午 未 申	白 露 下 6	辰 巳 未 申	寅 巳 午 未	巳 午 未 申	卯 辰 午 未	秋 分 上 7	丑 寅 卯 申	子 卯 午 酉	寅 卯 午 未	丑 卯 巳 申
黄道黑道	勾陈	青龙	明堂	天刑	朱雀	金匮	天德	白虎	玉堂	白虎	玉堂	天牢	元武	司命	勾陈	青龙	明堂	天刑	朱雀	金匮	天德	白虎	玉堂	天牢	元武	司命	勾陈	青龙	明堂	天刑
八卦	巽	坎	艮	坤	乾	兑	离	震	巽	坎	艮	坤	乾	兑	离	震	巽	坎	艮	坤	乾	兑	离	震	巽	坎	艮	坤	乾	兑
方位	东北 正北	西北 正东	西南 正东	正南 正南	东南 正南	东北 东南	西北 东南	西南 正西	正南 正西	东南 正北	东北 正北	西北 正东	西南 正东	正南 正南	东南 正南	东北 东南	西北 东南	西南 正西	正南 正西	东南 正北	东北 正北	西北 正东	西南 正东	正南 正南	东南 正南	东北 东南	西北 东南	西南 正西	正南 正西	东南 正北
五脏	肝	脾	脾	肺	肺	心	心	肾	肾	脾	脾	肺	肺	肝	肝	肾	肾	脾	脾	心	心	肝	肝	肾	肾	肺	肺	心	心	肝
子时时辰	甲子	丙子	戊子	庚子	壬子	甲子	丙子	戊子	庚子	壬子	甲子	丙子	戊子	庚子	壬子	甲子	丙子	戊子	庚子	壬子	甲子	丙子	戊子	庚子	壬子	甲子	丙子	戊子	庚子	壬子
农事节令	酉时朔		农暴，北斗下降					上弦		卯时白露，上戊		教师节			中秋节	午时望，全国科普日				秋社	农暴		农暴	离日，下弦	申时秋分		杨公忌			孔子诞辰

公元2019年　　农历己亥(猪)年

九月小

季秋之月　狗月　甲戌　参宿

黑	赤	紫
白	碧	黄
白	白	绿

天道行南，日躔在卯宫，宜用癸乙丁辛时

初十日**寒露** 22:06　初一日**朔** 2:26

廿六日**霜降** 1:20　十六日**望** 5:08

农历	初一	初二	初三	初四	初五	初六	初七	初八	初九	初十	十一	十二	十三	十四	十五	十六	十七	十八	十九	二十	廿一	廿二	廿三	廿四	廿五	廿六	廿七	廿八	廿九	三十
阳历	29	30	10月	2	3	4	5	6	7	8	9	10	11	12	13	14	15	16	17	18	19	20	21	22	23	24	25	26	27	
星期	日	一	二	三	四	五	六	日	一	二	三	四	五	六	日	一	二	三	四	五	六	日	一	二	三	四	五	六	日	
干支	己巳	庚午	辛未	壬申	癸酉	甲戌	乙亥	丙子	丁丑	戊寅	己卯	庚辰	辛巳	壬午	癸未	甲申	乙酉	丙戌	丁亥	戊子	己丑	庚寅	辛卯	壬辰	癸巳	甲午	乙未	丙申	丁酉	
28宿	房	心	尾	箕	斗	牛	女	虚	危	室	壁	奎	娄	胃	昴	毕	觜	参	井	鬼	柳	星	张	翼	轸	角	亢	氐	房	
	成	收	开	闭	建	除	满	平	定	定	执	破	危	成	收	开	闭	建	除	满	平	定	执	破	危	成	收	开	闭	
五行	木	土	土	金	金	火	火	水	水	土	土	金	金	木	木	水	水	土	土	火	火	木	木	水	水	金	金	火	火	
吉时（节元）	秋分中1	丑寅午申	寅卯巳申	子丑辰巳	寅辰巳午	秋分下4	子丑寅卯	子丑戌亥	寅卯巳午	丑辰巳未	寒露上6	丑寅辰午	丑寅午未	丑卯午未	寅卯辰巳	寒露中9	子丑寅酉	子丑辰巳	丑辰酉戌	丑卯巳申	寒露下3	子丑辰巳	子寅卯巳	丑寅辰巳	丑卯辰巳	霜降上5	寅卯午申	子丑未戌	子丑寅午	
黄道黑道	朱雀	金匮	天德	白虎	玉堂	天牢	元武	司命	勾陈	司命	勾陈	青龙	明堂	天刑	朱雀	金匮	天德	白虎	玉堂	天牢	元武	司命	勾陈	青龙	明堂	天刑	朱雀	金匮	天德	
八卦	坎	艮	坤	乾	兑	离	震	巽	坎	艮	坤	乾	兑	离	震	巽	坎	艮	坤	乾	兑	离	震	巽	坎	艮	坤	乾	兑	
方位	东北正北	西北正东	西南正东	正南正南	东南正南	东北东南	西北东南	西南正西	正南正西	东南正北	东北正北	西北正东	西南正东	正南正南	东南正南	东北东南	西北东南	西南正西	正南正西	东南正北	东北正北	西北正东	西南正东	正南正南	东南正南	东北东南	西北东南	西南正西	正南正西	
五脏	肝	脾	脾	肺	肺	心	心	肾	肾	脾	脾	肺	肺	肝	肝	肾	肾	脾	脾	心	心	肝	肝	肾	肾	肺	肺	心	心	
子时时辰	甲子	丙子	戊子	庚子	壬子	甲子	丙子	戊子	庚子	壬子	甲子	丙子	戊子	庚子	壬子	甲子	丙子	戊子	庚子	壬子	甲子	丙子	戊子	庚子	壬子	甲子	丙子	戊子	庚子	
农事节令	丑时朔，南斗下降		国庆节					上弦	重阳节，农暴	亥时寒露	国际减灾日					卯时望		世界粮食日	农暴，世界消除贫困日				下弦		杨公忌	丑时霜降，联合国日	冷风信			

十月小

孟冬之月　猪月　乙亥　井宿

白	白	白
紫	黑	绿
黄	赤	碧

天道行东，日躔在寅宫，宜用甲丙庚壬时

十二日立冬 1:25　初一日朔 11:38

廿六日小雪 22:59　十六日望 21:34

农历	初初初初初初初初初初十十十十十十十十十二廿廿廿廿廿廿廿廿廿三 一二三四五六七八九十一二三四五六七八九十一二三四五六七八九十
阳历	28 29 30 31 11月 2 3 4 5 6 7 8 9 10 11 12 13 14 15 16 17 18 19 20 21 22 23 24 25
星期	一二三四五六日一二三四五六日一二三四五六日一二三四五六日一
干支	戊己庚辛壬癸甲乙丙丁戊己庚辛壬癸甲乙丙丁戊己庚辛壬癸甲乙丙 戌亥子丑寅卯辰巳午未申酉戌亥子丑寅卯辰巳午未申酉戌亥子丑寅
28宿	心尾箕斗牛女虚危室壁奎娄胃昴毕觜参井鬼柳星张翼轸角亢氐房心 建除满平定执破危成收开开闭建除满平定执破危成收开闭建除满平
五行	木木土土金金火火水水土土金金木木水水土土火火木木水水金金火
吉时（节元）	寅霜子寅子寅霜子丑巳子立丑丑子子立子子辰卯立辰寅巳卯小丑子 卯降丑卯丑卯降丑午午丑冬巳午丑丑冬卯寅巳午冬巳巳午辰雪寅卯 未中卯申午巳下申申申辰上午未午辰中午申午未下未午未午上卯午 申8申亥未午2戌酉酉巳6申申未巳9申酉未申3申未申未5申酉
黄道黑道	白玉天元司勾青明天朱金朱金天白玉天元司勾青明天朱金天白玉天 虎堂牢武命陈龙堂刑雀匮雀匮德虎堂牢武命陈龙堂刑雀匮德虎堂牢
八卦	艮坤乾兑离震巽坎艮坤乾兑离震巽坎艮坤乾兑离震巽坎艮坤乾兑离
方位	东东西西正东东西西正东东西西正东东西西正东东西西正东东西西 南北北南南南北北南南南北北南南南北北南南南北北南南南北北南 正正正正正正东东正正正正正正正正东东正正正正正正正正东东正 北北东东南南南南西西北北东东南南南南西西北北东东南南南南西
五脏	肝肝脾脾肺肺心心肾肾脾脾肺肺肝肝肾肾脾脾心心肝肝肾肾肺肺心
子时时辰	壬甲丙戊庚壬甲丙戊庚壬甲丙戊庚壬甲丙戊庚壬甲丙戊庚壬甲丙戊 子子子子子子子子子子子子子子子子子子子子子子子子子子子子子
农事节令	午时朔，祭祖节 世界勤俭日 万圣节 上弦 农暴 绝日 丑时立冬 下元节 亥时望，寒婆婆生 农暴 国际大学生节 下弦，杨公忌，农暴 寒婆婆死，亥时小雪 五岳诞

十一月大

仲冬之月　鼠月　丙子　鬼宿

紫黄赤
白白碧
绿白黑

天道行东南，日躔在丑宫，宜用艮巽坤乾时

十二日**大雪** 18:19　初一日**朔** 23:05

廿七日**冬至** 12:20　十七日**望** 13:12

农历	初一	初二	初三	初四	初五	初六	初七	初八	初九	初十	十一	十二	十三	十四	十五	十六	十七	十八	十九	二十	廿一	廿二	廿三	廿四	廿五	廿六	廿七	廿八	廿九	三十
阳历	26	27	28	29	30	12月	2	3	4	5	6	7	8	9	10	11	12	13	14	15	16	17	18	19	20	21	22	23	24	25
星期	二	三	四	五	六	日	一	二	三	四	五	六	日	一	二	三	四	五	六	日	一	二	三	四	五	六	日	一	二	三
干支	丁卯	戊辰	己巳	庚午	辛未	壬申	癸酉	甲戌	乙亥	丙子	丁丑	戊寅	己卯	庚辰	辛巳	壬午	癸未	甲申	乙酉	丙戌	丁亥	戊子	己丑	庚寅	辛卯	壬辰	癸巳	甲午	乙未	丙申
28宿	尾定	箕执	斗破	牛危	女成	虚收	危开	室闭	壁建	奎除	娄满	胃满	昴平	毕定	觜执	参破	井危	鬼成	柳收	星开	张闭	翼建	轸除	角满	亢平	氐定	房执	心破	尾危	箕成
五行	火	木	木	土	土	金	金	火	火	水	水	土	土	金	金	木	木	水	水	土	土	火	火	木	木	水	水	金	金	火
吉时（节元）	寅卯午未	丑卯巳申	小雪中8	丑寅午申	寅卯巳申	子丑辰巳	寅辰巳午	小雪下2	子丑寅卯	子丑戌亥	寅卯巳午	丑辰巳未	大雪上4	丑寅辰午	丑寅午未	丑卯午未	寅卯辰巳	大雪中7	子丑寅酉	子丑辰巳	丑辰酉戌	丑卯巳申	大雪下1	子丑辰巳	子寅卯巳	丑寅辰巳	丑卯辰巳	冬至上1	寅卯午申	子丑未戌
黄道黑道	元武	司命	勾陈	青龙	明堂	天刑	朱雀	金匮	天德	白虎	玉堂	白虎	玉堂	天牢	元武	司命	勾陈	青龙	明堂	天刑	朱雀	金匮	天德	白虎	玉堂	天牢	元武	司命	勾陈	青龙
八卦	坤	乾	兑	离	震	巽	坎	艮	坤	乾	兑	离	震	巽	坎	艮	坤	乾	兑	离	震	巽	坎	艮	坤	乾	兑	离	震	巽
方位	正南正西	东南正北	东北正北	西北正东	西南正东	正南正南	东南正南	东北东南	西北东南	西南正西	正南正西	东南正北	东北正北	西北正东	西南正东	正南正南	东南正南	东北东南	西北东南	西南正西	正南正西	东南正北	东北正北	西北正东	西南正东	正南正南	东南正南	东北东南	西北东南	西南正西
五脏	心	肝	肝	脾	脾	肺	肺	心	心	肾	肾	脾	脾	肺	肺	肝	肝	肾	肾	脾	脾	心	心	肝	肝	肾	肾	肺	肺	心
子时时辰	庚子	壬子	甲子	丙子	戊子	庚子	壬子	甲子	丙子	戊子	庚子	壬子	甲子	丙子	戊子	庚子	壬子	甲子	丙子	戊子	庚子	壬子	甲子	丙子	戊子	庚子	壬子	甲子	丙子	戊子
农事节令	子时朔		农暴，感恩节			世界艾滋病日			上弦			酉时大雪					未时望				杨公忌			下弦	澳门回归日	离日	午时冬至，一九，农暴		平安夜	圣诞节

公元 2019 年　　　　农历己亥(猪)年

十二月大

季冬之月　牛月　丁丑　柳宿

白	绿	白
赤	紫	黑
碧	黄	白

天道行西，日躔在子宫，宜用癸乙丁辛时

十二日**小寒** 5:31　初一日**朔** 13:12

廿六日**大寒** 22:56　十七日**望** 1:20

农历	初一	初二	初三	初四	初五	初六	初七	初八	初九	初十	十一	十二	十三	十四	十五
阳历	26	27	28	29	30	31	1月	2	3	4	5	6	7	8	9
星期	四	五	六	日	一	二	三	四	五	六	日	一	二	三	四
干支	丁酉	戊戌	己亥	庚子	辛丑	壬寅	癸卯	甲辰	乙巳	丙午	丁未	戊申	己酉	庚戌	辛亥
28宿	斗收	牛开	女闭	虚建	危除	室满	壁平	奎定	娄执	胃破	昴危	毕危	觜成	参收	井开
五行	火	木	木	土	土	金	金	火	火	水	水	土	土	金	金
吉时（节元）	子丑寅午	寅卯未申	冬至中7	子丑卯申	寅卯申亥	子丑午未	寅卯巳午	冬至下4	子丑申戌	丑午申酉	巳午申酉	子丑辰巳	小寒上2	丑巳午申	丑午未申
黄道黑道	明堂	天刑	朱雀	金匮	天德	白虎	玉堂	天牢	元武	司命	勾陈	司命	勾陈	青龙	明堂
八卦	乾	兑	离	震	巽	坎	艮	坤	乾	兑	离	震	巽	坎	艮
方位	正南正西	东南正北	东北正北	西北正东	西南正东	正南正南	东南正南	东北东南	西北东南	西南正西	正南正西	东南正北	东北正北	西北正东	西南正东
五脏	心	肝	肝	脾	脾	肺	肺	心	心	肾	肾	脾	脾	肺	肺
子时时辰	庚子	壬子	甲子	丙子	戊子	庚子	壬子	甲子	丙子	戊子	庚子	壬子	甲子	丙子	戊子
农事节令	毛泽东诞辰，未时朔					二九	上弦，元旦	腊八节，农暴				卯时小寒		农暴	三九

农历	十六	十七	十八	十九	二十	廿一	廿二	廿三	廿四	廿五	廿六	廿七	廿八	廿九	三十
阳历	10	11	12	13	14	15	16	17	18	19	20	21	22	23	24
星期	五	六	日	一	二	三	四	五	六	日	一	二	三	四	五
干支	壬子	癸丑	甲寅	乙卯	丙辰	丁巳	戊午	己未	庚申	辛酉	壬戌	癸亥	甲子	乙丑	丙寅
28宿	鬼闭	柳建	星除	张满	翼平	轸定	角执	亢破	氐危	房成	心收	尾开	箕闭	斗建	牛除
五行	木	木	水	水	土	土	火	火	木	木	水	水	金	金	火
吉时（节元）	子丑午未	子丑辰巳	小寒中8	子卯午申	子寅申酉	辰巳午未	卯午未申	小寒下5	辰巳未申	寅巳午未	巳午未申	卯辰午未	大寒上3	丑寅卯申	子卯午酉
黄道黑道	天刑	朱雀	金匮	天德	白虎	玉堂	天牢	元武	司命	勾陈	青龙	明堂	天刑	朱雀	金匮
八卦	坤	乾	兑	离	震	巽	坎	艮	坤	乾	兑	离	震	巽	坎
方位	正南正南	东南正南	东北东南	西北东南	西南正西	正南正西	东南正北	东北正北	西北正东	西南正东	正南正南	东南正南	东北东南	西北东南	西南正西
五脏	肝	肝	肾	肾	脾	脾	心	心	肝	肝	肾	肾	肺	肺	心
子时时辰	庚子	壬子	甲子	丙子	戊子	庚子	壬子	甲子	丙子	戊子	庚子	壬子	甲子	丙子	戊子
农事节令		丑时望		杨公忌					扫尘节，小年，下弦，四九		亥时大寒	农暴，西帝朝天			除夕

公元 2020 年

农历庚子(鼠)年(闰四月)

庚子岁干金支水,纳音属土。大利东西,不利南北。

二龙治水,十一牛耕地,五日得辛,六人十饼。

太岁虞起,九星七赤,梁上白鼠,霹雳阳土。岁德在庚,岁德合在乙,岁禄在申,岁马在寅,奏书在乾,博士在巽,阳贵人在丑,阴贵人在未,太阳在丑,太阴在卯,龙德在未,福德在酉。

太岁在子,岁破在午,力士在艮,蚕室在坤,豹尾在戌,飞廉在申。

公元 2020 年　　农历庚子(鼠)年(闰四月)

正月小

孟春　之月　虎月　戊寅　星宿

赤碧黄
白白白
黑绿紫

天道行南,日躔在亥宫,宜用甲丙庚壬时

十一日立春 17:04　初一日朔 5:41

廿六日雨水 12:58　十六日望 15:32

农历	初一	初二	初三	初四	初五	初六	初七	初八	初九	初十	十一	十二	十三	十四	十五	十六	十七	十八	十九	二十	廿一	廿二	廿三	廿四	廿五	廿六	廿七	廿八	廿九	三十
阳历	25	26	27	28	29	30	31	2月	2	3	4	5	6	7	8	9	10	11	12	13	14	15	16	17	18	19	20	21	22	
星期	六	日	一	二	三	四	五	六	日	一	二	三	四	五	六	日	一	二	三	四	五	六	日	一	二	三	四	五	六	
干支	丁卯	戊辰	己巳	庚午	辛未	壬申	癸酉	甲戌	乙亥	丙子	丁丑	戊寅	己卯	庚辰	辛巳	壬午	癸未	甲申	乙酉	丙戌	丁亥	戊子	己丑	庚寅	辛卯	壬辰	癸巳	甲午	乙未	
28宿	女满	虚平	危定	室执	壁破	奎危	娄成	胃收	昴开	毕闭	觜闭	参建	井除	鬼满	柳平	星定	张执	翼破	轸危	角成	亢收	氐开	房闭	心建	尾除	箕满	斗平	牛定	女执	
五行	火	木	木	土	土	金	金	火	火	水	水	土	土	金	金	木	木	水	水	土	土	火	火	木	木	水	水	金	金	
吉时(节元)	寅卯午未	丑卯巳申	大寒中9	丑寅午申	寅卯巳申	子丑辰巳	寅辰巳午	大寒下6	子丑寅卯	子丑戌亥	寅卯巳午	丑辰巳未	立春上8	丑寅辰午	丑寅午未	丑卯午未	寅卯辰巳	立春中5	子丑寅酉	子丑辰巳	丑辰酉戌	丑卯巳申	立春下2	子丑辰巳	子寅卯巳	丑寅辰巳	丑卯辰巳	雨水上9	寅卯午申	
黄道黑道	天德	白虎	玉堂	天牢	元武	司命	勾陈	青龙	明堂	天刑	明堂	天刑	朱雀	金匮	天德	白虎	玉堂	天牢	元武	司命	勾陈	青龙	明堂	天刑	朱雀	金匮	天德	白虎	玉堂	
八卦	离	震	巽	坎	艮	坤	乾	兑	离	震	巽	坎	艮	坤	乾	兑	离	震	巽	坎	艮	坤	乾	兑	离	震	巽	坎	艮	
方位	正南正西	东南正北	东北正北	西北正东	西南正东	正南正南	东南正南	东北东南	西北东南	西南正西	正南正西	东南正北	东北正北	西北正东	西南正东	正南正南	东南正南	东北东南	西北东南	西南正西	正南正西	东南正北	东北正北	西北正东	西南正东	正南正南	东南正南	东北东南	西北东南	
五脏	心	肝	肝	脾	脾	肺	肺	心	心	肾	肾	脾	脾	肺	肺	肝	肝	肾	肾	脾	脾	心	心	肝	肝	肾	肾	肺	肺	
子时时辰	庚子	壬子	甲子	丙子	戊子	庚子	壬子	甲子	丙子	戊子	庚子	壬子	甲子	丙子	戊子	庚子	壬子	甲子	丙子	戊子	庚子	壬子	甲子	丙子	戊子	庚子	壬子	甲子	丙子	
农事节令	春节,卯时朔	财神节,二龙治水	五九		破五节,五日得辛	六人十饼	人胜节	上弦	农暴	绝日,土神诞	十一牛耕地,酉时立春	六九	杨公忌,农暴		元宵节	申时望			农暴		七九,情人节		下弦		填仓节	午时雨水			送穷节,农暴	

公元2020年　农历庚子(鼠)年(闰四月)

二月大

仲春之月　兔月　己卯　张宿

白	黑	绿
黄	赤	紫
白	碧	白

天道行西南，日躔在戌宫，宜用艮巽坤乾时

十二日**惊蛰** 10:58　初一日**朔** 23:31

廿七日**春分** 11:51　十七日**望** 1:45

农历	初一	初二	初三	初四	初五	初六	初七	初八	初九	初十	十一	十二	十三	十四	十五
阳历	23	24	25	26	27	28	29	3月	2	3	4	5	6	7	8
星期	日	一	二	三	四	五	六	日	一	二	三	四	五	六	日
干支	丙申	丁酉	戊戌	己亥	庚子	辛丑	壬寅	癸卯	甲辰	乙巳	丙午	丁未	戊申	己酉	庚戌
28宿	虚	危	室	壁	奎	娄	胃	昴	毕	觜	参	井	鬼	柳	星
	破	危	成	收	开	闭	建	除	满	平	定	定	执	破	危
五行	火	火	木	木	土	土	金	金	火	火	水	水	土	土	金
吉时（节元）	子丑未戌	子丑寅午	寅卯未申	雨水中6	子丑卯申	寅卯申亥	子丑午未	寅卯巳午	雨水下3	子丑申戌	丑午申酉	巳午申酉	子丑辰巳	惊蛰上1	丑巳午申
黄道黑道	天牢	元武	司命	勾陈	青龙	明堂	天刑	朱雀	金匮	天德	白虎	天德	白虎	玉堂	天牢
八卦	震	巽	坎	艮	坤	乾	兑	离	震	巽	坎	艮	坤	乾	兑
方位	西南正西	正南正西	东南正北	东北正北	西北正东	西南正东	正南正南	东南正南	东北东南	西北东南	西南正西	正南正西	东南正北	东北正北	西北正东
五脏	心	心	肝	肝	脾	脾	肺	肺	心	心	肾	肾	脾	脾	肺
子时时辰	戊子	庚子	壬子	甲子	丙子	戊子	庚子	壬子	甲子	丙子	戊子	庚子	壬子	甲子	丙子
农事节令	夜子朔，八九，中和节	龙头节，闰女节，农暴	农暴，上戊				春斫暴，上弦	农暴	农暴	九九	乌龟暴，杨公忌	巳时惊蛰	农暴		花朝节，妇女节

农历	十六	十七	十八	十九	二十	廿一	廿二	廿三	廿四	廿五	廿六	廿七	廿八	廿九	三十
阳历	9	10	11	12	13	14	15	16	17	18	19	20	21	22	23
星期	一	二	三	四	五	六	日	一	二	三	四	五	六	日	一
干支	辛亥	壬子	癸丑	甲寅	乙卯	丙辰	丁巳	戊午	己未	庚申	辛酉	壬戌	癸亥	甲子	乙丑
28宿	张	翼	轸	角	亢	氐	房	心	尾	箕	斗	牛	女	虚	危
	成	收	开	闭	建	除	满	平	定	执	破	危	成	收	开
五行	金	木	木	水	水	土	土	火	火	木	木	水	水	金	金
吉时（节元）	丑午未申	子丑午未	子丑辰巳	惊蛰中7	子卯午申	子寅申酉	辰巳午未	卯午未申	惊蛰下4	辰巳未申	寅巳午未	巳午未申	卯辰午未	春分上3	丑寅卯申
黄道黑道	元武	司命	勾陈	青龙	明堂	天刑	朱雀	金匮	天德	白虎	玉堂	天牢	元武	司命	勾陈
八卦	离	震	巽	坎	艮	坤	乾	兑	离	震	巽	坎	艮	坤	乾
方位	西南正东	正南正南	东南正南	东北东南	西北东南	西南正西	正南正西	东南正北	东北正北	西北正东	西南正东	正南正南	东南正南	东北东南	西北东南
五脏	肺	肝	肝	肾	肾	脾	脾	心	心	肝	肝	肾	肾	肺	肺
子时时辰	戊子	庚子	壬子	甲子	丙子	戊子	庚子	壬子	甲子	丙子	戊子	庚子	壬子	甲子	丙子
农事节令		丑时望		农暴，植树节，观音诞			消费者权益日	春社	下弦		离日	午时春分	农暴，世界森林日	农暴，世界水日	世界气象日

公元 2020 年　　农历庚子(鼠)年(闰四月)

三月大

季春之月　龙月　庚辰　翼宿

天道行北，日躔在酉宫，宜用癸乙丁辛时

十二日**清明** 15:40　初一日**朔** 17:26

廿七日**谷雨** 22:47　十六日**望** 10:34

农历	初一	初二	初三	初四	初五	初六	初七	初八	初九	初十	十一	十二	十三	十四	十五	十六	十七	十八	十九	二十	廿一	廿二	廿三	廿四	廿五	廿六	廿七	廿八	廿九	三十
阳历	24	25	26	27	28	29	30	31	4月	2	3	4	5	6	7	8	9	10	11	12	13	14	15	16	17	18	19	20	21	22
星期	二	三	四	五	六	日	一	二	三	四	五	六	日	一	二	三	四	五	六	日	一	二	三	四	五	六	日	一	二	三
干支	丙寅	丁卯	戊辰	己巳	庚午	辛未	壬申	癸酉	甲戌	乙亥	丙子	丁丑	戊寅	己卯	庚辰	辛巳	壬午	癸未	甲申	乙酉	丙戌	丁亥	戊子	己丑	庚寅	辛卯	壬辰	癸巳	甲午	乙未
28宿	室闭	壁建	奎除	娄满	胃平	昴定	毕执	觜破	参危	井成	鬼收	柳收	星开	张闭	翼建	轸除	角满	亢平	氐定	房执	心破	尾危	箕成	斗收	牛开	女闭	虚建	危除	室满	壁平
五行	火	火	木	木	土	土	金	金	火	火	水	水	土	土	金	金	木	木	水	水	土	土	火	火	木	木	水	水	金	金
吉时（节元）	子卯午酉	寅卯午未	丑卯巳申	春分中9	丑寅午申	寅卯巳申	子丑辰巳	寅辰巳午	春分下6	子丑寅卯	子丑戌亥	寅卯巳午	丑辰巳未	清明上4	丑寅辰午	丑寅午未	丑卯午未	寅卯辰巳	清明中1	子丑寅酉	子丑辰巳	丑辰酉戌	丑卯巳申	清明下7	子丑辰巳	子寅卯巳	丑寅辰巳	丑卯辰巳	谷雨上5	寅卯午申
黄道黑道	青龙	明堂	天刑	朱雀	金匮	天德	白虎	玉堂	天牢	元武	司命	元武	司命	勾陈	青龙	明堂	天刑	朱雀	金匮	天德	白虎	玉堂	天牢	元武	司命	勾陈	青龙	明堂	天刑	朱雀
八卦	巽	坎	艮	坤	乾	兑	离	震	巽	坎	艮	坤	乾	兑	离	震	巽	坎	艮	坤	乾	兑	离	震	巽	坎	艮	坤	乾	兑
方位	西南正西	正南正西	东南正北	东北正北	西北正东	西南正东	正南正南	东南正南	东北东南	西北东南	西南正西	正南正西	东南正北	东北正北	西北正东	西南正东	正南正南	东南正南	东北东南	西北东南	西南正西	正南正西	东南正北	东北正北	西北正东	西南正东	正南正南	东南正南	东北东南	西北东南
五脏	心	心	肝	肝	脾	脾	肺	肺	心	心	肾	肾	脾	脾	肺	肺	肝	肝	肾	肾	脾	脾	心	心	肝	肝	肾	肾	肺	肺
子时时辰	戊子	庚子	壬子	甲子	丙子	戊子	庚子	壬子	甲子	丙子	戊子	庚子	壬子	甲子	丙子	戊子	庚子	壬子	甲子	丙子	戊子	庚子	壬子	甲子	丙子	戊子	庚子	壬子	甲子	丙子
农事节令	酉时朔，世界防治结核病日		三月三，桃花暴				农暴	上弦	杨公忌，愚人节			申时清明			农暴	巳时望							天石暴，下弦		猴子暴	农暴	亥时谷雨	东帝暴		世界地球日

公元2020年　农历庚子(鼠)年(闰四月)

四月大

孟夏之月　蛇月　辛巳　轸宿

绿	紫	黑
碧	黄	赤
白	白	白

天道行西，日躔在申宫，宜用甲丙庚壬时

十三日**立夏** 8:53　初一日**朔** 10:24

廿八日**小满** 21:50　十五日**望** 18:44

农历	初一	初二	初三	初四	初五	初六	初七	初八	初九	初十	十一	十二	十三	十四	十五	十六	十七	十八	十九	二十	廿一	廿二	廿三	廿四	廿五	廿六	廿七	廿八	廿九	三十
阳历	23	24	25	26	27	28	29	30	5月	2	3	4	5	6	7	8	9	10	11	12	13	14	15	16	17	18	19	20	21	22
星期	四	五	六	日	一	二	三	四	五	六	日	一	二	三	四	五	六	日	一	二	三	四	五	六	日	一	二	三	四	五
干支	丙申	丁酉	戊戌	己亥	庚子	辛丑	壬寅	癸卯	甲辰	乙巳	丙午	丁未	戊申	己酉	庚戌	辛亥	壬子	癸丑	甲寅	乙卯	丙辰	丁巳	戊午	己未	庚申	辛酉	壬戌	癸亥	甲子	乙丑
28宿	奎	娄	胃	昴	毕	觜	参	井	鬼	柳	星	张	翼	轸	角	亢	氐	房	心	尾	箕	斗	牛	女	虚	危	室	壁	奎	娄
	定	执	破	危	成	收	开	闭	建	除	满	平	平	定	执	破	危	成	收	开	闭	建	除	满	平	定	执	破	危	成
五行	火	火	木	木	土	土	金	金	火	火	水	水	土	土	金	金	木	木	水	水	土	土	火	火	木	木	水	水	金	金
吉时（节元）	子丑未戌	子丑寅午	寅卯未申	谷雨中2	子丑卯申	寅卯申亥	子丑午未	寅卯巳午	谷雨下8	子丑申戌	丑午申酉	巳午申酉	子丑辰巳	立夏上4	丑巳午申	丑午未申	子丑午未	子丑辰巳	立夏中1	子卯午申	子寅申酉	辰巳午未	卯午未申	立夏下7	辰巳未申	寅巳午未	巳午未申	卯辰午未	小满上5	丑寅卯申
黄道黑道	金匮	天德	白虎	玉堂	天牢	元武	司命	勾陈	青龙	明堂	天刑	朱雀	天刑	朱雀	金匮	天德	白虎	玉堂	天牢	元武	司命	勾陈	青龙	明堂	天刑	朱雀	金匮	天德	白虎	玉堂
八卦	坎	艮	坤	乾	兑	离	震	巽	坎	艮	坤	乾	兑	离	震	巽	坎	艮	坤	乾	兑	离	震	巽	坎	艮	坤	乾	兑	离
方位	西南正西	正南正西	东南正北	东北正北	西北正东	西南正东	正南正南	东南正南	东北东南	西北东南	西南正西	正南正西	东南正北	东北正北	西北正东	西南正东	正南正南	东南正南	东北东南	西北东南	西南正西	正南正西	东南正北	东北正北	西北正东	西南正东	正南正南	东南正南	东北东南	西北东南
五脏	心	心	肝	肝	脾	脾	肺	肺	心	心	肾	肾	脾	脾	肺	肺	肝	肝	肾	肾	脾	脾	心	心	肝	肝	肾	肾	肺	肺
子时时辰	戊子	庚子	壬子	甲子	丙子	戊子	庚子	壬子	甲子	丙子	戊子	庚子	壬子	甲子	丙子	戊子	庚子	壬子	甲子	丙子	戊子	庚子	壬子	甲子	丙子	戊子	庚子	壬子	甲子	丙子
农事节令	巳时朔，农暴						杨公忌	牛王节，老虎暴	上弦，劳动节			绝日，五四青年节	辰时立夏		农暴，酉时望			母亲节		防灾减灾日			下弦，国际家庭节		农暴			亥时小满		

公元2020年　农历庚子(鼠)年(闰四月)

闰四月小

孟夏之月　蛇月　辛巳　轸宿

绿碧白　紫黄白　黑赤白

天道行西，日躔在申宫，宜用甲丙庚壬时

十四日芒种 12:59

初一日朔 1:38

十五日望 3:11

农历	初一	初二	初三	初四	初五	初六	初七	初八	初九	初十	十一	十二	十三	十四	十五	十六	十七	十八	十九	二十	廿一	廿二	廿三	廿四	廿五	廿六	廿七	廿八	廿九	三十
阳历	23	24	25	26	27	28	29	30	31	6月	2	3	4	5	6	7	8	9	10	11	12	13	14	15	16	17	18	19	20	
星期	六	日	一	二	三	四	五	六	日	一	二	三	四	五	六	日	一	二	三	四	五	六	日	一	二	三	四	五	六	
干支	丙 寅	丁 卯	戊 辰	己 巳	庚 午	辛 未	壬 申	癸 酉	甲 戌	乙 亥	丙 子	丁 丑	戊 寅	己 卯	庚 辰	辛 巳	壬 午	癸 未	甲 申	乙 酉	丙 戌	丁 亥	戊 子	己 丑	庚 寅	辛 卯	壬 辰	癸 巳	甲 午	
28宿	胃	昴	毕	觜	参	井	鬼	柳	星	张	翼	轸	角	亢	氐	房	心	尾	箕	斗	牛	女	虚	危	室	壁	奎	娄	胃	
	收	开	闭	建	除	满	平	定	执	破	危	成	收	收	开	闭	建	除	满	平	定	执	破	危	成	收	开	闭	建	
五行	火	火	木	木	土	土	金	金	火	火	水	水	土	土	金	金	木	木	水	水	土	土	火	火	木	木	水	水	金	
吉时（节元）	子 卯 午 酉	寅 卯 午 未	丑 卯 巳 申	小 满 中 2	丑 寅 午 申	寅 卯 巳 申	子 丑 辰 巳	寅 辰 巳 午	小 满 下 8	子 丑 寅 卯	子 丑 戌 亥	寅 卯 巳 午	丑 辰 巳 未	芒 种 上 6	丑 寅 辰 午	丑 寅 午 未	丑 卯 午 未	寅 卯 辰 巳	芒 种 中 3	子 丑 寅 酉	子 丑 辰 巳	丑 辰 酉 戌	丑 卯 巳 申	芒 种 下 9	子 丑 辰 巳	子 寅 卯 巳	丑 寅 辰 巳	丑 卯 辰 巳	夏 至 上 9	
黄道黑道	天 牢	元 武	司 命	勾 陈	青 龙	明 堂	天 刑	朱 雀	金 匮	天 德	白 虎	玉 堂	天 牢	玉 堂	天 牢	元 武	司 命	勾 陈	青 龙	明 堂	天 刑	朱 雀	金 匮	天 德	白 虎	玉 堂	天 牢	元 武	司 命	
八卦	坎	艮	坤	乾	兑	离	震	巽	坎	艮	坤	乾	兑	离	震	巽	坎	艮	坤	乾	兑	离	震	巽	坎	艮	坤	乾	兑	
方位	西 南 正 西	正 南 正 西	东 南 正 北	东 北 正 北	西 北 正 东	西 南 正 东	正 南 正 南	东 南 正 南	东 北 东 南	西 北 东 南	西 南 正 西	正 南 正 西	东 南 正 北	东 北 正 北	西 北 正 东	西 南 正 东	正 南 正 南	东 南 正 南	东 北 东 南	西 北 东 南	西 南 正 西	正 南 正 西	东 南 正 北	东 北 正 北	西 北 正 东	西 南 正 东	正 南 正 南	东 南 正 南	东 北 东 南	
五脏	心	心	肝	肝	脾	脾	肺	肺	心	心	肾	肾	脾	脾	肺	肺	肝	肝	肾	肾	脾	脾	心	心	肝	肝	肾	肾	肺	
子时时辰	戊 子	庚 子	壬 子	甲 子	丙 子	戊 子	庚 子	壬 子	甲 子	丙 子	戊 子	庚 子	壬 子	甲 子	丙 子	戊 子	庚 子	壬 子	甲 子	丙 子	戊 子	庚 子	壬 子	甲 子	丙 子	戊 子	庚 子	壬 子	甲 子	
农事节令	丑时朔						上弦		世界无烟日	国际儿童节				午时芒种，世界环境日	寅时望						入梅	下弦				防治沙漠化和干旱日				

公元 2020 年　　农历庚子(鼠)年(闰四月)

五月大

仲夏之月　马月　壬午　角宿

碧	白	白
黑	绿	白
赤	紫	黄

天道行西北，日躔在未宫，宜用艮巽坤乾时

初一日**夏至** 5:44　初一日**朔** 14:40

十六日**小暑** 23:15　十五日**望** 12:44

农历	初一	初二	初三	初四	初五	初六	初七	初八	初九	初十	十一	十二	十三	十四	十五	十六	十七	十八	十九	二十	廿一	廿二	廿三	廿四	廿五	廿六	廿七	廿八	廿九	三十
阳历	21	22	23	24	25	26	27	28	29	30	7月	2	3	4	5	6	7	8	9	10	11	12	13	14	15	16	17	18	19	20
星期	日	一	二	三	四	五	六	日	一	二	三	四	五	六	日	一	二	三	四	五	六	日	一	二	三	四	五	六	日	一
干支	乙未	丙申	丁酉	戊戌	己亥	庚子	辛丑	壬寅	癸卯	甲辰	乙巳	丙午	丁未	戊申	己酉	庚戌	辛亥	壬子	癸丑	甲寅	乙卯	丙辰	丁巳	戊午	己未	庚申	辛酉	壬戌	癸亥	甲子
28宿	昴	毕	觜	参	井	鬼	柳	星	张	翼	轸	角	亢	氐	房	心	尾	箕	斗	牛	女	虚	危	室	壁	奎	娄	胃	昴	毕
	除	满	平	定	执	破	危	成	收	开	闭	建	除	满	平	平	定	执	破	危	成	收	开	闭	建	除	满	平	定	执
五行	金	火	火	木	木	土	土	金	金	火	火	水	水	土	土	金	金	木	木	水	水	土	土	火	火	木	木	水	水	金
吉时（节元）	寅卯午申	子丑未戌	子丑寅午	寅卯未申	夏至中3	子丑卯申	寅卯申亥	子丑午未	寅卯巳午	夏至下6	子丑申戌	丑午申酉	巳午申酉	子丑辰巳	小暑上8	丑巳午申	丑午未申	子丑午未	子丑辰巳	小暑中2	子卯午申	子寅申酉	辰巳午未	卯午未申	小暑下5	辰巳未申	寅巳午未	巳午未申	卯辰午未	大暑上7
黄道黑道	勾陈	青龙	明堂	天刑	朱雀	金匮	天德	白虎	玉堂	天牢	元武	司命	勾陈	青龙	明堂	青龙	明堂	天刑	朱雀	金匮	天德	白虎	玉堂	天牢	元武	司命	勾陈	青龙	明堂	天刑
八卦	艮	坤	乾	兑	离	震	巽	坎	艮	坤	乾	兑	离	震	巽	坎	艮	坤	乾	兑	离	震	巽	坎	艮	坤	乾	兑	离	震
方位	西北东南	西南正西	正南正西	东南正北	东北正北	西北正东	西南正东	正南正南	东南正南	东北东南	西北东南	西南正西	正南正西	东南正北	东北正北	西北正东	西南正东	正南正南	东南正南	东北东南	西北东南	西南正西	正南正西	东南正北	东北正北	西北正东	西南正东	正南正南	东南正南	东北东南
五脏	肺	心	心	肝	肝	脾	脾	肺	肺	心	心	肾	肾	脾	脾	肺	肺	肝	肝	肾	肾	脾	脾	心	心	肝	肝	肾	肾	肺
子时时辰	丙子	戊子	庚子	壬子	甲子	丙子	戊子	庚子	壬子	甲子	丙子	戊子	庚子	壬子	甲子	丙子	戊子	庚子	壬子	甲子	丙子	戊子	庚子	壬子	甲子	丙子	戊子	庚子	壬子	甲子
农事节令	未时朔，卯时夏至，父亲节，日环食				端午节，全国土地日	国际禁毒日		上弦			建党节，香港回归日，磨刀暴		磨刀暴		农暴，午时望	夜子小暑				分龙，农暴	龙母暴，世界人口日			下弦	出梅	初伏				

公元2020年　农历庚子(鼠)年(闰四月)

六月小

季夏之月　羊月　癸未　亢宿

天道行东,日躔在午宫,宜用癸乙丁辛时

初二日**大暑** 16:38　初一日**朔** 1:32

十八日**立秋** 9:07　十五日**望** 23:58

农历	初一	初二	初三	初四	初五	初六	初七	初八	初九	初十	十一	十二	十三	十四	十五	十六	十七	十八	十九	二十	廿一	廿二	廿三	廿四	廿五	廿六	廿七	廿八	廿九	三十

阳历	21	22	23	24	25	26	27	28	29	30	31	8月	2	3	4	5	6	7	8	9	10	11	12	13	14	15	16	17	18
星期	二	三	四	五	六	日	一	二	三	四	五	六	日	一	二	三	四	五	六	日	一	二	三	四	五	六	日	一	二
干支	乙丑	丙寅	丁卯	戊辰	己巳	庚午	辛未	壬申	癸酉	甲戌	乙亥	丙子	丁丑	戊寅	己卯	庚辰	辛巳	壬午	癸未	甲申	乙酉	丙戌	丁亥	戊子	己丑	庚寅	辛卯	壬辰	癸巳
28宿	觜	参	井	鬼	柳	星	张	翼	轸	角	亢	氐	房	心	尾	箕	斗	牛	女	虚	危	室	壁	奎	娄	胃	昴	毕	觜
	破	危	成	收	开	闭	建	除	满	平	定	执	破	危	成	收	开	开	闭	建	除	满	平	定	执	破	危	成	收
五行	金	火	火	木	木	土	土	金	金	火	火	水	水	土	土	金	金	木	木	水	水	土	土	火	火	木	木	水	水
吉时(节元)	丑寅卯申	子卯午酉	寅卯午未	丑卯巳申	大暑中1	丑寅午申	寅卯巳申	子丑辰巳	寅辰巳午	大暑下4	子丑寅卯	子丑戌亥	寅卯巳午	丑辰巳未	立秋上2	丑寅辰午	丑寅午未	丑卯午未	寅卯辰巳	立秋中5	子丑寅酉	子丑辰巳	丑辰酉戌	丑卯巳申	立秋下8	子丑辰巳	子寅卯巳	丑寅辰巳	丑卯辰巳
黄道黑道	朱雀	金匮	天德	白虎	玉堂	天牢	元武	司命	勾陈	青龙	明堂	天刑	朱雀	金匮	天德	白虎	玉堂	白虎	玉堂	天牢	元武	司命	勾陈	青龙	明堂	天刑	朱雀	金匮	天德
八卦	坤	乾	兑	离	震	巽	坎	艮	坤	乾	兑	离	震	巽	坎	艮	坤	乾	兑	离	震	巽	坎	艮	坤	乾	兑	离	震
方位	西北东南	西南正西	正南正西	东南正北	东北正北	西北正东	西南正东	正南正南	东南正南	东北东南	西北东南	西南正西	正南正西	东南正北	东北正北	西北正东	西南正东	正南正南	东南正南	东北东南	西北东南	西南正西	正南正西	东南正北	东北正北	西北正东	西南正东	正南正南	东南正南
五脏	肺	心	心	肝	肝	脾	脾	肺	肺	心	心	肾	肾	脾	脾	肺	肺	肝	肝	肾	肾	脾	脾	心	心	肝	肝	肾	肾
子时时辰	丙子	戊子	庚子	壬子	甲子	丙子	戊子	庚子	壬子	甲子	丙子	戊子	庚子	壬子	甲子	丙子	戊子	庚子	壬子	甲子	丙子	戊子	庚子	壬子	甲子	丙子	戊子	庚子	壬子
农事节令	丑时朔	申时大暑	杨公忌	荷花节		天贶节,农暴,中伏,姑姑节		上弦				农暴,建军节	鲁班诞		夜子望		绝日	巳时立秋	农暴	农暴			下弦			三伏			农暴

公元2020年　　农历庚子(鼠)年(闰四月)

七月小	孟秋之月　猴月　甲申　氐宿 白白白 紫黑绿 黄赤碧 天道行北，日躔在巳宫，宜用甲丙庚壬时 初四日**处暑** 23:46　初一日**朔** 10:41 二十日**白露** 12:09　十五日**望** 13:21
农历	初初初初初初初初初初十十十十十十十十十二廿廿廿廿廿廿廿廿廿三 一二三四五六七八九十一二三四五六七八九十一二三四五六七八九十
阳历	19 20 21 22 23 24 25 26 27 28 29 30 31 9月 2 3 4 5 6 7 8 9 10 11 12 13 14 15 16
星期	三四五六日一二三四五六日一二三四五六日一二三四五六日一二三
干支	甲乙丙丁戊己庚辛壬癸甲乙丙丁戊己庚辛壬癸甲乙丙丁戊己庚辛壬 午未申酉戌亥子丑寅卯辰巳午未申酉戌亥子丑寅卯辰巳午未申酉戌
28宿	参井鬼柳星张翼轸角亢氐房心尾箕斗牛女虚危室壁奎娄胃昴毕觜参 开闭建除满平定执破危成收开闭建除满平定定执破危成收开闭建除
五行	金金火火木木土土金金火火水水土土金金木木水水土土火火木木水
吉时（节元）	处寅子子寅处子寅子寅处子丑巳子白丑丑子子白子子辰卯白辰寅巳 暑卯丑丑卯暑丑卯丑卯暑丑午午丑露巳午丑丑露卯寅巳午露巳巳午 上午未寅未中卯申午巳下申申申辰上午未午辰中午申午未下未午未 1申戌午申4申亥未午7戌酉酉巳9申申未巳3申酉未申6申未申
黄道黑道	白玉天元司勾青明天朱金天白玉天元司勾青勾青明天朱金天白玉天 虎堂牢武命陈龙堂刑雀匮德虎堂牢武命陈龙陈龙堂刑雀匮德虎堂牢
八卦	乾兑离震巽坎艮坤乾兑离震巽坎艮坤乾兑离震巽坎艮坤乾兑离震巽
方位	东西西正东东西西正东东西西正东东西西正东东西西正东东西西正 北北南南南北北南南南北北南南南北北南南南北北南南南北北南南 东东正正正正正正正正东东正正正正正正正正东东正正正正正正正 南南西西北北东东南南南南西西北北东东南南南南西西北北东东南
五脏	肺肺心心肝肝脾脾肺肺心心肾肾脾脾肺肺肝肝肾肾脾脾心心肝肝肾
子时时辰	甲丙戊庚壬甲丙戊庚壬甲丙戊庚壬甲丙戊庚壬甲丙戊庚壬甲丙戊庚 子子子子子子子子子子子子子子子子子子子子子子子子子子子子子
农事节令	初一：巳时朔，杨公忌 初四：夜子处暑 初七：七夕节，农暴 初八：上弦 十五：未时望，中元节 十七：农暴 十八：王母诞 二十：午时白露 廿三：下弦，教师节 廿八：农暴 廿九：杨公忌

公元2020年　　农历庚子(鼠)年(闰四月)

八月大

仲之　鸡　乙　房
秋月　月　酉　宿

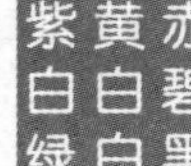

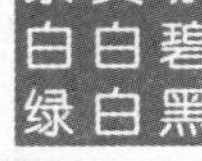

天道行东北，日躔在辰宫，宜用艮巽坤乾时

初六日**秋分** 21:31　初一日**朔** 18:59

廿二日**寒露** 3:56　十六日**望** 5:04

农历	初 一	初 二	初 三	初 四	初 五	初 六	初 七	初 八	初 九	初 十	十 一	十 二	十 三	十 四	十 五	十 六	十 七	十 八	十 九	二 十	廿 一	廿 二	廿 三	廿 四	廿 五	廿 六	廿 七	廿 八	廿 九	三 十
阳历	17	18	19	20	21	22	23	24	25	26	27	28	29	30	10月	2	3	4	5	6	7	8	9	10	11	12	13	14	15	16
星期	四	五	六	日	一	二	三	四	五	六	日	一	二	三	四	五	六	日	一	二	三	四	五	六	日	一	二	三	四	五
干支	癸 亥	甲 子	乙 丑	丙 寅	丁 卯	戊 辰	己 巳	庚 午	辛 未	壬 申	癸 酉	甲 戌	乙 亥	丙 子	丁 丑	戊 寅	己 卯	庚 辰	辛 巳	壬 午	癸 未	甲 申	乙 酉	丙 戌	丁 亥	戊 子	己 丑	庚 寅	辛 卯	壬 辰
28宿	井 满	鬼 平	柳 定	星 执	张 破	翼 危	轸 成	角 收	亢 开	氐 闭	房 建	心 除	尾 满	箕 平	斗 定	牛 执	女 破	虚 危	危 成	室 收	壁 开	奎 开	娄 闭	胃 建	昴 除	毕 满	觜 平	参 定	井 执	鬼 破
五行	水	金	金	火	火	木	木	土	土	金	金	火	火	水	水	土	土	金	金	木	木	水	水	土	土	火	火	木	木	水
吉时（节元）	卯 辰 午 未	秋 分 上 7	丑 寅 卯 申	子 卯 午 酉	寅 卯 午 未	丑 卯 巳 申	秋 分 中 1	丑 寅 午 申	寅 卯 巳 申	子 丑 辰 巳	寅 辰 巳 午	秋 分 下 4	子 丑 寅 卯	子 丑 戌 亥	寅 卯 巳 午	丑 辰 巳 未	寒 露 上 6	丑 寅 辰 午	丑 寅 午 未	丑 卯 午 未	寅 卯 辰 巳	寒 露 中 9	子 丑 寅 酉	子 丑 辰 巳	丑 辰 酉 戌	丑 卯 巳 申	寒 露 下 3	子 丑 辰 巳	子 寅 卯 巳	丑 寅 辰 巳
黄道黑道	元 武	司 命	勾 陈	青 龙	明 堂	天 刑	朱 雀	金 匮	天 德	白 虎	玉 堂	天 牢	元 武	司 命	勾 陈	青 龙	明 堂	天 刑	朱 雀	金 匮	天 德	金 匮	天 德	白 虎	玉 堂	天 牢	元 武	司 命	勾 陈	青 龙
八卦	兑	离	震	巽	坎	艮	坤	乾	兑	离	震	巽	坎	艮	坤	乾	兑	离	震	巽	坎	艮	坤	乾	兑	离	震	巽	坎	艮
方位	东 南 正 南	东 北 东 南	西 北 东 南	西 南 正 西	正 南 正 西	东 南 正 北	东 北 正 北	西 北 正 东	西 南 正 东	正 南 正 南	东 南 正 南	东 北 东 南	西 北 东 南	西 南 正 西	正 南 正 西	东 南 正 北	东 北 正 北	西 北 正 东	西 南 正 东	正 南 正 南	东 南 正 南	东 北 东 南	西 北 东 南	西 南 正 西	正 南 正 西	东 南 正 北	东 北 正 北	西 北 正 东	西 南 正 东	正 南 正 南
五脏	肾	肺	肺	心	心	肝	肝	脾	脾	肺	肺	心	心	肾	肾	脾	脾	肺	肺	肝	肝	肾	肾	脾	脾	心	心	肝	肝	肾
子时时辰	壬 子	甲 子	丙 子	戊 子	庚 子	壬 子	甲 子	丙 子	戊 子	庚 子	壬 子	甲 子	丙 子	戊 子	庚 子	壬 子	甲 子	丙 子	戊 子	庚 子	壬 子	甲 子	丙 子	戊 子	庚 子	壬 子	甲 子	丙 子	戊 子	庚 子
农事节令	酉时朔		农暴，全国科普日，北斗下降		离日	亥时秋分，上戊，秋社		上弦				孔子诞辰			国庆节，中秋节	卯时望							农暴，寅时寒露		下弦，农暴		杨公忌	国际减灾日		世界粮食日

公元 2020 年　　农历庚子(鼠)年(闰四月)

九月小

季秋之月　狗月　丙戌　心宿

白绿白
赤紫黑
碧黄白

天道行南，日躔在卯宫，宜用癸乙丁辛时

初七日**霜降** 7:00　　初一日**朔** 3:30

廿二日**立冬** 7:14　　十五日**望** 22:48

农历	初初初初初初初初初初十十十十十十十十十二廿廿廿廿廿廿廿廿廿三 一二三四五六七八九十一二三四五六七八九十一二三四五六七八九十
阳历	17 18 19 20 21 22 23 24 25 26 27 28 29 30 31 11月 2 3 4 5 6 7 8 9 10 11 12 13 14
星期	六日一二三四五六日一二三四五六日一二三四五六日一二三四五六
干支	癸甲乙丙丁戊己庚辛壬癸甲乙丙丁戊己庚辛壬癸甲乙丙丁戊己庚辛 巳午未申酉戌亥子丑寅卯辰巳午未申酉戌亥子丑寅卯辰巳午未申酉
28宿	柳星张翼轸角亢氐房心尾箕斗牛女虚危室壁奎娄胃昴毕觜参井鬼柳 危成收开闭建除满平定执破危成收开闭建除满平平定执破危成收开
五行	水金金火火木木土土金金火火水水土土金金木木水水土土火火木木
吉时（节元）	丑霜寅子子寅霜子寅子寅霜子丑巳子立丑丑子子立子子辰卯立辰寅 卯降卯丑丑卯降丑卯丑卯降丑午午丑冬巳午丑丑冬卯寅巳午冬巳巳 辰上午未寅未中卯申午巳下申申申辰上午未午辰中午申午未下未午 巳5申戌午申8申亥未午2戌酉酉巳6申申未巳9申酉未申3申未
黄道黑道	明天朱金天白玉天元司勾青明天朱金天白玉天元天元司勾青明天朱 堂刑雀匮德虎堂牢武命陈龙堂刑雀匮德虎堂牢武牢武命陈龙堂刑雀
八卦	离震巽坎艮坤乾兑离震巽坎艮坤乾兑离震巽坎艮坤乾兑离震巽坎艮
方位	东东西西正东东西西正东东西西正东东西西正东东西西正东东西西 南北北南南南北北南南南北北南南南北北南南南北北南南南北北南 正东东正正正正正正正正东东正正正正正正正正东东正正正正正正 南南南西西北北东东南南南南西西北北东东南南南南西西北北东东
五脏	肾肺肺心心肝肝脾脾肺肺心心肾肾脾脾肺肺肝肝肾肾脾脾心心肝肝
子时时辰	壬甲丙戊庚壬甲丙戊庚壬甲丙戊庚壬甲丙戊庚壬甲丙戊庚壬甲丙戊 子子子子子子子子子子子子子子子子子子子子子子子子子子子子子
农事节令	寅时朔，南斗下降 辰时霜降 上弦，联合国日 重阳节，农暴 亥时望，世界勤俭日 万圣节 农暴 绝日 辰时立冬 下弦 杨公忌 冷风信

公元2020年　　农历庚子(鼠)年(闰四月)

十月大

孟冬之月　猪月　丁亥　尾宿

天道行东,日躔在寅宫,宜用甲丙庚壬时

初八日**小雪** 4:40　　初一日**朔** 13:06

廿三日**大雪** 0:10　　十六日**望** 17:29

农历	初一	初二	初三	初四	初五	初六	初七	初八	初九	初十	十一	十二	十三	十四	十五	十六	十七	十八	十九	二十	廿一	廿二	廿三	廿四	廿五	廿六	廿七	廿八	廿九	三十
阳历	15	16	17	18	19	20	21	22	23	24	25	26	27	28	29	30	12月	2	3	4	5	6	7	8	9	10	11	12	13	14
星期	日	一	二	三	四	五	六	日	一	二	三	四	五	六	日	一	二	三	四	五	六	日	一	二	三	四	五	六	日	一
干支	壬戌	癸亥	甲子	乙丑	丙寅	丁卯	戊辰	己巳	庚午	辛未	壬申	癸酉	甲戌	乙亥	丙子	丁丑	戊寅	己卯	庚辰	辛巳	壬午	癸未	甲申	乙酉	丙戌	丁亥	戊子	己丑	庚寅	辛卯
28宿	星 闭	张 建	翼 除	轸 满	角 平	亢 定	氐 执	房 破	心 危	尾 成	箕 收	斗 开	牛 闭	女 建	虚 除	危 满	室 平	壁 定	奎 执	娄 破	胃 危	昴 成	毕 成	觜 收	参 开	井 闭	鬼 建	柳 除	星 满	张 平
五行	水	水	金	金	火	火	木	木	土	土	金	金	火	火	水	水	土	土	金	金	木	木	水	水	土	土	火	火	木	木
吉时(节元)	巳 午 未 申	卯 辰 午 未	小 雪 上 5	丑 寅 卯 申	子 卯 午 酉	寅 卯 午 未	丑 卯 巳 申	小 雪 中 8	丑 寅 午 申	寅 卯 巳 申	子 丑 辰 巳	寅 辰 巳 午	小 雪 下 2	子 丑 寅 卯	子 丑 戌 亥	寅 卯 巳 午	丑 辰 巳 未	大 雪 上 4	丑 寅 辰 午	丑 寅 午 未	丑 卯 午 未	寅 卯 辰 巳	大 雪 中 7	子 丑 寅 酉	子 丑 辰 巳	丑 辰 酉 戌	丑 卯 巳 申	大 雪 下 1	子 丑 辰 巳	子 寅 卯 巳
黄道黑道	金匮	天德	白虎	玉堂	天牢	元武	司命	勾陈	青龙	明堂	天刑	朱雀	金匮	天德	白虎	玉堂	天牢	元武	司命	勾陈	青龙	明堂	青龙	明堂	天刑	朱雀	金匮	天德	白虎	玉堂
八卦	震	巽	坎	艮	坤	乾	兑	离	震	巽	坎	艮	坤	乾	兑	离	震	巽	坎	艮	坤	乾	兑	离	震	巽	坎	艮	坤	乾
方位	正南 正南	东南 正南	东北 东南	西北 东南	西南 正西	正南 正西	东南 正北	东北 正北	西北 正东	西南 正东	正南 正南	东南 正南	东北 东南	西北 东南	西南 正西	正南 正西	东南 正北	东北 正北	西北 正东	西南 正东	正南 正南	东南 正南	东北 东南	西北 东南	西南 正西	正南 正西	东南 正北	东北 正北	西北 正东	西南 正东
五脏	肾	肾	肺	肺	心	心	肝	肝	脾	脾	肺	肺	心	心	肾	肾	脾	脾	肺	肺	肝	肝	肾	肾	脾	脾	心	心	肝	肝
子时时辰	庚子	壬子	甲子	丙子	戊子	庚子	壬子	甲子	丙子	戊子	庚子	壬子	甲子	丙子	戊子	庚子	壬子	甲子	丙子	戊子	庚子	壬子	甲子	丙子	戊子	庚子	壬子	甲子	丙子	戊子
农事节令	未时朔,祭祖节		国际大学生节					寅时小雪,上弦		农暴		感恩节			下元节	酉时望,寒婆婆生	世界艾滋病日			农暴			子时大雪,下弦,杨公忌,农暴			寒婆婆死	五岳诞			

公元2020年　农历庚子(鼠)年(闰四月)

十一月小

仲冬之月　鼠月　戊子　箕宿

白	黑	绿
黄	赤	紫
白	碧	白

天道行东南，日躔在丑宫，宜用艮巽坤乾时

初七日冬至 18:03　初一日朔 0:15

廿二日小寒 11:24　十六日望 11:27

农历	初一	初二	初三	初四	初五	初六	初七	初八	初九	初十	十一	十二	十三	十四	十五	十六	十七	十八	十九	二十	廿一	廿二	廿三	廿四	廿五	廿六	廿七	廿八	廿九	三十
阳历	15	16	17	18	19	20	21	22	23	24	25	26	27	28	29	30	31	1月	2	3	4	5	6	7	8	9	10	11	12	
星期	二	三	四	五	六	日	一	二	三	四	五	六	日	一	二	三	四	五	六	日	一	二	三	四	五	六	日	一	二	
干支	壬辰	癸巳	甲午	乙未	丙申	丁酉	戊戌	己亥	庚子	辛丑	壬寅	癸卯	甲辰	乙巳	丙午	丁未	戊申	己酉	庚戌	辛亥	壬子	癸丑	甲寅	乙卯	丙辰	丁巳	戊午	己未	庚申	
28宿	翼定	轸执	角破	亢危	氐成	房收	心开	尾闭	箕建	斗除	牛满	女平	虚定	危执	室破	壁危	奎成	娄收	胃开	昴闭	毕建	觜建	参除	井满	鬼平	柳定	星执	张破	翼危	
五行	水	水	金	金	火	火	木	木	土	土	金	金	火	火	水	水	土	土	金	金	木	木	水	水	土	土	火	火	木	
吉时（节元）	丑寅辰巳	丑卯辰巳	冬至上1	寅卯午申	子丑未戌	子丑寅午	寅卯未申	冬至中7	子丑卯申	寅卯申亥	子丑午未	寅卯巳午	冬至下4	子丑申戌	丑午申酉	巳午申酉	子丑辰巳	小寒上2	丑巳午申	丑午未申	子丑午未	子丑辰巳	小寒中8	子卯午申	子寅申酉	辰巳午未	卯午未申	小寒下5	辰巳未申	
黄道黑道	天牢	元武	司命	勾陈	青龙	明堂	天刑	朱雀	金匮	天德	白虎	玉堂	天牢	元武	司命	勾陈	青龙	明堂	天刑	朱雀	金匮	朱雀	金匮	天德	白虎	玉堂	天牢	元武	司命	
八卦	巽	坎	艮	坤	乾	兑	离	震	巽	坎	艮	坤	乾	兑	离	震	巽	坎	艮	坤	乾	兑	离	震	巽	坎	艮	坤	乾	
方位	正南 正南	东南 正南	东北 东南	西北 东南	西南 正西	正南 正西	东南 正北	东北 正北	西北 正东	西南 正东	正南 正南	东南 正南	东北 东南	西北 东南	西南 正西	正南 正西	东南 正北	东北 正北	西北 正东	西南 正东	正南 正南	东南 正南	东北 东南	西北 东南	西南 正西	正南 正西	东南 正北	东北 正北	西北 正东	
五脏	肾	肾	肺	肺	心	心	肝	肝	脾	脾	肺	肺	心	心	肾	肾	脾	脾	肺	肺	肝	肝	肾	肾	脾	脾	心	心	肝	
子时时辰	庚子	壬子	甲子	丙子	戊子	庚子	壬子	甲子	丙子	戊子	庚子	壬子	甲子	丙子	戊子	庚子	壬子	甲子	丙子	戊子	庚子	壬子	甲子	丙子	戊子	庚子	壬子	甲子	丙子	
农事节令	子时朔		农暴			澳门回归日，离日	酉时冬至，一九	上弦		平安夜	圣诞节	毛泽东诞辰				午时望，二九		元旦			杨公忌	午时小寒	下弦		三九		农暴			

公元 2020 年　　农历庚子(鼠)年(闰四月)

十二月大

季冬之月　牛月　己丑　斗宿

黄白碧
绿白白
紫黑赤

天道行西，日躔在子宫，宜用癸乙丁辛时

初八日**大寒** 4:41　初一日**朔** 12:59

廿二日**立春** 23:00　十七日**望** 3:15

农历	初 一	初 二	初 三	初 四	初 五	初 六	初 七	初 八	初 九	初 十	十 一	十 二	十 三	十 四	十 五	十 六	十 七	十 八	十 九	二 十	廿 一	廿 二	廿 三	廿 四	廿 五	廿 六	廿 七	廿 八	廿 九	三 十
阳历	13	14	15	16	17	18	19	20	21	22	23	24	25	26	27	28	29	30	31	2月	2	3	4	5	6	7	8	9	10	11
星期	三	四	五	六	日	一	二	三	四	五	六	日	一	二	三	四	五	六	日	一	二	三	四	五	六	日	一	二	三	四
干支	辛 酉	壬 戌	癸 亥	甲 子	乙 丑	丙 寅	丁 卯	戊 辰	己 巳	庚 午	辛 未	壬 申	癸 酉	甲 戌	乙 亥	丙 子	丁 丑	戊 寅	己 卯	庚 辰	辛 巳	壬 午	癸 未	甲 申	乙 酉	丙 戌	丁 亥	戊 子	己 丑	庚 寅
28宿	轸 成	角 收	亢 开	氐 闭	房 建	心 除	尾 满	箕 平	斗 定	牛 执	女 破	虚 危	危 成	室 收	壁 开	奎 闭	娄 建	胃 除	昴 满	毕 平	觜 定	参 定	井 执	鬼 破	柳 危	星 成	张 收	翼 开	轸 闭	角 建
五行	木	水	水	金	金	火	火	木	木	土	土	金	金	火	火	水	水	土	土	金	金	木	木	水	水	土	土	火	火	木
吉时（节元）	寅 巳 午 未	巳 午 未 申	卯 辰 午 未	大 寒 上 3	丑 寅 卯 申	子 卯 午 酉	寅 卯 午 未	丑 卯 巳 申	大 寒 中 9	丑 寅 午 申	寅 卯 巳 申	子 丑 辰 巳	寅 辰 巳 午	大 寒 下 6	子 丑 寅 卯	子 丑 戌 亥	寅 卯 巳 午	丑 辰 巳 未	立 春 上 8	丑 寅 辰 午	丑 寅 午 未	丑 卯 午 未	寅 卯 辰 巳	立 春 中 5	子 丑 寅 酉	子 丑 辰 巳	丑 辰 酉 戌	丑 卯 巳 申	立 春 下 2	子 丑 辰 巳
黄道黑道	勾 陈	青 龙	明 堂	天 刑	朱 雀	金 匮	天 德	白 虎	玉 堂	天 牢	元 武	司 命	勾 陈	青 龙	明 堂	天 刑	朱 雀	金 匮	天 德	白 虎	玉 堂	白 虎	玉 堂	天 牢	元 武	司 命	勾 陈	青 龙	明 堂	天 刑
八卦	坎	艮	坤	乾	兑	离	震	巽	坎	艮	坤	乾	兑	离	震	巽	坎	艮	坤	乾	兑	离	震	巽	坎	艮	坤	乾	兑	离
方位	西 南 正 东	正 南 正 南	东 南 正 南	东 北 东 南	西 北 东 南	西 南 正 西	正 南 正 西	东 南 正 北	东 北 正 北	西 北 正 东	西 南 正 东	正 南 正 南	东 南 正 南	东 北 东 南	西 北 东 南	西 南 正 西	正 南 正 西	东 南 正 北	东 北 正 北	西 北 正 东	西 南 正 东	正 南 正 南	东 南 正 南	东 北 东 南	西 北 东 南	西 南 正 西	正 南 正 西	东 南 正 北	东 北 正 北	西 北 正 东
五脏	肝	肾	肾	肺	肺	心	心	肝	肝	脾	脾	肺	肺	心	心	肾	肾	脾	脾	肺	肺	肝	肝	肾	肾	脾	脾	心	心	肝
子时时辰	戊 子	庚 子	壬 子	甲 子	丙 子	戊 子	庚 子	壬 子	甲 子	丙 子	戊 子	庚 子	壬 子	甲 子	丙 子	戊 子	庚 子	壬 子	甲 子	丙 子	戊 子	庚 子	壬 子	甲 子	丙 子	戊 子	庚 子	壬 子	甲 子	丙 子
农事节令	午时朔				四九			腊八节，农暴，寅时大寒	上弦				农暴	五九			寅时望		杨公忌		绝日	下弦，亥时立春	六九	扫尘节，小年			西帝朝天，农暴			除夕

公元 2021 年

农历辛丑(牛)年

辛丑岁干金支土，纳音属土。大利南北，不利东西。

二龙治水，十一牛耕地，一日得辛，二人六饼。

太岁汤信，九星六白，路途白牛，壁上阴土。岁德在丙，岁德合在辛，岁禄在酉，岁马在亥，奏书在乾，博士在巽，阳贵人在寅，阴贵人在午，太阳在寅，太阴在辰，龙德在申，福德在戌。

太岁在丑，岁破在未，力士在艮，蚕室在坤，豹尾在未，飞廉在酉。

公元2021年　　农历辛丑(牛)年

正月小

孟春　之月　虎月　庚寅　牛宿

天道行南，日躔在亥宫，宜用甲丙庚壬时

初七日**雨水** 18:45　初一日**朔** 3:04

廿二日**惊蛰** 16:54　十六日**望** 16:16

农历	初初初初初初初初初初十十十十十十十十十二廿廿廿廿廿廿廿廿廿三 一二三四五六七八九十一二三四五六七八九十一二三四五六七八九十
阳历	12 13 14 15 16 17 18 19 20 21 22 23 24 25 26 27 28 3月 2 3 4 5 6 7 8 9 10 11 12
星期	五六日一二三四五六日一二三四五六日一二三四五六日一二三四五
干支	辛壬癸甲乙丙丁戊己庚辛壬癸甲乙丙丁戊己庚辛壬癸甲乙丙丁戊己 卯辰巳午未申酉戌亥子丑寅卯辰巳午未申酉戌亥子丑寅卯辰巳午未
28宿	亢氐房心尾箕斗牛女虚危室壁奎娄胃昴毕觜参井鬼柳星张翼轸角亢 除满平定执破危成收开闭建除满平定执破危成收收开闭建除满平定
五行	木水水金金火火木木土土金金火火水水土土金金木木水水土土火火
吉时（节元）	子丑丑雨寅子子寅雨子寅子寅雨子丑巳子惊丑丑子子惊子子辰卯惊 寅寅卯水卯丑丑卯水丑卯丑卯水丑午午丑蛰巳午丑丑蛰卯寅巳午蛰 卯辰辰上午未寅未中卯申午巳下申申申辰上午未午辰中午申午未下 巳巳巳9申戌午申6申亥未午3戌酉酉巳1申申未巳7申酉未申4
黄道黑道	朱金天白玉天元司勾青明天朱金天白玉天元司勾司勾青明天朱金天 雀匮德虎堂牢武命陈龙堂刑雀匮德虎堂牢武命陈命陈龙堂刑雀匮德
八卦	震巽坎艮坤乾兑离震巽坎艮坤乾兑离震巽坎艮坤乾兑离震巽坎艮坤
方位	西正东东西西正东东西西正东东西西正东东西西正东东西西正东东 南南南北北南南南北北南南南北北南南南北北南南南北北南南南北 正正正东东正正正正正正正正东东正正正正正正正正东东正正正正 东南南南南西西北北东东南南南南西西北北东东南南南南西西北北
五脏	肝肾肾肺肺心心肝肝脾脾肺肺心心肾肾脾脾肺肺肝肝肾肾脾脾心心
子时时辰	戊庚壬甲丙戊庚壬甲丙戊庚壬甲丙戊庚壬甲丙戊庚壬甲丙戊庚壬甲 子子子子子子子子子子子子子子子子子子子子子子子子子子子子子
农事节令	春节，寅时朔，一日得辛　财神节，七九，二龙治水　情人节　破五节　二人六饼　人胜节，酉时雨水　上弦　农暴　土神诞　十一牛耕地，八九　农暴，杨公忌　元宵节　未时望　农暴　九九　申时惊蛰　下弦　填仓节，妇女节　农暴，送穷节，植树节

二月大

仲春之月　兔月　辛卯　女宿

碧白白
黑绿白
赤紫黄

天道行西南，日躔在戌宫，宜用艮巽坤乾时

初八日**春分** 17:38　初一日**朔** 18:20
廿三日**清明** 21:36　十七日**望** 2:46

农历	初一	初二	初三	初四	初五	初六	初七	初八	初九	初十	十一	十二	十三	十四	十五	十六	十七	十八	十九	二十	廿一	廿二	廿三	廿四	廿五	廿六	廿七	廿八	廿九	三十
阳历	13	14	15	16	17	18	19	20	21	22	23	24	25	26	27	28	29	30	31	4月	2	3	4	5	6	7	8	9	10	11
星期	六	日	一	二	三	四	五	六	日	一	二	三	四	五	六	日	一	二	三	四	五	六	日	一	二	三	四	五	六	日
干支	庚申	辛酉	壬戌	癸亥	甲子	乙丑	丙寅	丁卯	戊辰	己巳	庚午	辛未	壬申	癸酉	甲戌	乙亥	丙子	丁丑	戊寅	己卯	庚辰	辛巳	壬午	癸未	甲申	乙酉	丙戌	丁亥	戊子	己丑
28宿	氐 执	房 破	心 危	尾 成	箕 收	斗 开	牛 闭	女 建	虚 除	危 满	室 平	壁 定	奎 执	娄 破	胃 危	昴 成	毕 收	觜 开	参 闭	井 建	鬼 除	柳 满	星 满	张 平	翼 定	轸 执	角 破	亢 危	氐 成	房 收
五行	木	木	水	水	金	金	火	火	木	木	土	土	金	金	火	火	水	水	土	土	金	金	木	木	水	水	土	土	火	火
吉时（节元）	辰 巳 未 申	寅 巳 午 未	巳 午 未 申	卯 辰 午 未	春 分 上 3	丑 寅 卯 申	子 卯 午 酉	寅 卯 午 未	丑 卯 巳 申	春 分 中 9	丑 寅 午 申	寅 卯 巳 申	子 丑 辰 巳	寅 辰 巳 午	春 分 下 6	子 丑 寅 卯	子 丑 戌 亥	寅 卯 巳 午	丑 辰 巳 未	清 明 上 4	丑 寅 辰 午	丑 寅 午 未	丑 卯 午 未	寅 卯 辰 巳	清 明 中 1	子 丑 寅 酉	子 丑 辰 巳	丑 辰 酉 戌	丑 卯 巳 申	清 明 下 7
黄道黑道	白虎	玉堂	天牢	元武	司命	勾陈	青龙	明堂	天刑	朱雀	金匮	天德	白虎	玉堂	天牢	元武	司命	勾陈	青龙	明堂	天刑	朱雀	天刑	朱雀	金匮	天德	白虎	玉堂	天牢	元武
八卦	巽	坎	艮	坤	乾	兑	离	震	巽	坎	艮	坤	乾	兑	离	震	巽	坎	艮	坤	乾	兑	离	震	巽	坎	艮	坤	乾	兑
方位	西北 正东	西南 正东	正南 正南	东南 正南	东北 东南	西北 东南	西南 正西	正南 正西	东南 正北	东北 正北	西北 正东	西南 正东	正南 正南	东南 正南	东北 东南	西北 东南	西南 正西	正南 正西	东南 正北	东北 正北	西北 正东	西南 正东	正南 正南	东南 正南	东北 东南	西北 东南	西南 正西	正南 正西	东南 正北	东北 正北
五脏	肝	肝	肾	肾	肺	肺	心	心	肝	肝	脾	脾	肺	肺	心	心	肾	肾	脾	脾	肺	肺	肝	肝	肾	肾	脾	脾	心	心
子时时辰	丙子	戊子	庚子	壬子	甲子	丙子	戊子	庚子	壬子	甲子	丙子	戊子	庚子	壬子	甲子	丙子	戊子	庚子	壬子	甲子	丙子	戊子	庚子	壬子	甲子	丙子	戊子	庚子	壬子	甲子
农事节令	酉时朔，中和节	龙头节，闺女节，农暴	农暴，消费者权益日				春斫暴，离日	农暴，酉时春分	上弦，农暴，世界森林日，春社，上戊	世界水日	乌龟暴，世界气象日，杨公忌	世界防治洁核病日	农暴		花朝节		丑时望		农暴，观音诞	愚人节			亥时清明	下弦				农暴	农暴	

三 月 大

季之　龙 壬 虚
春月　月 辰 宿

天道行北，日躔在酉宫，宜用癸乙丁辛时

初九日**谷雨** 4:34　初一日**朔** 10:29

廿四日**立夏** 14:48　十六日**望** 11:31

农历	初一	初二	初三	初四	初五	初六	初七	初八	初九	初十	十一	十二	十三	十四	十五	十六	十七	十八	十九	二十	廿一	廿二	廿三	廿四	廿五	廿六	廿七	廿八	廿九	三十
阳历	12	13	14	15	16	17	18	19	20	21	22	23	24	25	26	27	28	29	30	5月	2	3	4	5	6	7	8	9	10	11
星期	一	二	三	四	五	六	日	一	二	三	四	五	六	日	一	二	三	四	五	六	日	一	二	三	四	五	六	日	一	二
干支	庚 寅	辛 卯	壬 辰	癸 巳	甲 午	乙 未	丙 申	丁 酉	戊 戌	己 亥	庚 子	辛 丑	壬 寅	癸 卯	甲 辰	乙 巳	丙 午	丁 未	戊 申	己 酉	庚 戌	辛 亥	壬 子	癸 丑	甲 寅	乙 卯	丙 辰	丁 巳	戊 午	己 未
28宿	心 开	尾 闭	箕 建	斗 除	牛 满	女 平	虚 定	危 执	室 破	壁 危	奎 成	娄 收	胃 开	昴 闭	毕 建	觜 除	参 满	井 平	鬼 定	柳 执	星 破	张 危	翼 成	轸 成	角 收	亢 开	氐 闭	房 建	心 除	尾 满
五行	木	木	水	水	金	金	火	火	木	木	土	土	金	金	火	火	水	水	土	土	金	金	木	木	水	水	土	土	火	火
吉时（节元）	子 丑 辰 巳	子 寅 卯 巳	丑 寅 辰 巳	丑 卯 辰 巳	谷 雨 上 5	寅 卯 午 申	子 丑 未 戌	子 丑 寅 午	寅 卯 未 申	谷 雨 中 2	子 丑 卯 申	寅 卯 申 亥	子 丑 午 未	寅 卯 巳 午	谷 雨 下 8	子 丑 申 戌	丑 午 申 酉	巳 午 申 酉	子 丑 辰 巳	立 夏 上 4	丑 巳 午 申	丑 午 未 申	子 丑 午 未	子 丑 辰 巳	立 夏 中 1	子 卯 午 申	子 寅 申 酉	辰 巳 午 未	卯 午 未 申	立 夏 下 7
黄道 黑道	司 命	勾 陈	青 龙	明 堂	天 刑	朱 雀	金 匮	天 德	白 虎	玉 堂	天 牢	元 武	司 命	勾 陈	青 龙	明 堂	天 刑	朱 雀	金 匮	天 德	白 虎	玉 堂	天 牢	玉 堂	天 牢	元 武	司 命	勾 陈	青 龙	明 堂
八卦	坎	艮	坤	乾	兑	离	震	巽	坎	艮	坤	乾	兑	离	震	巽	坎	艮	坤	乾	兑	离	震	巽	坎	艮	坤	乾	兑	离
方位	西 北 正 东	西 南 正 东	正 南 正 南	东 南 正 南	东 北 东 南	西 北 东 南	西 南 正 西	正 南 正 西	东 南 正 北	东 北 正 北	西 北 正 东	西 南 正 东	正 南 正 南	东 南 正 南	东 北 东 南	西 北 东 南	西 南 正 西	正 南 正 西	东 南 正 北	东 北 正 北	西 北 正 东	西 南 正 东	正 南 正 南	东 南 正 南	东 北 东 南	西 北 东 南	西 南 正 西	正 南 正 西	东 南 正 北	东 北 正 北
五脏	肝	肝	肾	肾	肺	肺	心	心	肝	肝	脾	脾	肺	肺	心	心	肾	肾	脾	脾	肺	肺	肝	肝	肾	肾	脾	脾	心	心
子时 时辰	丙 子	戊 子	庚 子	壬 子	甲 子	丙 子	戊 子	庚 子	壬 子	甲 子	丙 子	戊 子	庚 子	壬 子	甲 子	丙 子	戊 子	庚 子	壬 子	甲 子	丙 子	戊 子	庚 子	壬 子	甲 子	丙 子	戊 子	庚 子	壬 子	甲 子
农事节令	巳时朔		三月三，桃花暴				农暴	上弦	杨公忌，寅时谷雨		世界地球日				农暴	午时望				劳动节			天石暴，五四青年节，绝日	下弦，未时立夏	猴子暴	农暴		东帝暴，母亲节		

公元2021年　　农历辛丑(牛)年

四月小

孟夏之月　蛇月　癸巳　危宿

天道行西，日躔在申宫，宜用甲丙庚壬时

初十日**小满** 3:37　初一日**朔** 2:58

廿五日**芒种** 18:52　十五日**望** 19:13

农历	初初初初初初初初初初十十十十十十十十十二廿廿廿廿廿廿廿廿廿三 一二三四五六七八九十一二三四五六七八九十一二三四五六七八九十
阳历	12 13 14 15 16 17 18 19 20 21 22 23 24 25 26 27 28 29 30 31 6月 2 3 4 5 6 7 8 9
星期	三四五六日一二三四五六日一二三四五六日一二三四五六日一二三
干支	庚辛壬癸甲乙丙丁戊己庚辛壬癸甲乙丙丁戊己庚辛壬癸甲乙丙丁戊 申酉戌亥子丑寅卯辰巳午未申酉戌亥子丑寅卯辰巳午未申酉戌亥子
28宿	箕斗牛女虚危室壁奎娄胃昴毕觜参井鬼柳星张翼轸角亢氐房心尾箕 平定执破危成收开闭建除满平定执破危成收开闭建除满满平定执破
五行	木木水水金金火火木木土土金金火火水水土土金金木木水水土土火
吉时（节元）	辰寅巳卯小丑子寅丑小丑寅子寅小子子寅丑芒丑丑丑寅芒子子丑丑 巳巳午辰满寅卯卯卯满寅卯丑辰满丑丑卯辰种寅寅卯卯种丑丑辰卯 未午未午上卯午午巳中午巳辰巳下寅戌巳巳上辰午午辰中寅辰酉巳 申未申未5申酉未申2申申巳午8卯亥午未6午未未巳3酉巳戌申
黄道黑道	天朱金天白玉天元司勾青明天朱金天白玉天元司勾青明青明天朱金 刑雀匮德虎堂牢武命陈龙堂刑雀匮德虎堂牢武命陈龙堂龙堂刑雀匮
八卦	艮坤乾兑离震巽坎艮坤乾兑离震巽坎艮坤乾兑离震巽坎艮坤乾兑离
方位	西西正东东西西正东东西西正东东西西正东东西西正东东西西正东 北南南南北北南南南北北南南南北北南南南北北南南南北北南南南 正正正正东东正正正正正正正正东东正正正正正正正正东东正正正 东东南南南南西西北北东东南南南南西西北北东东南南南南西西北
五脏	肝肝肾肾肺肺心心肝肝脾脾肺肺心心肾肾脾脾肺肺肝肝肾肾脾脾心
子时时辰	丙戊庚壬甲丙戊庚壬甲丙戊庚壬甲丙戊庚壬甲丙戊庚壬甲丙戊庚壬 子子子子子子子子子子子子子子子子子子子子子子子子子子子子子
农事节令	丑时朔，农暴，防灾减灾日 国际家庭日 杨公忌，上弦 牛王节，老虎暴 寅时小满 戌时望，月全食，农暴 世界无烟日 国际儿童节 下弦 酉时芒种，农暴，世界环境日 入梅

公元 2021 年　　农历辛丑(牛)年

五月大

仲夏之月　马月　甲午　室宿

紫黄赤
白白碧
绿白黑

天道行西北，日躔在未宫，宜用艮巽坤乾时

十二日**夏至** 11:32　初一日**朔** 18:52
廿八日**小暑** 5:06　十六日**望** 2:38

农历	初一	初二	初三	初四	初五	初六	初七	初八	初九	初十	十一	十二	十三	十四	十五
阳历	10	11	12	13	14	15	16	17	18	19	20	21	22	23	24
星期	四	五	六	日	一	二	三	四	五	六	日	一	二	三	四
干支	己丑	庚寅	辛卯	壬辰	癸巳	甲午	乙未	丙申	丁酉	戊戌	己亥	庚子	辛丑	壬寅	癸卯
28宿	斗危	牛成	女收	虚开	危闭	室建	壁除	奎满	娄平	胃定	昴执	毕破	觜危	参成	井收
五行	火	木	木	水	水	金	金	火	火	木	木	土	土	金	金
吉时（节元）	芒种下9	子丑辰巳	子寅卯巳	丑寅辰巳	丑卯辰巳	夏至上9	寅卯午申	子丑未戌	子丑寅午	寅卯未申	夏至中3	子丑卯申	寅卯申亥	子丑午未	寅卯巳午
黄道黑道	天德	白虎	玉堂	天牢	元武	司命	勾陈	青龙	明堂	天刑	朱雀	金匮	天德	白虎	玉堂
八卦	坤	乾	兑	离	震	巽	坎	艮	坤	乾	兑	离	震	巽	坎
方位	东北正北	西北正东	西南正东	正南正南	东南正南	东北东南	西北东南	西南正西	正南正西	东南正北	东北正北	西北正东	西南正东	正南正南	东南正南
五脏	心	肝	肝	肾	肾	肺	肺	心	心	肝	肝	脾	脾	肺	肺
子时时辰	甲子	丙子	戊子	庚子	壬子	甲子	丙子	戊子	庚子	壬子	甲子	丙子	戊子	庚子	壬子
农事节令	酉时朔，日环食				端午节，端阳暴，杨公忌			上弦，防治荒漠化和干旱日			父亲节，离日	午时夏至	磨刀暴		农暴

农历	十六	十七	十八	十九	二十	廿一	廿二	廿三	廿四	廿五	廿六	廿七	廿八	廿九	三十
阳历	25	26	27	28	29	30	7月	2	3	4	5	6	7	8	9
星期	五	六	日	一	二	三	四	五	六	日	一	二	三	四	五
干支	甲辰	乙巳	丙午	丁未	戊申	己酉	庚戌	辛亥	壬子	癸丑	甲寅	乙卯	丙辰	丁巳	戊午
28宿	鬼开	柳闭	星建	张除	翼满	轸平	角定	亢执	氐破	房危	心成	尾收	箕收	斗开	牛闭
五行	火	火	水	水	土	土	金	金	木	木	水	水	土	土	火
吉时（节元）	夏至下6	子丑申戌	丑午申酉	巳午申酉	子丑辰巳	小暑上8	丑巳午申	丑午未申	子丑午未	子丑辰巳	小暑中2	子卯午申	子寅申酉	辰巳午未	卯午未申
黄道黑道	天牢	元武	司命	勾陈	青龙	明堂	天刑	朱雀	金匮	天德	白虎	玉堂	白虎	玉堂	天牢
八卦	艮	坤	乾	兑	离	震	巽	坎	艮	坤	乾	兑	离	震	巽
方位	东北东南	西北东南	西南正西	正南正西	东南正北	东北正北	西北正东	西南正东	正南正南	东南正南	东北东南	西北东南	西南正西	正南正西	东南正北
五脏	心	心	肾	肾	脾	脾	肺	肺	肝	肝	肾	肾	脾	脾	心
子时时辰	甲子	丙子	戊子	庚子	壬子	甲子	丙子	戊子	庚子	壬子	甲子	丙子	戊子	庚子	壬子
农事节令	丑时望，全国土地日	国际禁毒日			分龙，农暴	龙母暴	建党节，香港回归日		下弦				卯时小暑		

六月小

季夏之月　羊月　乙未　壁宿

白绿白
赤紫黑
碧黄白

天道行东，日躔在午宫，宜用癸乙丁辛时

十三日**大暑** 22:27　初一日**朔** 9:16

廿九日**立秋** 14:54　十五日**望** 10:36

农历	阳历	星期	干支	28宿	建除	五行	吉时（节元）	黄道黑道	八卦	方位	五脏	子时时辰	农事节令
初一	10	六	己未	女	建	火	小暑下5	元武	乾	东北正北	心	甲子	巳时朔，出梅
初二	11	日	庚申	虚	除	木	辰巳未申	司命	兑	西北正东	肝	丙子	头伏，世界人口日
初三	12	一	辛酉	危	满	木	寅巳午未	勾陈	离	西南正东	肝	戊子	杨公忌
初四	13	二	壬戌	室	平	水	巳午未申	青龙	震	正南正南	肾	庚子	荷花节
初五	14	三	癸亥	壁	定	水	卯辰午未	明堂	巽	东南正南	肾	壬子	
初六	15	四	甲子	奎	执	金	大暑上7	天刑	坎	东北东南	肺	甲子	天贶节，农暴，姑姑节
初七	16	五	乙丑	娄	破	金	丑寅卯申	朱雀	艮	西北东南	肺	丙子	
初八	17	六	丙寅	胃	危	火	子卯午酉	金匮	坤	西南正西	心	戊子	上弦
初九	18	日	丁卯	昴	成	火	寅卯午未	天德	乾	正南正西	心	庚子	
初十	19	一	戊辰	毕	收	木	丑卯巳申	白虎	兑	东南正北	肝	壬子	
十一	20	二	己巳	觜	开	木	大暑中1	玉堂	离	东北正北	肝	甲子	
十二	21	三	庚午	参	闭	土	丑寅午申	天牢	震	西北正东	脾	丙子	二伏，农暴
十三	22	四	辛未	井	建	土	寅卯巳申	元武	巽	西南正东	脾	戊子	亥时大暑，鲁班诞
十四	23	五	壬申	鬼	除	金	子丑辰巳	司命	坎	正南正南	肺	庚子	
十五	24	六	癸酉	柳	满	金	寅辰巳午	勾陈	艮	东南正南	肺	壬子	巳时望
十六	25	日	甲戌	星	平	火	大暑下4	青龙	坤	东北东南	心	甲子	
十七	26	一	乙亥	张	定	火	子丑寅卯	明堂	乾	西北东南	心	丙子	
十八	27	二	丙子	翼	执	水	子丑戌亥	天刑	兑	西南正西	肾	戊子	
十九	28	三	丁丑	轸	破	水	寅卯巳午	朱雀	离	正南正西	肾	庚子	农暴
二十	29	四	戊寅	角	危	土	丑辰巳未	金匮	震	东南正北	脾	壬子	农暴
廿一	30	五	己卯	亢	成	土	立秋上2	天德	巽	东北正北	脾	甲子	
廿二	31	六	庚辰	氐	收	金	丑寅辰午	白虎	坎	西北正东	肺	丙子	
廿三	8月	日	辛巳	房	开	金	丑寅午未	玉堂	艮	西南正东	肺	戊子	建军节，下弦
廿四	2	一	壬午	心	闭	木	丑卯午未	天牢	坤	正南正南	肝	庚子	
廿五	3	二	癸未	尾	建	木	寅卯辰巳	元武	乾	东南正南	肝	壬子	
廿六	4	三	甲申	箕	除	水	立秋中5	司命	兑	东北东南	肾	甲子	
廿七	5	四	乙酉	斗	满	水	子丑寅酉	勾陈	离	西北东南	肾	丙子	
廿八	6	五	丙戌	牛	平	土	子丑辰巳	青龙	震	西南正西	脾	戊子	绝日
廿九	7	六	丁亥	女	平	土	丑辰酉戌	勾陈	巽	正南正西	脾	庚子	未时立秋，农暴
三十													

公元2021年　　农历辛丑(牛)年

孟秋之月　猴月　丙申　奎宿

赤碧黄
白白白
黑绿紫

天道行北，日躔在巳宫，宜用甲丙庚壬时

十六日**处暑**5:35

初一日**朔**21:49

十五日**望**20:01

农历	初一	初二	初三	初四	初五	初六	初七	初八	初九	初十	十一	十二	十三	十四	十五	十六	十七	十八	十九	二十	廿一	廿二	廿三	廿四	廿五	廿六	廿七	廿八	廿九	三十
阳历	8	9	10	11	12	13	14	15	16	17	18	19	20	21	22	23	24	25	26	27	28	29	30	31	9月	2	3	4	5	6
星期	日	一	二	三	四	五	六	日	一	二	三	四	五	六	日	一	二	三	四	五	六	日	一	二	三	四	五	六	日	一
干支	戊子	己丑	庚寅	辛卯	壬辰	癸巳	甲午	乙未	丙申	丁酉	戊戌	己亥	庚子	辛丑	壬寅	癸卯	甲辰	乙巳	丙午	丁未	戊申	己酉	庚戌	辛亥	壬子	癸丑	甲寅	乙卯	丙辰	丁巳
28宿	虚	危	室	壁	奎	娄	胃	昴	毕	觜	参	井	鬼	柳	星	张	翼	轸	角	亢	氐	房	心	尾	箕	斗	牛	女	虚	危
	定	执	破	危	成	收	开	闭	建	除	满	平	定	执	破	危	成	收	开	闭	建	除	满	平	定	执	破	危	成	收
五行	火	火	木	木	水	水	金	金	火	火	木	木	土	土	金	金	火	火	水	水	土	土	金	金	木	木	水	水	土	土
吉时（节元）	丑卯巳申	立秋下8	子丑辰巳	子寅卯巳	丑寅辰巳	丑卯辰巳	处暑上1	寅卯午申	子丑未戌	子丑寅午	寅卯未申	处暑中4	子丑卯申	寅卯申亥	子丑午未	寅卯巳午	处暑下7	子丑申戌	丑午申酉	巳午申酉	子丑辰巳	白露上9	丑巳午申	丑午未申	子丑午未	子丑辰巳	白露中3	子卯午申	子寅申酉	辰巳午未
黄道黑道	青龙	明堂	天刑	朱雀	金匮	天德	白虎	玉堂	天牢	元武	司命	勾陈	青龙	明堂	天刑	朱雀	金匮	天德	白虎	玉堂	天牢	元武	司命	勾陈	青龙	明堂	天刑	朱雀	金匮	天德
八卦	兑	离	震	巽	坎	艮	坤	乾	兑	离	震	巽	坎	艮	坤	乾	兑	离	震	巽	坎	艮	坤	乾	兑	离	震	巽	坎	艮
方位	东南 正北	东北 正北	西北 正东	西南 正东	正南 正南	东南 正南	东北 东南	西北 东南	西南 正西	正南 正西	东南 正北	东北 正北	西北 正东	西南 正东	正南 正南	东南 正南	东北 东南	西北 东南	西南 正西	正南 正西	东南 正北	东北 正北	西北 正东	西南 正东	正南 正南	东南 正南	东北 东南	西北 东南	西南 正西	正南 正西
五脏	心	心	肝	肝	肾	肾	肺	肺	心	心	肝	肝	脾	脾	肺	肺	心	心	肾	肾	脾	脾	肺	肺	肝	肝	肾	肾	脾	脾
子时时辰	壬子	甲子	丙子	戊子	庚子	壬子	甲子	丙子	戊子	庚子	壬子	甲子	丙子	戊子	庚子	壬子	甲子	丙子	戊子	庚子	壬子	甲子	丙子	戊子	庚子	壬子	甲子	丙子	戊子	庚子
农事节令	亥时朔，杨公忌		三伏				七夕，农暴	上弦							中元节，戌时望	卯时处暑	农暴	王母诞						下弦				农暴	杨公忌	

公元 2021 年　　　　农历辛丑(牛)年

八月小

仲秋　之月　鸡月　丁酉　娄宿

白黑绿
黄赤紫
白碧白

天道行东北，日躔在辰宫，宜用艮巽坤乾时

初一日**白露** 17:53　初一日**朔** 8:51

十七日**秋分** 3:21　十五日**望** 7:54

农历	初初初初初初初初初初十十十十十十十十十二廿廿廿廿廿廿廿廿廿三 一二三四五六七八九十一二三四五六七八九十一二三四五六七八九十
阳历	7 8 9 10 11 12 13 14 15 16 17 18 19 20 21 22 23 24 25 26 27 28 29 30 10月 2 3 4 5
星期	二三四五六日一二三四五六日一二三四五六日一二三四五六日一二
干支	戊己庚辛壬癸甲乙丙丁戊己庚辛壬癸甲乙丙丁戊己庚辛壬癸甲乙丙 午未申酉戌亥子丑寅卯辰巳午未申酉戌亥子丑寅卯辰巳午未申酉戌
28宿	室壁奎娄胃昴毕觜参井鬼柳星张翼轸角亢氐房心尾箕斗牛女虚危室 收开闭建除满平定执破危成收开闭建除满平定执破危成收开闭建除
五行	火火木木水水金金火火木木土土金金火火水水土土金金木木水水土
吉时（节元）	卯白辰寅巳卯秋丑子寅丑秋丑寅子寅秋子子寅丑寒丑丑丑寅寒子子 午露巳巳午辰分寅卯卯卯分寅卯丑辰分丑丑卯辰露寅寅卯卯露丑丑 未下未午未午上卯午午巳中午巳辰巳下寅戌巳巳上辰午午辰中寅辰 申6申未申未7申酉未申1申申巳午4卯亥午未6午未未巳9酉巳
黄道黑道	金天白玉天元司勾青明天朱金天白玉天元司勾青明天朱金天白玉天 匮德虎堂牢武命陈龙堂刑雀匮德虎堂牢武命陈龙堂刑雀匮德虎堂牢
八卦	离震巽坎艮坤乾兑离震巽坎艮坤乾兑离震巽坎艮坤乾兑离震巽坎艮
方位	东东西西正东东西西正东东西西正东东西西正东东西西正东东西西 南北北南南南北北南南南北北南南南北北南南南北北南南南北北南 正正正正正正东东正正正正正正正正东东正正正正正正正正东东正 北北东东南南南南西西北北东东南南南南西西北北东东南南南南西
五脏	心心肝肝肾肾肺肺心心肝肝脾脾肺肺心心肾肾脾脾肺肺肝肝肾肾脾
子时时辰	壬甲丙戊庚壬甲丙戊庚壬甲丙戊庚壬甲丙戊庚壬甲丙戊庚壬甲丙戊 子子子子子子子子子子子子子子子子子子子子子子子子子子子子子
农事节令	酉时白露，辰时朔，上戊　农暴，北斗下降　教师节　上弦　秋社　全国科普日　辰时望，中秋节　离日　寅时秋分　农暴　下弦，孔子诞辰　农暴　国庆节　杨公忌

公元 2021 年　　农历辛丑(牛)年

九月大

季秋之月　狗月　戌月　胃宿

天道行南，日躔在卯宫，宜用癸乙丁辛时

初三日**寒露** 9:39　初一日**朔** 19:04

十八日**霜降** 12:51　十五日**望** 22:55

农历	初一	初二	初三	初四	初五	初六	初七	初八	初九	初十	十一	十二	十三	十四	十五	十六	十七	十八	十九	二十	廿一	廿二	廿三	廿四	廿五	廿六	廿七	廿八	廿九	三十
阳历	6	7	8	9	10	11	12	13	14	15	16	17	18	19	20	21	22	23	24	25	26	27	28	29	30	31	11月	2	3	4
星期	三	四	五	六	日	一	二	三	四	五	六	日	一	二	三	四	五	六	日	一	二	三	四	五	六	日	一	二	三	四
干支	丁亥	戊子	己丑	庚寅	辛卯	壬辰	癸巳	甲午	乙未	丙申	丁酉	戊戌	己亥	庚子	辛丑	壬寅	癸卯	甲辰	乙巳	丙午	丁未	戊申	己酉	庚戌	辛亥	壬子	癸丑	甲寅	乙卯	丙辰
28宿	壁满	奎平	娄平	胃定	昴执	毕破	觜危	参成	井收	鬼开	柳闭	星建	张除	翼满	轸平	角定	亢执	氐破	房危	心成	尾收	箕开	斗闭	牛建	女除	虚满	危平	室定	壁执	奎破
五行	土	火	火	木	木	水	水	金	金	火	火	木	木	土	土	金	金	火	火	水	水	土	土	金	金	木	木	水	水	土
吉时（节元）	丑辰酉戌	丑卯巳申	寒露下3	子丑辰巳	子寅卯巳	丑寅辰巳	丑卯辰巳	霜降上5	寅卯午申	子丑未戌	子丑寅午	寅卯未申	霜降中8	子丑卯申	寅卯申亥	子丑午未	寅卯巳午	霜降下2	子丑申戌	丑午申酉	巳午申酉	子丑辰巳	立冬上6	丑巳午申	丑午未申	子丑午未	子丑辰巳	立冬中9	子卯午申	子寅申酉
黄道黑道	元武	司命	元武	司命	勾陈	青龙	明堂	天刑	朱雀	金匮	天德	白虎	玉堂	天牢	元武	司命	勾陈	青龙	明堂	天刑	朱雀	金匮	天德	白虎	玉堂	天牢	元武	司命	勾陈	青龙
八卦	震	巽	坎	艮	坤	乾	兑	离	震	巽	坎	艮	坤	乾	兑	离	震	巽	坎	艮	坤	乾	兑	离	震	巽	坎	艮	坤	乾
方位	正南正西	东南正北	东北正北	西北正东	西南正东	正南正南	东南正南	东北东南	西北东南	西南正西	正南正西	东南正北	东北正北	西北正东	西南正东	正南正南	东南正南	东北东南	西北东南	西南正西	正南正西	东南正北	东北正北	西北正东	西南正东	正南正南	东南正南	东北东南	西北东南	西南正西
五脏	脾	心	心	肝	肝	肾	肾	肺	肺	心	心	肝	肝	脾	脾	肺	肺	心	心	肾	肾	脾	脾	肺	肺	肝	肝	肾	肾	脾
子时时辰	庚子	壬子	甲子	丙子	戊子	庚子	壬子	甲子	丙子	戊子	庚子	壬子	甲子	丙子	戊子	庚子	壬子	甲子	丙子	戊子	庚子	壬子	甲子	丙子	戊子	庚子	壬子	甲子	丙子	戊子
农事节令	戌时朔，南斗下降		巳时寒露				上弦	国际减灾日	重阳节，农暴		世界粮食日	世界消除贫困日			亥时望			午时霜降	农暴，联合国日				下弦		杨公忌	世界勤俭日	冷风信，万圣节			

公元 2021 年　　农历辛丑(牛)年

十月小	天道行东，日躔在寅宫，宜用甲丙庚壬时
孟冬 之月　猪月　己亥　昴宿	初三日**立冬** 12:59　初一日**朔** 5:14 十八日**小雪** 10:34　十五日**望** 16:57
农历	初初初初初初初初初初十十十十十十十十十二廿廿廿廿廿廿廿廿廿三 一二三四五六七八九十一二三四五六七八九十一二三四五六七八九十
阳历	5 6 7 8 9 10 11 12 13 14 15 16 17 18 19 20 21 22 23 24 25 26 27 28 29 30 12月 2 3
星期	五六日一二三四五六日一二三四五六日一二三四五六日一二三四五
干支	丁戊己庚辛壬癸甲乙丙丁戊己庚辛壬癸甲乙丙丁戊己庚辛壬癸甲乙 巳午未申酉戌亥子丑寅卯辰巳午未申酉戌亥子丑寅卯辰巳午未申酉
28宿	娄胃昴毕觜参井鬼柳星张翼轸角亢氐房心尾箕斗牛女虚危室壁奎娄 危成成收开闭建除满平定执破危成收开闭建除满平定执破危成收开
五行	土火火木木水水金金火火木木土土金金火火水水土土金金木木水水
吉时（节元）	辰卯立辰寅巳卯小丑子寅丑小丑寅子寅小子子寅丑大丑丑丑寅大子 巳午冬巳巳午辰雪寅卯卯卯雪寅卯丑辰雪丑丑卯辰雪寅寅卯卯雪丑 午未下未午未午上卯午午巳中午巳辰巳下寅戌巳巳上辰午午辰中寅 未申3申未申未5申酉未申8申申巳午2卯亥午未4午未未巳7酉
黄道黑道	明天明天朱金天白玉天元司勾青明天朱金天白玉天元司勾青明天朱 堂刑堂刑雀匮德虎堂牢武命陈龙堂刑雀匮德虎堂牢武命陈龙堂刑雀
八卦	巽坎艮坤乾兑离震巽坎艮坤乾兑离震巽坎艮坤乾兑离震巽坎艮坤乾
方位	正东东西西正东东西西正东东西西正东东西西正东东西西正东东西 南南北北南南南北北南南南北北南南南北北南南南北北南南南北北 正正正正正正正东东正正正正正正正正东东正正正正正正正正东东 西北北东东南南南南西西北北东东南南南南西西北北东东南南南南
五脏	脾心心肝肝肾肾肺肺心心肝肝脾脾肺肺心心肾肾脾脾肺肺肝肝肾肾
子时时辰	庚壬甲丙戊庚壬甲丙戊庚壬甲丙戊庚壬甲丙戊庚壬甲丙戊庚壬甲丙 子子子子子子子子子子子子子子子子子子子子子子子子子子子子子
农事节令	卯时朔，祭祖节 绝日 午时立冬 上弦 农暴 国际大学生节 下元节，申时望，月偏食 寒婆婆生 巳时小雪 农暴 感恩节 农暴，杨公忌，下弦 寒婆婆死 五岳诞，世界艾滋病日

公元 2021 年　　农历辛丑(牛)年

十一月大　　仲冬之月　鼠月　庚子　毕宿

碧白白　黑绿白　赤紫黄

天道行东南，日躔在丑宫，宜用艮巽坤乾时

初四日**大雪** 5:57　初一日**朔** 15:42

十九日**冬至** 0:00　十六日**望** 12:35

农历	初一	初二	初三	初四	初五	初六	初七	初八	初九	初十	十一	十二	十三	十四	十五	十六	十七	十八	十九	二十	廿一	廿二	廿三	廿四	廿五	廿六	廿七	廿八	廿九	三十
阳历	4	5	6	7	8	9	10	11	12	13	14	15	16	17	18	19	20	21	22	23	24	25	26	27	28	29	30	31	1月	2
星期	六	日	一	二	三	四	五	六	日	一	二	三	四	五	六	日	一	二	三	四	五	六	日	一	二	三	四	五	六	日
干支	丙戌	丁亥	戊子	己丑	庚寅	辛卯	壬辰	癸巳	甲午	乙未	丙申	丁酉	戊戌	己亥	庚子	辛丑	壬寅	癸卯	甲辰	乙巳	丙午	丁未	戊申	己酉	庚戌	辛亥	壬子	癸丑	甲寅	乙卯
28宿	胃闭	昴建	毕除	觜除	参满	井平	鬼定	柳执	星破	张危	翼成	轸收	角开	亢闭	氐建	房除	心满	尾平	箕定	斗执	牛破	女危	虚成	危收	室开	壁闭	奎建	娄除	胃满	昴平
五行	土	土	火	火	木	木	水	水	金	金	火	火	木	木	土	土	金	金	火	火	水	水	土	土	金	金	木	木	水	水
吉时（节元）	子丑辰巳	丑辰酉戌	丑卯巳申	大雪下1	子丑辰巳	子寅卯巳	丑寅辰巳	丑卯辰巳	闰大雪上4	寅卯午申	子丑未戌	子丑寅午	寅卯未申	闰大雪中7	子丑卯申	寅卯申亥	子丑午未	寅卯巳午	闰大雪下1	子丑申戌	丑午申酉	巳午申酉	子丑辰巳	冬至上1	丑巳午申	丑午未申	子丑午未	子丑辰巳	冬至中7	子卯午申
黄道黑道	金匮	天德	白虎	天德	白虎	玉堂	天牢	元武	司命	勾陈	青龙	明堂	天刑	朱雀	金匮	天德	白虎	玉堂	天牢	元武	司命	勾陈	青龙	明堂	天刑	朱雀	金匮	天德	白虎	玉堂
八卦	坎	艮	坤	乾	兑	离	震	巽	坎	艮	坤	乾	兑	离	震	巽	坎	艮	坤	乾	兑	离	震	巽	坎	艮	坤	乾	兑	离
方位	西南正西	正南正西	东南正北	东北正北	西北正东	西南正东	正南正南	东南正南	东北东南	西北东南	西南正西	正南正西	东南正北	东北正北	西北正东	西南正东	正南正南	东南正南	东北东南	西北东南	西南正西	正南正西	东南正北	东北正北	西北正东	西南正东	正南正南	东南正南	东北东南	西北东南
五脏	脾	脾	心	心	肝	肝	肾	肾	肺	肺	心	心	肝	肝	脾	脾	肺	肺	心	心	肾	肾	脾	脾	肺	肺	肝	肝	肾	肾
子时时辰	戊子	庚子	壬子	甲子	丙子	戊子	庚子	壬子	甲子	丙子	戊子	庚子	壬子	甲子	丙子	戊子	庚子	壬子	甲子	丙子	戊子	庚子	壬子	甲子	丙子	戊子	庚子	壬子	甲子	丙子
农事节令	申时朔		农暴	卯时大雪				上弦								午时望	澳门回归日，离日	早子冬至，一九			杨公忌，平安夜	圣诞节	毛泽东诞辰	下弦			二九，农暴		元旦	

公元 2021 年　　农历辛丑(牛)年

十二月小

季冬之月　牛月　辛丑　觜宿

黑赤紫
白碧黄
白白绿

天道行西，日躔在子宫，宜用癸乙丁辛时

初三日**小寒** 17:14　初一日**朔** 2:33

十八日**大寒** 10:39　十六日**望** 7:48

农历	初初初初初初初初初初十十十十十十十十十二廿廿廿廿廿廿廿廿廿三 一二三四五六七八九十一二三四五六七八九十一二三四五六七八九十
阳历	3 4 5 6 7 8 9 10 11 12 13 14 15 16 17 18 19 20 21 22 23 24 25 26 27 28 29 30 31
星期	一二三四五六日一二三四五六日一二三四五六日一二三四五六日一
干支	丙丁戊己庚辛壬癸甲乙丙丁戊己庚辛壬癸甲乙丙丁戊己庚辛壬癸甲 辰巳午未申酉戌亥子丑寅卯辰巳午未申酉戌亥子丑寅卯辰巳午未申
28宿	毕觜参井鬼柳星张翼轸角亢氐房心尾箕斗牛女虚危室壁奎娄胃昴毕 定执执破危成收开闭建除满平定执破危成收开闭建除满平定执破危
五行	土土火火木木水水金金火火木木土土金金火火水水土土金金木木水
吉时（节元）	子辰卯冬辰寅巳卯小丑子寅丑小丑寅子寅小子子寅丑大丑丑丑寅大 寅巳午至巳巳午辰寒寅卯卯卯寒寅卯丑辰寒丑丑卯辰寒寅寅卯卯寒 申午未下未午未午上卯午午巳中午巳辰巳下寅戌巳巳上辰午午辰中 酉未申4申未申未2申酉未申8申申巳午5卯亥午未3午未未巳9
黄道黑道	天元天元司勾青明天朱金天白玉天元司勾青明天朱金天白玉天元司 牢武牢武命陈龙堂刑雀匮德虎堂牢武命陈龙堂刑雀匮德虎堂牢武命
八卦	艮坤乾兑离震巽坎艮坤乾兑离震巽坎艮坤乾兑离震巽坎艮坤乾兑离
方位	西正东东西西正东东西西正东东西西正东东西西正东东西西正东东 南南南北北南南南北北南南南北北南南南北北南南南北北南南南北 正正正正正正正正东东正正正正正正正正东东正正正正正正正正东 西西北北东东南南南南西西北北东东南南南南西西北北东东南南南
五脏	脾脾心心肝肝肾肾肺肺心心肝肝脾脾肺肺心心肾肾脾脾肺肺肝肝肾
子时时辰	戊庚壬甲丙戊庚壬甲丙戊庚壬甲丙戊庚壬甲丙戊庚壬甲丙戊庚壬甲 子子子子子子子子子子子子子子子子子子子子子子子子子子子子子
农事节令	丑时朔　酉时小寒　三九　上弦，腊八节，农暴　农暴　四九　辰时望　巳时大寒　杨公忌　下弦　五九，扫尘节，小年　农暴，西帝朝天　除夕

公元 2022 年

农历壬寅(虎)年

壬寅岁干水支木，纳音属金。大利东西，不利南北。

八龙治水，五牛耕地，七日得辛，八人二饼。

太岁贺谔，九星五黄，过林黑虎，金箔阳金。岁德在壬，岁德合在丁，岁禄在亥，岁马在申，奏书在艮，博士在坤，阳贵人在卯，阴贵人在巳，太阳在卯，太阴在巳，龙德在酉，福德在亥。

太岁在寅，岁破在申，力士在巽，蚕室在乾，豹尾在辰，飞廉在戌。

公元2022年　　农历壬寅(虎)年

正月大

孟春之月　虎月　壬寅　参宿

白白白
紫黑绿
黄赤碧

天道行南，日躔在亥宫，宜用甲丙庚壬时

初四日**立春** 4:51　　初一日**朔** 13:46

十九日**雨水** 0:43　　十七日**望** 0:56

农历	初一	初二	初三	初四	初五	初六	初七	初八	初九	初十	十一	十二	十三	十四	十五
阳历	2月	2	3	4	5	6	7	8	9	10	11	12	13	14	15
星期	二	三	四	五	六	日	一	二	三	四	五	六	日	一	二
干支	乙酉	丙戌	丁亥	戊子	己丑	庚寅	辛卯	壬辰	癸巳	甲午	乙未	丙申	丁酉	戊戌	己亥
28宿	觜成	参收	井开	鬼开	柳闭	星建	张除	翼满	轸平	角定	亢执	氐破	房危	心成	尾收
五行	水	土	土	火	火	木	木	水	水	金	金	火	火	木	木
吉时（节元）	子丑寅酉	子丑辰巳	丑辰酉戌	丑卯巳申	大寒下6	子丑辰巳	子寅卯巳	丑寅辰巳	丑卯辰巳	立春上8	寅卯午申	子丑未戌	子丑寅午	寅卯未申	立春中5
黄道黑道	勾陈	青龙	明堂	青龙	明堂	天刑	朱雀	金匮	天德	白虎	玉堂	天牢	元武	司命	勾陈
八卦	巽	坎	艮	坤	乾	兑	离	震	巽	坎	艮	坤	乾	兑	离
方位	西北东南	西南正西	正南正西	东南正北	东北正北	西北正东	西南正东	正南正南	东南正南	东北东南	西北东南	西南正西	正南正西	东南正北	东北正北
五脏	肾	脾	脾	心	心	肝	肝	肾	肾	肺	肺	心	心	肝	肝
子时时辰	丙子	戊子	庚子	壬子	甲子	丙子	戊子	庚子	壬子	甲子	丙子	戊子	庚子	壬子	甲子
农事节令	春节，未时朔	财神节	绝日	六九，寅时立春	破五节，五牛耕地		七日得辛，人胜节	八人二饼，八龙治水，上弦	农暴	土神诞			七九，农暴，杨公忌	情人节	元宵节

农历	十六	十七	十八	十九	二十	廿一	廿二	廿三	廿四	廿五	廿六	廿七	廿八	廿九	三十
阳历	16	17	18	19	20	21	22	23	24	25	26	27	28	3月	2
星期	三	四	五	六	日	一	二	三	四	五	六	日	一	二	三
干支	庚子	辛丑	壬寅	癸卯	甲辰	乙巳	丙午	丁未	戊申	己酉	庚戌	辛亥	壬子	癸丑	甲寅
28宿	箕开	斗闭	牛建	女除	虚满	危平	室定	壁执	奎破	娄危	胃成	昴收	毕开	觜闭	参建
五行	土	土	金	金	火	火	水	水	土	土	金	金	木	木	水
吉时（节元）	子丑卯申	寅卯申亥	子丑午未	寅卯巳午	立春下2	子丑申戌	丑午申酉	巳午申酉	子丑辰巳	雨水上9	丑巳午申	丑午未申	子丑午未	子丑辰巳	雨水中6
黄道黑道	青龙	明堂	天刑	朱雀	金匮	天德	白虎	玉堂	天牢	元武	司命	勾陈	青龙	明堂	天刑
八卦	震	巽	坎	艮	坤	乾	兑	离	震	巽	坎	艮	坤	乾	兑
方位	西北正东	西南正东	正南正南	东南正南	东北东南	西北东南	西南正西	正南正西	东南正北	东北正北	西北正东	西南正东	正南正南	东南正南	东北东南
五脏	脾	脾	肺	肺	心	心	肾	肾	脾	脾	肺	肺	肝	肝	肾
子时时辰	丙子	戊子	庚子	壬子	甲子	丙子	戊子	庚子	壬子	甲子	丙子	戊子	庚子	壬子	甲子
农事节令		子时望		子时雨水，农暴			八九		下弦	填仓节				送穷节，农暴	

公元2022年　　农历壬寅(虎)年

二月小

仲春之月　兔月　癸卯　井宿

紫	黄	赤
白	白	碧
绿	白	黑

天道行西南，日躔在戌宫，宜用艮巽坤乾时

初三日**惊蛰** 22:44　初一日**朔** 1:34

十八日**春分** 23:34　十六日**望** 15:17

农历	初初初初初初初初初初十十十十十十十十十二廿廿廿廿廿廿廿廿廿三 一二三四五六七八九十一二三四五六七八九十一二三四五六七八九十
阳历	3 4 5 6 7 8 9 10 11 12 13 14 15 16 17 18 19 20 21 22 23 24 25 26 27 28 29 30 31
星期	四五六日一二三四五六日一二三四五六日一二三四五六日一二三四
干支	乙丙丁戊己庚辛壬癸甲乙丙丁戊己庚辛壬癸甲乙丙丁戊己庚辛壬癸 卯辰巳午未申酉戌亥子丑寅卯辰巳午未申酉戌亥子丑寅卯辰巳午未
28宿	井鬼柳星张翼轸角亢氐房心尾箕斗牛女虚危室壁奎娄胃昴毕觜参井 除满满平定执破危成收开闭建除满平定执破危成收开闭建除满平定
五行	水土土火火木木水水金金火火木木土土金金火火水水土土金金木木
吉时（节元）	子子辰卯雨辰寅巳卯惊丑子寅丑惊丑寅子寅惊子子寅丑春丑丑丑寅 卯寅巳午水巳巳午辰蛰寅卯卯卯蛰寅卯丑辰蛰丑丑卯辰分寅寅卯卯 午申午未下未午未午上卯午午巳中午巳辰巳下寅戌巳巳上辰午午辰 申酉未申3申未申未1申酉未申7申申巳午4卯亥午未3午未未巳
黄道黑道	朱金朱金天白玉天元司勾青明天朱金天白玉天元司勾青明天朱金天 雀匮雀匮德虎堂牢武命陈龙堂刑雀匮德虎堂牢武命陈龙堂刑雀匮德
八卦	坎艮坤乾兑离震巽坎艮坤乾兑离震巽坎艮坤乾兑离震巽坎艮坤乾兑
方位	西西正东东西西正东东西西正东东西西正东东西西正东东西西正东 北南南南北北南南南北北南南南北北南南南北北南南南北北南南南 东正正正正正正正正东东正正正正正正正正东东正正正正正正正正 南西西北北东东南南南南西西北北东东南南南南西西北北东东南南
五脏	肾脾脾心心肝肝肾肾肺肺心心肝肝脾脾肺肺心心肾肾脾脾肺肺肝肝
子时时辰	丙戊庚壬甲丙戊庚壬甲丙戊庚壬甲丙戊庚壬甲丙戊庚壬甲丙戊庚壬 子子子子子子子子子子子子子子子子子子子子子子子子子子子子子
农事节令	丑时朔，中和节 龙头节，闰女节，农暴 九九，农暴，亥时惊蛰 上戊 妇女节 春斫暴 上弦，农暴 农暴 植树节 乌龟暴，杨公忌 农暴，消费者权益日 春社 花朝节 申时望 离日 夜子春分 农暴，世界森林日，观音诞 世界水日 世界气象日 世界防治结核病日 下弦 农暴 农暴

公元 2022 年　　农历壬寅(虎)年

三月大

季春之月　龙月　甲辰　鬼宿

天道行北，日躔在酉宫，宜用癸乙丁辛时

初五日**清明** 3:21　初一日**朔** 14:23

二十日**谷雨** 10:25　十七日**望** 2:54

农历	初一	初二	初三	初四	初五	初六	初七	初八	初九	初十
阳历	4月	2	3	4	5	6	7	8	9	10
星期	五	六	日	一	二	三	四	五	六	日
干支	甲申	乙酉	丙戌	丁亥	戊子	己丑	庚寅	辛卯	壬辰	癸巳
28宿	鬼执	柳破	星危	张成	翼成	轸收	角开	亢闭	氐建	房除
五行	水	水	土	土	火	火	木	木	水	水
吉时（节元）	春分中9	子丑寅酉	子丑辰巳	丑辰酉戌	丑卯巳申	春分下6	子丑辰巳	子寅卯巳	丑寅辰巳	丑卯辰巳
黄道黑道	白虎	玉堂	天牢	元武	天牢	元武	司命	勾陈	青龙	明堂
八卦	艮	坤	乾	兑	离	震	巽	坎	艮	坤
方位	东北东南	西北东南	西南正西	正南正西	东南正北	东北正北	西北正东	西南正东	正南正南	东南正南
五脏	肾	肾	脾	脾	心	心	肝	肝	肾	肾
子时时辰	甲子	丙子	戊子	庚子	壬子	甲子	丙子	戊子	庚子	壬子
农事节令	未时朔		三月三，桃花暴		寅时清明		农暴		上弦，杨公忌	

农历	十一	十二	十三	十四	十五	十六	十七	十八	十九	二十
阳历	11	12	13	14	15	16	17	18	19	20
星期	一	二	三	四	五	六	日	一	二	三
干支	甲午	乙未	丙申	丁酉	戊戌	己亥	庚子	辛丑	壬寅	癸卯
28宿	心满	尾平	箕定	斗执	牛破	女危	虚成	危收	室开	壁闭
五行	金	金	火	火	木	木	土	土	金	金
吉时（节元）	清明上4	寅卯午申	子丑未戌	子丑寅午	寅卯未申	清明中1	子丑卯申	寅卯申亥	子丑午未	寅卯巳午
黄道黑道	天刑	朱雀	金匮	天德	白虎	玉堂	天牢	元武	司命	勾陈
八卦	乾	兑	离	震	巽	坎	艮	坤	乾	兑
方位	东北东南	西北东南	西南正西	正南正西	东南正北	东北正北	西北正东	西南正东	正南正南	东南正南
五脏	肺	肺	心	心	肝	肝	脾	脾	肺	肺
子时时辰	甲子	丙子	戊子	庚子	壬子	甲子	丙子	戊子	庚子	壬子
农事节令					农暴		丑时望			巳时谷雨

农历	廿一	廿二	廿三	廿四	廿五	廿六	廿七	廿八	廿九	三十
阳历	21	22	23	24	25	26	27	28	29	30
星期	四	五	六	日	一	二	三	四	五	六
干支	甲辰	乙巳	丙午	丁未	戊申	己酉	庚戌	辛亥	壬子	癸丑
28宿	奎建	娄除	胃满	昴平	毕定	觜执	参破	井危	鬼成	柳收
五行	火	火	水	水	土	土	金	金	木	木
吉时（节元）	清明下7	子丑申戌	丑午申酉	巳午申酉	子丑辰巳	谷雨上5	丑巳午申	丑午未申	子丑午未	子丑辰巳
黄道黑道	青龙	明堂	天刑	朱雀	金匮	天德	白虎	玉堂	天牢	元武
八卦	离	震	巽	坎	艮	坤	乾	兑	离	震
方位	东北东南	西北东南	西南正西	正南正西	东南正北	东北正北	西北正东	西南正东	正南正南	东南正南
五脏	心	心	肾	肾	脾	脾	肺	肺	肝	肝
子时时辰	甲子	丙子	戊子	庚子	壬子	甲子	丙子	戊子	庚子	壬子
农事节令		世界地球日	天石暴	下弦	猴子暴	农暴		东帝暴		

四月小

孟夏之月　蛇月　乙巳　柳宿

赤	碧	黄
白	白	白
黑	绿	紫

天道行西，日躔在申宫，宜用甲丙庚壬时

初五日**立夏** 20:27　初一日**朔** 4:26

廿一日**小满** 9:23　十六日**望** 12:13

农历	初一	初二	初三	初四	初五	初六	初七	初八	初九	初十	十一	十二	十三	十四	十五	十六	十七	十八	十九	二十	廿一	廿二	廿三	廿四	廿五	廿六	廿七	廿八	廿九	三十
阳历	5月	2	3	4	5	6	7	8	9	10	11	12	13	14	15	16	17	18	19	20	21	22	23	24	25	26	27	28	29	
星期	日	一	二	三	四	五	六	日	一	二	三	四	五	六	日	一	二	三	四	五	六	日	一	二	三	四	五	六	日	
干支	甲寅	乙卯	丙辰	丁巳	戊午	己未	庚申	辛酉	壬戌	癸亥	甲子	乙丑	丙寅	丁卯	戊辰	己巳	庚午	辛未	壬申	癸酉	甲戌	乙亥	丙子	丁丑	戊寅	己卯	庚辰	辛巳	壬午	
28宿	星	张	翼	轸	角	亢	氐	房	心	尾	箕	斗	牛	女	虚	危	室	壁	奎	娄	胃	昴	毕	觜	参	井	鬼	柳	星	
	开	闭	建	除	除	满	平	定	执	破	危	成	收	开	闭	建	除	满	平	定	执	破	危	成	收	开	闭	建	除	
五行	水	水	土	土	火	火	木	木	水	水	金	金	火	火	木	木	土	土	金	金	火	火	水	水	土	土	金	金	木	
吉时（节元）	谷雨中2	子卯午申	子寅申酉	辰巳午未	卯午未申	谷雨下8	辰巳未申	寅巳午未	巳午未申	卯辰午未	立夏上4	丑寅卯申	子卯午酉	寅卯午未	丑卯巳申	立夏中1	丑寅午申	寅卯巳申	子丑辰巳	寅辰巳午	立夏下7	子丑寅卯	子丑戌亥	寅卯巳午	丑辰巳未	小满上5	丑寅辰午	丑寅午未	丑卯午未	
黄道黑道	司命	勾陈	青龙	明堂	青龙	明堂	天刑	朱雀	金匮	天德	白虎	玉堂	天牢	元武	司命	勾陈	青龙	明堂	天刑	朱雀	金匮	天德	白虎	玉堂	天牢	元武	司命	勾陈	青龙	
八卦	坤	乾	兑	离	震	巽	坎	艮	坤	乾	兑	离	震	巽	坎	艮	坤	乾	兑	离	震	巽	坎	艮	坤	乾	兑	离	震	
方位	东北东南	西北东南	西南正西	正南正西	东南正北	东北正北	西北正东	西南正东	正南正南	东南正南	东北东南	西北东南	西南正西	正南正西	东南正北	东北正北	西北正东	西南正东	正南正南	东南正南	东北东南	西北东南	西南正西	正南正西	东南正北	东北正北	西北正东	西南正东	正南正南	
五脏	肾	肾	脾	脾	心	心	肝	肝	肾	肾	肺	肺	心	心	肝	肝	脾	脾	肺	肺	心	心	肾	肾	脾	脾	肺	肺	肝	
子时时辰	甲子	丙子	戊子	庚子	壬子	甲子	丙子	戊子	庚子	壬子	甲子	丙子	戊子	庚子	壬子	甲子	丙子	戊子	庚子	壬子	甲子	丙子	戊子	庚子	壬子	甲子	丙子	戊子	庚子	
农事节令	寅时朔，劳动节，农暴			绝日，五四青年节	戊时立夏		杨公忌	牛王节，老虎暴，母亲节	上弦			防灾减灾日			农暴，国际家庭日	午时望					巳时小满		下弦		农暴					

公元 2022 年　　农历壬寅(虎)年

五月大

仲夏之月　马月　丙午　星宿

白黑绿
黄赤紫
白碧白

天道行西北，日躔在未宫，宜用艮巽坤乾时

初八日**芒种** 0:26　初一日**朔** 19:28

廿三日**夏至** 17:15　十六日**望** 19:50

农历	初一	初二	初三	初四	初五	初六	初七	初八	初九	初十
阳历	30	31	6月	2	3	4	5	6	7	8
星期	一	二	三	四	五	六	日	一	二	三
干支	癸未	甲申	乙酉	丙戌	丁亥	戊子	己丑	庚寅	辛卯	壬辰
28宿	张满	翼平	轸定	角执	亢破	氐危	房成	心成	尾收	箕开
五行	木	水	水	土	土	火	火	木	木	水
吉时（节元）	寅卯辰巳	小满中2	子丑寅酉	子丑辰巳	丑辰酉戌	丑卯巳申	小满下8	子丑辰巳	子寅卯巳	丑寅辰巳
黄道黑道	明堂	天刑	朱雀	金匮	天德	白虎	玉堂	白虎	玉堂	天牢
八卦	乾	兑	离	震	巽	坎	艮	坤	乾	兑
方位	东南正南	东北东南	西北东南	西南正西	正南正西	东南正北	东北正北	西北正东	西南正东	正南正南
五脏	肝	肾	肾	脾	脾	心	心	肝	肝	肾
子时时辰	壬子	甲子	丙子	戊子	庚子	壬子	甲子	丙子	戊子	庚子
农事节令	戌时朔		国际儿童节		端午节，端阳暴，杨公忌		世界环境日	上弦，子时芒种		

农历	十一	十二	十三	十四	十五	十六	十七	十八	十九	二十
阳历	9	10	11	12	13	14	15	16	17	18
星期	四	五	六	日	一	二	三	四	五	六
干支	癸巳	甲午	乙未	丙申	丁酉	戊戌	己亥	庚子	辛丑	壬寅
28宿	斗闭	牛建	女除	虚满	危平	室定	壁执	奎破	娄危	胃成
五行	水	金	金	火	火	木	木	土	土	金
吉时（节元）	丑卯辰巳	芒种上6	寅卯午申	子丑未戌	子丑寅午	寅卯未申	芒种中3	子丑卯申	寅卯申亥	子丑午未
黄道黑道	元武	司命	勾陈	青龙	明堂	天刑	朱雀	金匮	天德	白虎
八卦	离	震	巽	坎	艮	坤	乾	兑	离	震
方位	东南正南	东北东南	西北东南	西南正西	正南正西	东南正北	东北正北	西北正东	西南正东	正南正南
五脏	肾	肺	肺	心	心	肝	肝	脾	脾	肺
子时时辰	壬子	甲子	丙子	戊子	庚子	壬子	甲子	丙子	戊子	庚子
农事节令			磨刀暴	入梅	农暴	戌时望				分龙

农历	廿一	廿二	廿三	廿四	廿五	廿六	廿七	廿八	廿九	三十
阳历	19	20	21	22	23	24	25	26	27	28
星期	日	一	二	三	四	五	六	日	一	二
干支	癸卯	甲辰	乙巳	丙午	丁未	戊申	己酉	庚戌	辛亥	壬子
28宿	昴收	毕开	觜闭	参建	井除	鬼满	柳平	星定	张执	翼破
五行	金	火	火	水	水	土	土	金	金	木
吉时（节元）	寅卯巳午	芒种下9	子丑申戌	丑午申酉	巳午申酉	子丑辰巳	夏至上9	丑巳午申	丑午未申	子丑午未
黄道黑道	玉堂	天牢	元武	司命	勾陈	青龙	明堂	天刑	朱雀	金匮
八卦	巽	坎	艮	坤	乾	兑	离	震	巽	坎
方位	东南正南	东北东南	西北东南	西南正西	正南正西	东南正北	东北正北	西北正东	西南正东	正南正南
五脏	肺	心	心	肾	肾	脾	脾	肺	肺	肝
子时时辰	壬子	甲子	丙子	戊子	庚子	壬子	甲子	丙子	戊子	庚子
农事节令	龙母暴	离日	下弦，酉时夏至				全国土地日	国际禁毒日		

六月大

季夏之月　羊月　丁未　张宿

黄	白	碧
绿	白	白
紫	黑	赤

天道行东，日躔在午宫，宜用癸乙丁辛时

初九日**小暑** 10:39　初一日**朔** 10:51

廿五日**大暑** 4:08　十六日**望** 2:35

农历	初一	初二	初三	初四	初五	初六	初七	初八	初九	初十	十一	十二	十三	十四	十五	十六	十七	十八	十九	二十	廿一	廿二	廿三	廿四	廿五	廿六	廿七	廿八	廿九	三十
阳历	29	30	7月	2	3	4	5	6	7	8	9	10	11	12	13	14	15	16	17	18	19	20	21	22	23	24	25	26	27	28
星期	三	四	五	六	日	一	二	三	四	五	六	日	一	二	三	四	五	六	日	一	二	三	四	五	六	日	一	二	三	四
干支	癸丑	甲寅	乙卯	丙辰	丁巳	戊午	己未	庚申	辛酉	壬戌	癸亥	甲子	乙丑	丙寅	丁卯	戊辰	己巳	庚午	辛未	壬申	癸酉	甲戌	乙亥	丙子	丁丑	戊寅	己卯	庚辰	辛巳	壬午
28宿	轸	角	亢	氐	房	心	尾	箕	斗	牛	女	虚	危	室	壁	奎	娄	胃	昴	毕	觜	参	井	鬼	柳	星	张	翼	轸	角
	危	成	收	开	闭	建	除	满	满	平	定	执	破	危	成	收	开	闭	建	除	满	平	定	执	破	危	成	收	开	闭
五行	木	水	水	土	土	火	火	木	木	水	水	金	金	火	火	木	木	土	土	金	金	火	火	水	水	土	土	金	金	木
吉时(节元)	子丑辰巳	夏至中3	子卯午申	子寅申酉	辰巳午未	卯午未申	夏至下6	辰巳未申	寅巳午未	巳午未申	卯辰午未	小暑上8	丑寅卯申	子卯午酉	寅卯午未	丑卯巳申	小暑中2	丑寅午申	寅卯巳申	子丑辰巳	寅辰巳午	小暑下5	子丑寅卯	子丑戌亥	寅卯巳午	丑辰巳未	大暑上7	丑寅辰午	丑寅午未	丑卯午未
黄黑道	天德	白虎	玉堂	天牢	元武	司命	勾陈	青龙	勾陈	青龙	明堂	天刑	朱雀	金匮	天德	白虎	玉堂	天牢	元武	司命	勾陈	青龙	明堂	天刑	朱雀	金匮	天德	白虎	玉堂	天牢
八卦	兑	离	震	巽	坎	艮	坤	乾	兑	离	震	巽	坎	艮	坤	乾	兑	离	震	巽	坎	艮	坤	乾	兑	离	震	巽	坎	艮
方位	东南正南	东北东南	西北东南	西南正西	正南正西	东南正北	东北正北	西北正东	西南正东	正南正南	东南正南	东北东南	西北东南	西南正西	正南正西	东南正北	东北正北	西北正东	西南正东	正南正南	东南正南	东北东南	西北东南	西南正西	正南正西	东南正北	东北正北	西北正东	西南正东	正南正南
五脏	肝	肾	肾	脾	脾	心	心	肝	肝	肾	肾	肺	肺	心	心	肝	肝	脾	脾	肺	肺	心	心	肾	肾	脾	脾	肺	肺	肝
子时时辰	壬子	甲子	丙子	戊子	庚子	壬子	甲子	丙子	戊子	庚子	壬子	甲子	丙子	戊子	庚子	壬子	甲子	丙子	戊子	庚子	壬子	甲子	丙子	戊子	庚子	壬子	甲子	丙子	戊子	庚子
农事节令	巳时朔		建党节，香港回归日，杨公忌	荷花节		天贶节，农暴，姑姑节		上弦	巳时小暑			农暴	鲁班诞，世界人口日			丑时望		头伏	出梅，农暴	农暴			下弦		寅时大暑			二伏	农暴	

七月小

孟秋　之月　猴月　戊申　翼宿

绿碧白　紫黄白　黑赤白

天道行北,日躔在巳宫,宜用甲丙庚壬时

初十日**立秋** 20:30　初一日**朔** 1:53

廿六日**处暑** 11:17　十五日**望** 9:34

农历	初 一	初 二	初 三	初 四	初 五	初 六	初 七	初 八	初 九	初 十	十 一	十 二	十 三	十 四	十 五	十 六	十 七	十 八	十 九	二 十	廿 一	廿 二	廿 三	廿 四	廿 五	廿 六	廿 七	廿 八	廿 九	三 十
阳历	29	30	31	8月	2	3	4	5	6	7	8	9	10	11	12	13	14	15	16	17	18	19	20	21	22	23	24	25	26	
星期	五	六	日	一	二	三	四	五	六	日	一	二	三	四	五	六	日	一	二	三	四	五	六	日	一	二	三	四	五	
干支	癸 未	甲 申	乙 酉	丙 戌	丁 亥	戊 子	己 丑	庚 寅	辛 卯	壬 辰	癸 巳	甲 午	乙 未	丙 申	丁 酉	戊 戌	己 亥	庚 子	辛 丑	壬 寅	癸 卯	甲 辰	乙 巳	丙 午	丁 未	戊 申	己 酉	庚 戌	辛 亥	
28宿	亢 建	氐 除	房 满	心 平	尾 定	箕 执	斗 破	牛 危	女 成	虚 成	危 收	室 开	壁 闭	奎 建	娄 除	胃 满	昴 平	毕 定	觜 执	参 破	井 危	鬼 成	柳 收	星 开	张 闭	翼 建	轸 除	角 满	亢 平	
五行	木	水	水	土	土	火	火	木	木	水	水	金	金	火	火	木	木	土	土	金	金	火	火	水	水	土	土	金	金	
吉时(节元)	寅 卯 辰 巳	大 暑 中 1	子 丑 寅 酉	子 丑 辰 巳	丑 辰 酉 戌	丑 卯 巳 申	大 暑 下 4	子 丑 辰 巳	子 寅 卯 巳	丑 寅 辰 巳	丑 卯 辰 巳	立 秋 上 2	寅 卯 午 申	子 丑 未 戌	子 丑 寅 午	寅 卯 未 申	立 秋 中 5	子 丑 卯 申	寅 卯 申 亥	子 丑 午 未	寅 卯 巳 午	立 秋 下 8	子 丑 申 戌	丑 午 申 酉	巳 午 申 酉	子 丑 辰 巳	处 暑 上 1	丑 巳 午 申	丑 午 未 申	
黄道黑道	元 武	司 命	勾 陈	青 龙	明 堂	天 刑	朱 雀	金 匮	天 德	金 匮	天 德	白 虎	玉 堂	天 牢	元 武	司 命	勾 陈	青 龙	明 堂	天 刑	朱 雀	金 匮	天 德	白 虎	玉 堂	天 牢	元 武	司 命	勾 陈	
八卦	离	震	巽	坎	艮	坤	乾	兑	离	震	巽	坎	艮	坤	乾	兑	离	震	巽	坎	艮	坤	乾	兑	离	震	巽	坎	艮	
方位	东 南 正 南	东 北 东 南	西 北 东 南	西 南 正 西	正 南 正 西	东 南 正 北	东 北 正 北	西 北 正 东	西 南 正 东	正 南 正 南	东 南 正 南	东 北 东 南	西 北 东 南	西 南 正 西	正 南 正 西	东 南 正 北	东 北 正 北	西 北 正 东	西 南 正 东	正 南 正 南	东 南 正 南	东 北 东 南	西 北 东 南	西 南 正 西	正 南 正 西	东 南 正 北	东 北 正 北	西 北 正 东	西 南 正 东	
五脏	肝	肾	肾	脾	脾	心	心	肝	肝	肾	肾	肺	肺	心	心	肝	肝	脾	脾	肺	肺	心	心	肾	肾	脾	脾	肺	肺	
子时时辰	壬 子	甲 子	丙 子	戊 子	庚 子	壬 子	甲 子	丙 子	戊 子	庚 子	壬 子	甲 子	丙 子	戊 子	庚 子	壬 子	甲 子	丙 子	戊 子	庚 子	壬 子	甲 子	丙 子	戊 子	庚 子	壬 子	甲 子	丙 子	戊 子	
农事节令	丑时朔,杨公忌			建军节			七夕,农暴	上弦	绝日	戌时立秋					巳时望,中元节		农暴	三伏,王母诞					下弦			午时处暑		农暴	杨公忌	

公元 2022 年　　农历壬寅(虎)年

八月大　仲秋之月　鸡月　己酉　轸宿

碧 白 白
黑 绿 白
赤 紫 黄

天道行东北，日躔在辰宫，宜用艮巽坤乾时

十二日**白露** 23:33　初一日**朔** 16:16

廿八日**秋分** 9:05　十五日**望** 17:58

农历	初一	初二	初三	初四	初五	初六	初七	初八	初九	初十	十一	十二	十三	十四	十五
阳历	27	28	29	30	31	9月	2	3	4	5	6	7	8	9	10
星期	六	日	一	二	三	四	五	六	日	一	二	三	四	五	六
干支	壬子	癸丑	甲寅	乙卯	丙辰	丁巳	戊午	己未	庚申	辛酉	壬戌	癸亥	甲子	乙丑	丙寅
28宿	氐定	房执	心破	尾危	箕成	斗收	牛开	女闭	虚建	危除	室满	壁满	奎平	娄定	胃执
五行	木	木	水	水	土	土	火	火	木	木	水	水	金	金	火
吉时（节元）	子丑午未	子丑辰巳	处暑中4	子卯午申	子寅申酉	辰巳午未	卯午未申	处暑下7	辰巳未申	寅巳午未	巳午未申	卯辰午未	白露上9	丑寅卯申	子卯午酉
黄道黑道	青龙	明堂	天刑	朱雀	金匮	天德	白虎	玉堂	天牢	元武	司命	元武	司命	勾陈	青龙
八卦	震	巽	坎	艮	坤	乾	兑	离	震	巽	坎	艮	坤	乾	兑
方位	正南正南	东南正南	东北东南	西北东南	西南正西	正南正西	东南正北	东北正北	西北正东	西南正东	正南正南	东南正南	东北东南	西北东南	西南正西
五脏	肝	肝	肾	肾	脾	脾	心	心	肝	肝	肾	肾	肺	肺	心
子时时辰	庚子	壬子	甲子	丙子	戊子	庚子	壬子	甲子	丙子	戊子	庚子	壬子	甲子	丙子	戊子
农事节令	申时朔		农暴，北斗下降					上弦				夜子白露			中秋节，酉时望，教师节

农历	十六	十七	十八	十九	二十	廿一	廿二	廿三	廿四	廿五	廿六	廿七	廿八	廿九	三十
阳历	11	12	13	14	15	16	17	18	19	20	21	22	23	24	25
星期	日	一	二	三	四	五	六	日	一	二	三	四	五	六	日
干支	丁卯	戊辰	己巳	庚午	辛未	壬申	癸酉	甲戌	乙亥	丙子	丁丑	戊寅	己卯	庚辰	辛巳
28宿	昴破	毕危	觜成	参收	井开	鬼闭	柳建	星除	张满	翼平	轸定	角执	亢破	氐危	房成
五行	火	木	木	土	土	金	金	火	火	水	水	土	土	金	金
吉时（节元）	寅卯午未	丑卯巳申	白露中3	丑寅午申	寅卯巳申	子丑辰巳	寅辰巳午	白露下6	子丑寅卯	子丑戌亥	寅卯巳午	丑辰巳未	秋分上7	丑寅辰午	丑寅午未
黄道黑道	明堂	天刑	朱雀	金匮	天德	白虎	玉堂	天牢	元武	司命	勾陈	青龙	明堂	天刑	朱雀
八卦	离	震	巽	坎	艮	坤	乾	兑	离	震	巽	坎	艮	坤	乾
方位	正南正西	东南正北	东北正北	西北正东	西南正东	正南正南	东南东南	东北东南	西北正南	西南正南	正南正西	东南正西	东北正北	西北正北	西南正东
五脏	心	肝	肝	脾	脾	肺	肺	心	心	肾	肾	脾	脾	肺	肺
子时时辰	庚子	壬子	甲子	丙子	戊子	庚子	壬子	甲子	丙子	戊子	庚子	壬子	甲子	丙子	戊子
农事节令						农暴	全国科普日	下弦，农暴				秋社，离日，杨公忌	巳时秋分		

公元2022年　　农历壬寅(虎)年

九月小

季秋之月　狗月　庚戌　角宿

黑赤紫
白碧黄
白白绿

天道行南，日躔在卯宫，宜用癸乙丁辛时

十三日**寒露** 15:23　初一日**朔** 5:53

廿八日**霜降** 18:37　十五日**望** 4:54

农历	初一	初二	初三	初四	初五	初六	初七	初八	初九	初十	十一	十二	十三	十四	十五	十六	十七	十八	十九	二十	廿一	廿二	廿三	廿四	廿五	廿六	廿七	廿八	廿九	三十
阳历	26	27	28	29	30	10月	2	3	4	5	6	7	8	9	10	11	12	13	14	15	16	17	18	19	20	21	22	23	24	
星期	一	二	三	四	五	六	日	一	二	三	四	五	六	日	一	二	三	四	五	六	日	一	二	三	四	五	六	日	一	
干支	壬午	癸未	甲申	乙酉	丙戌	丁亥	戊子	己丑	庚寅	辛卯	壬辰	癸巳	甲午	乙未	丙申	丁酉	戊戌	己亥	庚子	辛丑	壬寅	癸卯	甲辰	乙巳	丙午	丁未	戊申	己酉	庚戌	
28宿	心 收	尾 开	箕 闭	斗 建	牛 除	女 满	虚 平	危 定	室 执	壁 破	奎 危	娄 成	胃 成	昴 收	毕 开	觜 闭	参 建	井 除	鬼 满	柳 平	星 定	张 执	翼 破	轸 危	角 成	亢 收	氐 开	房 闭	心 建	
五行	木	木	水	水	土	土	火	火	木	木	水	水	金	金	火	火	木	木	土	土	金	金	火	火	水	水	土	土	金	
吉时（节元）	丑 卯 午 未	寅 卯 辰 巳	秋 分 中 1	子 丑 寅 酉	子 丑 辰 巳	丑 辰 酉 戌	丑 卯 巳 申	秋 分 下 4	子 丑 辰 巳	子 寅 卯 巳	丑 寅 辰 巳	丑 卯 辰 巳	寒 露 上 6	寅 卯 午 申	子 丑 未 戌	子 丑 寅 午	寅 卯 未 申	寒 露 中 9	子 丑 卯 申	寅 卯 申 亥	子 丑 午 未	寅 卯 巳 午	寒 露 下 3	子 丑 申 戌	丑 午 申 酉	巳 午 申 酉	子 丑 辰 巳	霜 降 上 5	丑 巳 午 申	
黄道黑道	金匮	天德	白虎	玉堂	天牢	元武	司命	勾陈	青龙	明堂	天刑	朱雀	天刑	朱雀	金匮	天德	白虎	玉堂	天牢	元武	司命	勾陈	青龙	明堂	天刑	朱雀	金匮	天德	白虎	
八卦	巽	坎	艮	坤	乾	兑	离	震	巽	坎	艮	坤	乾	兑	离	震	巽	坎	艮	坤	乾	兑	离	震	巽	坎	艮	坤	乾	
方位	正 南 正 南	东 南 正 南	东 北 东 南	西 北 东 南	西 南 正 西	正 南 正 西	东 南 正 北	东 北 正 北	西 北 正 东	西 南 正 东	正 南 正 南	东 南 正 南	东 北 东 南	西 北 东 南	西 南 正 西	正 南 正 西	东 南 正 北	东 北 正 北	西 北 正 东	西 南 正 东	正 南 正 南	东 南 正 南	东 北 东 南	西 北 东 南	西 南 正 西	正 南 正 西	东 南 正 北	东 北 正 北	西 北 正 东	
五脏	肝	肝	肾	肾	脾	脾	心	心	肝	肝	肾	肾	肺	肺	心	心	肝	肝	脾	脾	肺	肺	心	心	肾	肾	脾	脾	肺	
子时时辰	庚子	壬子	甲子	丙子	戊子	庚子	壬子	甲子	丙子	戊子	庚子	壬子	甲子	丙子	戊子	庚子	壬子	甲子	丙子	戊子	庚子	壬子	甲子	丙子	戊子	庚子	壬子	甲子	丙子	
农事节令	卯时朔，南斗下降		孔子诞辰			国庆节		上弦	重阳节，农暴				申时寒露		寅时望		国际减灾日		农暴		世界粮食日	世界消除贫困日	下弦		杨公忌		秋社，冷风信	酉时霜降	联合国日	

十月大

孟冬之月　猪月　辛亥　亢宿

白	白	白
紫	黑	绿
黄	赤	碧

天道行东，日躔在寅宫，宜用甲丙庚壬时

十四日**立冬** 18:46　初一日**朔** 18:47

廿九日**小雪** 16:21　十五日**望** 19:01

农历	初一	初二	初三	初四	初五	初六	初七	初八	初九	初十	十一	十二	十三	十四	十五	十六	十七	十八	十九	二十	廿一	廿二	廿三	廿四	廿五	廿六	廿七	廿八	廿九	三十
阳历	25	26	27	28	29	30	31	11月	2	3	4	5	6	7	8	9	10	11	12	13	14	15	16	17	18	19	20	21	22	23
星期	二	三	四	五	六	日	一	二	三	四	五	六	日	一	二	三	四	五	六	日	一	二	三	四	五	六	日	一	二	三
干支	辛亥	壬子	癸丑	甲寅	乙卯	丙辰	丁巳	戊午	己未	庚申	辛酉	壬戌	癸亥	甲子	乙丑	丙寅	丁卯	戊辰	己巳	庚午	辛未	壬申	癸酉	甲戌	乙亥	丙子	丁丑	戊寅	己卯	庚辰
28宿	尾除	箕满	斗平	牛定	女执	虚破	危危	室成	壁收	奎开	娄闭	胃建	昴除	毕除	觜满	参平	井定	鬼执	柳破	星危	张成	翼收	轸开	角闭	亢建	氐除	房满	心平	尾定	箕执
五行	金	木	木	水	水	土	土	火	火	木	木	水	水	金	金	火	火	木	木	土	土	金	金	火	火	水	水	土	土	金
吉时（节元）	丑午未申	子丑午未	子丑辰巳	霜降中8	子卯午申	子寅申酉	辰巳午未	卯午未申	霜降下2	辰巳未申	寅巳午未	巳午未申	卯辰午未	立冬上6	丑寅卯申	子卯午酉	寅卯午未	丑卯巳申	立冬中9	丑寅午申	寅卯巳申	子丑辰巳	寅辰巳午	立冬下3	子丑寅卯	子丑戌亥	寅卯巳午	丑辰巳未	小雪上5	丑寅辰午
黄道黑道	玉堂	天牢	元武	司命	勾陈	青龙	明堂	天刑	朱雀	金匮	天德	白虎	玉堂	白虎	玉堂	天牢	元武	司命	勾陈	青龙	明堂	天刑	朱雀	金匮	天德	白虎	玉堂	天牢	元武	司命
八卦	坎	艮	坤	乾	兑	离	震	巽	坎	艮	坤	乾	兑	离	震	巽	坎	艮	坤	乾	兑	离	震	巽	坎	艮	坤	乾	兑	离
方位	西南正东	正南正南	东南正南	东北东南	西北东南	西南正西	正南正西	东南正北	东北正北	西北正东	西南正东	正南正南	东南正南	东北东南	西北东南	西南正西	正南正西	东南正北	东北正北	西北正东	西南正东	正南正南	东南正南	东北东南	西北东南	西南正西	正南正西	东南正北	东北正北	西北正东
五脏	肺	肝	肝	肾	肾	脾	脾	心	心	肝	肝	肾	肾	肺	肺	心	心	肝	肝	脾	脾	肺	肺	心	心	肾	肾	脾	脾	肺
子时时辰	戊子	庚子	壬子	甲子	丙子	戊子	庚子	壬子	甲子	丙子	戊子	庚子	壬子	甲子	丙子	戊子	庚子	壬子	甲子	丙子	戊子	庚子	壬子	甲子	丙子	戊子	庚子	壬子	甲子	丙子
农事节令	酉时朔，祭祖节						世界勤俭日	上弦，万圣节		农暴			绝日	酉时立冬	下元节，戌时望	寒婆婆生				农暴			下弦，农暴，杨公忌	国际大学生节		寒婆婆死	五岳诞		申时小雪	

公元 2022 年　　农历壬寅(虎)年

十一月小

仲冬 之月　鼠月　壬子　氐宿

天道行东南，日躔在丑宫，宜用艮巽坤乾时

十四日**大雪** 11:47　初一日**朔** 6:57

廿九日**冬至** 5:48　十五日**望** 12:07

农历	初初初初初初初初初初十十十十十十十十十二廿廿廿廿廿廿廿廿廿三 一二三四五六七八九十一二三四五六七八九十一二三四五六七八九十
阳历	24 25 26 27 28 29 30 12月 2 3 4 5 6 7 8 9 10 11 12 13 14 15 16 17 18 19 20 21 22
星期	四五六日一二三四五六日一二三四五六日一二三四五六日一二三四
干支	辛壬癸甲乙丙丁戊己庚辛壬癸甲乙丙丁戊己庚辛壬癸甲乙丙丁戊己 巳午未申酉戌亥子丑寅卯辰巳午未申酉戌亥子丑寅卯辰巳午未申酉
28宿	斗牛女虚危室壁奎娄胃昴毕觜参井鬼柳星张翼轸角亢氐房心尾箕斗 破危成收开闭建除满平定执破破危成收开闭建除满平定执破危成收
五行	金木木水水土土火火木木水水金金火火木木土土金金火火水水土土
吉时（节元）	丑丑寅小子子丑丑小子子丑丑大寅子子寅大子寅子寅大子丑巳子冬 寅卯卯雪丑丑辰卯雪丑寅寅卯雪卯丑丑卯雪丑卯丑卯雪丑午午丑至 午午辰中寅辰酉巳下辰卯辰辰上午未寅未中卯申午巳下申申申辰上 未未巳8酉巳戌申2巳巳巳巳4申戌午申7申亥未午1戌酉酉巳1
黄道黑道	勾青明天朱金天白玉天元司勾司勾青明天朱金天白玉天元司勾青明 陈龙堂刑雀匮德虎堂牢武命陈命陈龙堂刑雀匮德虎堂牢武命陈龙堂
八卦	艮坤乾兑离震巽坎艮坤乾兑离震巽坎艮坤乾兑离震巽坎艮坤乾兑离
方位	西正东东西西正东东西西正东东西西正东东西西正东东西西正东东 南南南北北南南南北北南南南北北南南南北北南南南北北南南南北 正正正东东正正正正正正正正东东正正正正正正正正东东正正正正 东南南南南西西北北东东南南南南西西北北东东南南南南西西北北
五脏	肺肝肝肾肾脾脾心心肝肝肾肾肺肺心心肝肝脾脾肺肺心心肾肾脾脾
子时时辰	戊庚壬甲丙戊庚壬甲丙戊庚壬甲丙戊庚壬甲丙戊庚壬甲丙戊庚壬甲 子子子子子子子子子子子子子子子子子子子子子子子子子子子子子
农事节令	卯时朔；农暴；感恩节；上弦，世界艾滋病日；午时大雪；午时望；杨公忌；下弦；农暴，澳门回归日；离日；卯时冬至，一九

公元 2022 年　　农历壬寅(虎)年

十二月大

季冬之月　牛月　癸丑　房宿

白	绿	白
赤	紫	黑
碧	黄	白

天道行西，日躔在子宫，宜用癸乙丁辛时

十四日**小寒** 23:05　初一日**朔** 18:16

廿九日**大寒** 16:30　十六日**望** 7:08

农历	初一	初二	初三	初四	初五	初六	初七	初八	初九	初十	十一	十二	十三	十四	十五
阳历	23	24	25	26	27	28	29	30	31	1月	2	3	4	5	6
星期	五	六	日	一	二	三	四	五	六	日	一	二	三	四	五
干支	庚戌	辛亥	壬子	癸丑	甲寅	乙卯	丙辰	丁巳	戊午	己未	庚申	辛酉	壬戌	癸亥	甲子
28宿	牛 开	女 闭	虚 建	危 除	室 满	壁 平	奎 定	娄 执	胃 破	昴 危	毕 成	觜 收	参 开	井 开	鬼 闭
五行	金	金	木	木	水	水	土	土	火	火	木	木	水	水	金
吉时（节元）	丑巳午申	丑午未申	子丑午未	子丑辰巳	冬至中7	子卯午申	子寅申酉	辰巳午未	卯午未申	冬至下4	辰巳未申	寅巳午未	巳午未申	卯辰午未	小寒上2
黄道黑道	天刑	朱雀	金匮	天德	白虎	玉堂	天牢	元武	司命	勾陈	青龙	明堂	天刑	明堂	天刑
八卦	坤	乾	兑	离	震	巽	坎	艮	坤	乾	兑	离	震	巽	坎
方位	西北 正东	西南 正东	正南 正南	东南 正南	东北 东南	西北 东南	西南 正西	正南 正西	东南 正北	东北 正北	西北 正东	西南 正东	正南 正南	东南 正南	东北 东南
五脏	肺	肺	肝	肝	肾	肾	脾	脾	心	心	肝	肝	肾	肾	肺
子时时辰	丙子	戊子	庚子	壬子	甲子	丙子	戊子	庚子	壬子	甲子	丙子	戊子	庚子	壬子	甲子
农事节令	酉时朔	平安夜	圣诞节	毛泽东诞辰				腊八节，农暴，上弦	二九	元旦				夜子小寒，农暴	

农历	十六	十七	十八	十九	二十	廿一	廿二	廿三	廿四	廿五	廿六	廿七	廿八	廿九	三十
阳历	7	8	9	10	11	12	13	14	15	16	17	18	19	20	21
星期	六	日	一	二	三	四	五	六	日	一	二	三	四	五	六
干支	乙丑	丙寅	丁卯	戊辰	己巳	庚午	辛未	壬申	癸酉	甲戌	乙亥	丙子	丁丑	戊寅	己卯
28宿	柳 建	星 除	张 满	翼 平	轸 定	角 执	亢 破	氐 危	房 成	心 收	尾 开	箕 闭	斗 建	牛 除	女 满
五行	金	火	火	木	木	土	土	金	金	火	火	水	水	土	土
吉时（节元）	丑寅卯申	子卯午酉	寅卯午未	丑卯巳申	小寒中8	丑寅午申	寅卯巳申	子丑辰巳	寅辰巳午	小寒下5	子丑寅卯	子丑戌亥	寅卯巳午	丑辰巳未	大寒上3
黄道黑道	朱雀	金匮	天德	白虎	玉堂	天牢	元武	司命	勾陈	青龙	明堂	天刑	朱雀	金匮	天德
八卦	艮	坤	乾	兑	离	震	巽	坎	艮	坤	乾	兑	离	震	巽
方位	西北 东南	西南 正西	正南 正西	东南 正北	东北 正北	西北 正东	西南 正东	正南 正南	东南 正南	东北 东南	西北 东南	西南 正西	正南 正西	东南 正北	东北 正北
五脏	肺	心	心	肝	肝	脾	脾	肺	肺	心	心	肾	肾	脾	脾
子时时辰	丙子	戊子	庚子	壬子	甲子	丙子	戊子	庚子	壬子	甲子	丙子	戊子	庚子	壬子	甲子
农事节令	辰时望		三九	杨公忌				下弦	扫尘节，小年			四九，西帝朝天，农暴		申时大寒	除夕

公元 2023 年

农历癸卯(兔)年(闰二月)

癸卯岁干水支木,纳音属金。大利南北,不利西东。

一龙治水,十牛耕地,二日得辛,三人七饼。

太岁皮时,九星四绿,出林黑兔,金箔阴金。岁德在戊,岁德合在癸,岁禄在子,岁马在巳,奏书在艮,博士在坤,阳贵人在巳,阴贵人在卯,太阳在辰,太阴在午,龙德在戌,福德在子。

太岁在卯,岁破在酉,力士在巽,蚕室在乾,豹尾在丑,飞廉在巳。

公元2023年　农历癸卯(兔)年(闰二月)

正月小

孟春之月　虎月　甲寅　心宿

赤	碧	黄
白	白	白
黑	绿	紫

天道行南，日躔在亥宫，宜用甲丙庚壬时

十四日**立春** 10:43　初一日**朔** 4:52

廿九日**雨水** 6:35　十六日**望** 2:28

农历	阳历	星期	干支	28宿	建除	五行	吉时（节元）	黄道黑道	八卦	方位	五脏	子时时辰	农事节令
初一	22	日	庚辰	虚	平	金	丑寅辰午	白虎	坎	西北正东	肺	丙子	春节，寅时朔，一龙治水
初二	23	一	辛巳	危	定	金	丑寅午未	玉堂	艮	西南正东	肺	戊子	财神节，二日得辛
初三	24	二	壬午	室	执	木	丑卯午未	天牢	坤	正南正南	肝	庚子	
初四	25	三	癸未	壁	破	木	寅卯辰巳	元武	乾	东南正南	肝	壬子	
初五	26	四	甲申	奎	危	水	大寒中9	司命	兑	东北东南	肾	甲子	破五节
初六	27	五	乙酉	娄	成	水	子丑寅酉	勾陈	离	西北东南	肾	丙子	五九
初七	28	六	丙戌	胃	收	土	子丑辰巳	青龙	震	西南正西	脾	戊子	人胜节，三人七饼
初八	29	日	丁亥	昴	开	土	丑辰酉戌	明堂	巽	正南正西	脾	庚子	上弦
初九	30	一	戊子	毕	闭	火	丑卯巳申	天刑	坎	东南正北	心	壬子	农暴
初十	31	二	己丑	觜	建	火	大寒下6	朱雀	艮	东北正北	心	甲子	十牛耕地，土神诞
十一	2月	三	庚寅	参	除	木	子丑辰巳	金匮	坤	西北正东	肝	丙子	
十二	2	四	辛卯	井	满	木	子寅卯巳	天德	乾	西南正东	肝	戊子	
十三	3	五	壬辰	鬼	平	水	丑寅辰巳	白虎	兑	正南正南	肾	庚子	绝日，农暴，杨公忌
十四	4	六	癸巳	柳	平	水	丑卯辰巳	天德	离	东南正南	肾	壬子	巳时立春
十五	5	日	甲午	星	定	金	立春上8	白虎	震	东北东南	肺	甲子	元宵节，六九
十六	6	一	乙未	张	执	金	寅卯午申	玉堂	巽	西北东南	肺	丙子	丑时望
十七	7	二	丙申	翼	破	火	子丑未戌	天牢	坎	西南正西	心	戊子	
十八	8	三	丁酉	轸	危	火	子丑寅午	元武	艮	正南正西	心	庚子	
十九	9	四	戊戌	角	成	木	寅卯未申	司命	坤	东南正北	肝	壬子	农暴
二十	10	五	己亥	亢	收	木	立春中5	勾陈	乾	东北正北	肝	甲子	
廿一	11	六	庚子	氐	开	土	子丑卯申	青龙	兑	西北正东	脾	丙子	
廿二	12	日	辛丑	房	闭	土	寅卯申亥	明堂	离	西南正东	脾	戊子	
廿三	13	一	壬寅	心	建	金	子丑午未	天刑	震	正南正南	肺	庚子	下弦
廿四	14	二	癸卯	尾	除	金	寅卯巳午	朱雀	巽	东南正南	肺	壬子	七九，情人节
廿五	15	三	甲辰	箕	满	火	立春下2	金匮	坎	东北东南	心	甲子	填仓节
廿六	16	四	乙巳	斗	平	火	子丑申戌	天德	艮	西北东南	心	丙子	
廿七	17	五	丙午	牛	定	水	丑午申酉	白虎	坤	西南正西	肾	戊子	
廿八	18	六	丁未	女	执	水	巳午申酉	玉堂	乾	正南正西	肾	庚子	
廿九	19	日	戊申	虚	破	土	子丑辰巳	天牢	兑	东南正北	脾	壬子	卯时雨水，送穷节，农暴
三十													

公元 2023 年　农历癸卯(兔)年(闰二月)

二月大

仲春之月　兔月　乙卯　尾宿

白	黑	绿
黄	赤	紫
白	碧	白

天道行西南，日躔在戌宫，宜用艮巽坤乾时

十五日**惊蛰** 4:37　初一日**朔** 15:06

三十日**春分** 5:25　十六日**望** 20:40

农历	初一	初二	初三	初四	初五	初六	初七	初八	初九	初十	十一	十二	十三	十四	十五
阳历	20	21	22	23	24	25	26	27	28	3月	2	3	4	5	6
星期	一	二	三	四	五	六	日	一	二	三	四	五	六	日	一
干支	己酉	庚戌	辛亥	壬子	癸丑	甲寅	乙卯	丙辰	丁巳	戊午	己未	庚申	辛酉	壬戌	癸亥
28宿	危危	室成	壁收	奎开	娄闭	胃建	昴除	毕满	觜平	参定	井执	鬼破	柳危	星成	张成
五行	土	金	金	木	木	水	水	土	土	火	火	木	木	水	水
吉时（节元）	雨水上9	丑巳午申	丑午未申	子丑午未	子丑辰巳	雨水中6	子卯午申	子寅申酉	辰巳午未	卯午未申	雨水下3	辰巳未申	寅巳午未	巳午未申	卯辰午未
黄道黑道	元武	司命	勾陈	青龙	明堂	天刑	朱雀	金匮	天德	白虎	玉堂	天牢	元武	司命	元武
八卦	艮	坤	乾	兑	离	震	巽	坎	艮	坤	乾	兑	离	震	巽
方位	东北正北	西北正东	西南正东	正南正南	东南正南	东北东南	西北东南	西南正西	正南正西	东南正北	东北正北	西北正东	西南正东	正南正南	东南正南
五脏	脾	肺	肺	肝	肝	肾	肾	脾	脾	心	心	肝	肝	肾	肾
子时时辰	甲子	丙子	戊子	庚子	壬子	甲子	丙子	戊子	庚子	壬子	甲子	丙子	戊子	庚子	壬子
农事节令	申时朔，中和节	龙头节，闰女节，农暴	农暴	八九			春斫暴	上弦，农暴	农暴	上戊	乌龟暴，杨公忌		九九，农暴		寅时惊蛰，花朝节

农历	十六	十七	十八	十九	二十	廿一	廿二	廿三	廿四	廿五	廿六	廿七	廿八	廿九	三十
阳历	7	8	9	10	11	12	13	14	15	16	17	18	19	20	21
星期	二	三	四	五	六	日	一	二	三	四	五	六	日	一	二
干支	甲子	乙丑	丙寅	丁卯	戊辰	己巳	庚午	辛未	壬申	癸酉	甲戌	乙亥	丙子	丁丑	戊寅
28宿	翼收	轸开	角闭	亢建	氐除	房满	心平	尾定	箕执	斗破	牛危	女成	虚收	危开	室闭
五行	金	金	火	火	木	木	土	土	金	金	火	火	水	水	土
吉时（节元）	惊蛰上1	丑寅卯申	子卯午酉	寅卯午未	丑卯巳申	惊蛰中7	丑寅午申	寅卯巳申	子丑辰巳	寅辰巳午	惊蛰下4	子丑寅卯	子丑戌亥	寅卯巳午	丑辰巳未
黄道黑道	司命	勾陈	青龙	明堂	天刑	朱雀	金匮	天德	白虎	玉堂	天牢	元武	司命	勾陈	青龙
八卦	坎	艮	坤	乾	兑	离	震	巽	坎	艮	坤	乾	兑	离	震
方位	东北东南	西北东南	西南正西	正南正西	东南正北	东北正北	西北正东	西南正东	正南正南	东南正南	东北东南	西北东南	西南正西	正南正西	东南正北
五脏	肺	肺	心	心	肝	肝	脾	脾	肺	肺	心	心	肾	肾	脾
子时时辰	甲子	丙子	戊子	庚子	壬子	甲子	丙子	戊子	庚子	壬子	甲子	丙子	戊子	庚子	壬子
农事节令	戊时望	妇女节		农暴，观音诞		植树节			下弦，消费者权益日				农暴	离日，农暴	卯时春分，春社，世界森林日

公元 2023 年　农历癸卯(兔)年(闰二月)

闰二月小	白黑绿 黄赤紫 白碧白	天道行西南,日躔在戌宫,宜用艮巽坤乾时
仲之 兔 乙 尾 春月 月 卯 宿		十五日清明 9:14　初一日朔 1:23 十六日望 12:34

农历	初初初初初初初初初初十十十十十十十十十二廿廿廿廿廿廿廿廿廿三 一二三四五六七八九十一二三四五六七八九十一二三四五六七八九十
阳历	22 23 24 25 26 27 28 29 30 31 4月 2 3 4 5 6 7 8 9 10 11 12 13 14 15 16 17 18 19
星期	三四五六日一二三四五六日一二三四五六日一二三四五六日一二三
干支	己庚辛壬癸甲乙丙丁戊己庚辛壬癸甲乙丙丁戊己庚辛壬癸甲乙丙丁 卯辰巳午未申酉戌亥子丑寅卯辰巳午未申酉戌亥子丑寅卯辰巳午未
28宿	壁奎娄胃昴毕觜参井鬼柳星张翼轸角亢氐房心尾箕斗牛女虚危室壁 建除满平定执破危成收开闭建除除满平定执破危成收开闭建除满平
五行	土金金木木水水土土火火木木水水金金火火木木土土金金火火水水
吉时(节元)	春丑丑丑寅春子子丑丑春子子丑丑清寅子子寅清子寅子寅清子丑巳 分寅寅卯卯分丑丑辰卯分丑寅寅卯明卯丑丑卯明丑卯丑卯明丑午午 上辰午午辰中寅辰酉巳下辰卯辰辰上午未寅未中卯申午巳下申申申 3午未未巳9酉巳戌申6巳巳巳巳4申戌午申1申亥未午7戌酉酉
黄道黑道	明天朱金天白玉天元司勾青明天明天朱金天白玉天元司勾青明天朱 堂刑雀匮德虎堂牢武命陈龙堂刑堂刑雀匮德虎堂牢武命陈龙堂刑雀
八卦	艮坤乾兑离震巽坎艮坤乾兑离震巽坎艮坤乾兑离震巽坎艮坤乾兑离
方位	东西西正东东西西正东东西西正东东西西正东东西西正东东西西正 北北南南南北北南南南北北南南南北北南南南北北南南南北北南南 正正正正正东东正正正正正正正正东东正正正正正正正正东东正正 北东东南南南南西西北北东东南南南南西西北北东东南南南南西西
五脏	脾肺肺肝肝肾肾脾脾心心肝肝肾肾肺肺心心肝肝脾脾肺肺心心肾肾
子时时辰	甲丙戊庚壬甲丙戊庚壬甲丙戊庚壬甲丙戊庚壬甲丙戊庚壬甲丙戊庚 子子子子子子子子子子子子子子子子子子子子子子子子子子子子子
农事节令	22日:丑时朔,世界水日；23日:世界气象日；24日:世界防治结核病日；29日:上弦；4月1日:愚人节；5日:巳时清明；6日:午时望；13日:下弦

公元2023年　农历癸卯(兔)年(闰二月)

三月小

季春之月　龙月　丙辰　箕宿

黄	白	碧
绿	白	白
紫	黑	赤

天道行北，日躔在酉宫，宜用癸乙丁辛时

初一日**谷雨** 16:14　初一日**朔** 12:11

十七日**立夏** 2:19　十七日**望** 1:33

农历	阳历	星期	干支	28宿	五行	吉时(节元)	黄道黑道	八卦	方位	五脏	子时时辰	农事节令
初一	20	四	戊申	奎定	土	子丑辰巳	金匮	坤	东南正北	脾	壬子	午时朔，申时谷雨
初二	21	五	己酉	娄执	土	谷雨上5	天德	乾	东北正北	脾	甲子	
初三	22	六	庚戌	胃破	金	丑巳午申	白虎	兑	西北正东	肺	丙子	三月三，桃花暴，世界地球日
初四	23	日	辛亥	昴危	金	丑午未申	玉堂	离	西南正东	肺	戊子	
初五	24	一	壬子	毕成	木	子丑午未	天牢	震	正南正南	肝	庚子	
初六	25	二	癸丑	觜收	木	子丑辰巳	元武	巽	东南正南	肝	壬子	
初七	26	三	甲寅	参开	水	谷雨中2	司命	坎	东北东南	肾	甲子	农暴
初八	27	四	乙卯	井闭	水	子卯午申	勾陈	艮	西北东南	肾	丙子	
初九	28	五	丙辰	鬼建	土	子寅申酉	青龙	坤	西南正西	脾	戊子	上弦，杨公忌
初十	29	六	丁巳	柳除	土	辰巳午未	明堂	乾	正南正西	脾	庚子	
十一	30	日	戊午	星满	火	卯午未申	天刑	兑	东南正北	心	壬子	
十二	5月	一	己未	张平	火	谷雨下8	朱雀	离	东北正北	心	甲子	劳动节
十三	2	二	庚申	翼定	木	辰巳未申	金匮	震	西北正东	肝	丙子	
十四	3	三	辛酉	轸执	木	寅巳午未	天德	巽	西南正东	肝	戊子	
十五	4	四	壬戌	角破	水	巳午未申	白虎	坎	正南正南	肾	庚子	五四青年节，农暴
十六	5	五	癸亥	亢危	水	卯辰午未	玉堂	艮	东南正南	肾	壬子	
十七	6	六	甲子	氐危	金	立夏上4	白虎	坤	东北东南	肺	甲子	丑时望，丑时立夏
十八	7	日	乙丑	房成	金	丑寅卯申	玉堂	乾	西北东南	肺	丙子	
十九	8	一	丙寅	心收	火	子卯午酉	天牢	兑	西南正西	心	戊子	
二十	9	二	丁卯	尾开	火	寅卯午未	元武	离	正南正西	心	庚子	
廿一	10	三	戊辰	箕闭	木	丑卯巳申	司命	震	东南正北	肝	壬子	
廿二	11	四	己巳	斗建	木	立夏中1	勾陈	巽	东北正北	肝	甲子	
廿三	12	五	庚午	牛除	土	丑寅午申	青龙	坎	西北正东	脾	丙子	下弦，防灾减灾日
廿四	13	六	辛未	女满	土	寅卯巳申	明堂	艮	西南正东	脾	戊子	
廿五	14	日	壬申	虚平	金	子丑辰巳	天刑	坤	正南正南	肺	庚子	母亲节，猴子暴
廿六	15	一	癸酉	危定	金	寅辰巳午	朱雀	乾	东南正南	肺	壬子	农暴，国际家庭日
廿七	16	二	甲戌	室执	火	立夏下7	金匮	兑	东北东南	心	甲子	
廿八	17	三	乙亥	壁破	火	子丑寅卯	天德	离	西北东南	心	丙子	东帝暴
廿九	18	四	丙子	奎危	水	子丑戌亥	白虎	震	西南正西	肾	戊子	
三十												

公元 2023 年　农历癸卯(兔)年(闰二月)

四月大

孟夏　之月　蛇月　丁巳　斗宿

绿紫黑
碧黄赤
白白白

天道行西，日躔在申宫，宜用甲丙庚壬时

初三日**小满** 15:10　初一日**朔** 23:52

十九日**芒种** 6:19　十七日**望** 11:40

农历	初一	初二	初三	初四	初五	初六	初七	初八	初九	初十	十一	十二	十三	十四	十五	十六	十七	十八	十九	二十	廿一	廿二	廿三	廿四	廿五	廿六	廿七	廿八	廿九	三十
阳历	19	20	21	22	23	24	25	26	27	28	29	30	31	6月	2	3	4	5	6	7	8	9	10	11	12	13	14	15	16	17
星期	五	六	日	一	二	三	四	五	六	日	一	二	三	四	五	六	日	一	二	三	四	五	六	日	一	二	三	四	五	六
干支	丁丑	戊寅	己卯	庚辰	辛巳	壬午	癸未	甲申	乙酉	丙戌	丁亥	戊子	己丑	庚寅	辛卯	壬辰	癸巳	甲午	乙未	丙申	丁酉	戊戌	己亥	庚子	辛丑	壬寅	癸卯	甲辰	乙巳	丙午
28宿	娄	胃	昴	毕	觜	参	井	鬼	柳	星	张	翼	轸	角	亢	氐	房	心	尾	箕	斗	牛	女	虚	危	室	壁	奎	娄	胃
	成	收	开	闭	建	除	满	平	定	执	破	危	成	收	开	闭	建	除	除	满	平	定	执	破	危	成	收	开	闭	建
五行	水	土	土	金	金	木	木	水	水	土	土	火	火	木	木	水	水	金	金	火	火	木	木	土	土	金	金	火	火	水
吉时（节元）	寅卯巳午	丑辰巳未	小满上5	丑寅辰午	丑寅午未	丑卯午未	寅卯辰巳	小满中2	子丑寅酉	子丑辰巳	丑辰酉戌	丑卯巳申	小满下8	子丑辰巳	子寅卯巳	丑寅辰巳	丑卯辰巳	芒种上6	寅卯午申	子丑未戌	子丑寅午	寅卯未申	芒种中3	子丑卯申	寅卯申亥	子丑午未	寅卯巳午	芒种下9	子丑申戌	丑午申酉
黄道黑道	玉堂	天牢	元武	司命	勾陈	青龙	明堂	天刑	朱雀	金匮	天德	白虎	玉堂	天牢	元武	司命	勾陈	青龙	勾陈	青龙	明堂	天刑	朱雀	金匮	天德	白虎	玉堂	天牢	元武	司命
八卦	乾	兑	离	震	巽	坎	艮	坤	乾	兑	离	震	巽	坎	艮	坤	乾	兑	离	震	巽	坎	艮	坤	乾	兑	离	震	巽	坎
方位	正南正西	东南正北	东北正北	西北正东	西南正东	正南正南	东南正南	东北东南	西北东南	西南正西	正南正西	东南正北	东北正北	西北正东	西南正东	正南正南	东南正南	东北东南	西北东南	西南正西	正南正西	东南正北	东北正北	西北正东	西南正东	正南正南	东南正南	东北东南	西北东南	西南正西
五脏	肾	脾	脾	肺	肺	肝	肝	肾	肾	脾	脾	心	心	肝	肝	肾	肾	肺	肺	心	心	肝	肝	脾	脾	肺	肺	心	心	肾
子时时辰	庚子	壬子	甲子	丙子	戊子	庚子	壬子	甲子	丙子	戊子	庚子	壬子	甲子	丙子	戊子	庚子	壬子	甲子	丙子	戊子	庚子	壬子	甲子	丙子	戊子	庚子	壬子	甲子	丙子	戊子
农事节令	夜子朔，农暴		申时小满				杨公忌	牛王节，老虎暴	上弦				世界无烟日	国际儿童节	农暴		午时望	世界环境日	卯时芒种	入梅				下弦	农暴					

公元 2023 年　农历癸卯(兔)年(闰二月)

五月大

仲夏之月　马月　戊午　牛宿

碧黑赤　白绿紫　白白黄

天道行西北，日躔在未宫，宜用艮巽坤乾时

初四日**夏至** 22:58　初一日**朔** 12:35

二十日**小暑** 16:31　十六日**望** 19:37

农历	初一	初二	初三	初四	初五	初六	初七	初八	初九	初十	十一	十二	十三	十四	十五	十六	十七	十八	十九	二十	廿一	廿二	廿三	廿四	廿五	廿六	廿七	廿八	廿九	三十
阳历	18	19	20	21	22	23	24	25	26	27	28	29	30	7月	2	3	4	5	6	7	8	9	10	11	12	13	14	15	16	17
星期	日	一	二	三	四	五	六	日	一	二	三	四	五	六	日	一	二	三	四	五	六	日	一	二	三	四	五	六	日	一
干支	丁未	戊申	己酉	庚戌	辛亥	壬子	癸丑	甲寅	乙卯	丙辰	丁巳	戊午	己未	庚申	辛酉	壬戌	癸亥	甲子	乙丑	丙寅	丁卯	戊辰	己巳	庚午	辛未	壬申	癸酉	甲戌	乙亥	丙子
28宿	昴除	毕满	觜平	参定	井执	鬼破	柳危	星成	张收	翼开	轸闭	角建	亢除	氐满	房平	心定	尾执	箕破	斗危	牛危	女成	虚收	危开	室闭	壁建	奎除	娄满	胃平	昴定	毕执
五行	水	土	土	金	金	木	木	水	水	土	土	火	火	木	木	水	水	金	金	火	火	木	木	土	土	金	金	火	火	水
吉时(节元)	巳午申酉	子丑辰巳	夏至上9	丑巳午申	丑午未申	子丑午未	子丑辰巳	夏至中3	子卯午申	子寅申酉	辰巳午未	卯午未申	夏至下6	辰巳未申	寅巳午未	巳午未申	卯辰午未	小暑上8	丑寅卯申	子卯午酉	寅卯午未	丑卯巳申	小暑中2	丑寅午申	寅卯巳申	子丑辰巳	寅辰巳午	小暑下5	子丑寅卯	子丑戌亥
黄道黑道	勾陈	青龙	明堂	天刑	朱雀	金匮	天德	白虎	玉堂	天牢	元武	司命	勾陈	青龙	明堂	天刑	朱雀	金匮	天德	金匮	天德	白虎	玉堂	天牢	元武	司命	勾陈	青龙	明堂	天刑
八卦	兑	离	震	巽	坎	艮	坤	乾	兑	离	震	巽	坎	艮	坤	乾	兑	离	震	巽	坎	艮	坤	乾	兑	离	震	巽	坎	艮
方位	正南正西	东南正北	东北正北	西北正东	西南正东	正南正南	东南正南	东北东南	西北东南	西南正西	正南正西	东南正北	东北正北	西北正东	西南正东	正南正南	东南正南	东北东南	西北东南	西南正西	正南正西	东南正北	东北正北	西北正东	西南正东	正南正南	东南正南	东北东南	西北东南	西南正西
五脏	肾	脾	脾	肺	肺	肝	肝	肾	肾	脾	脾	心	心	肝	肝	肾	肾	肺	肺	心	心	肝	肝	脾	脾	肺	肺	心	心	肾
子时时辰	庚子	壬子	甲子	丙子	戊子	庚子	壬子	甲子	丙子	戊子	庚子	壬子	甲子	丙子	戊子	庚子	壬子	甲子	丙子	戊子	庚子	壬子	甲子	丙子	戊子	庚子	壬子	甲子	丙子	戊子
农事节令	午时朔，父亲节		离日	亥时夏至	端午节，端阳暴，杨公忌			全国土地日，上弦	国际禁毒日				磨刀暴	建党节，香港回归日	农暴	戌时望				申时小暑，分龙，农暴	龙母暴		下弦	头伏，世界人口日	出梅					

公元2023年　农历癸卯(兔)年(闰二月)

六月小

季夏之月　羊月　己未　女宿

黑赤紫
白碧黄
白白绿

天道行东，日躔在午宫，宜用癸乙丁辛时

初六日**大暑**　9:51　初一日**朔**　2:30

廿二日**立秋**　2:23　十六日**望**　2:30

农历	初一	初二	初三	初四	初五	初六	初七	初八	初九	初十	十一	十二	十三	十四	十五	十六	十七	十八	十九	二十	廿一	廿二	廿三	廿四	廿五	廿六	廿七	廿八	廿九	三十
阳历	18	19	20	21	22	23	24	25	26	27	28	29	30	31	8月	2	3	4	5	6	7	8	9	10	11	12	13	14	15	
星期	二	三	四	五	六	日	一	二	三	四	五	六	日	一	二	三	四	五	六	日	一	二	三	四	五	六	日	一	二	
干支	丁丑	戊寅	己卯	庚辰	辛巳	壬午	癸未	甲申	乙酉	丙戌	丁亥	戊子	己丑	庚寅	辛卯	壬辰	癸巳	甲午	乙未	丙申	丁酉	戊戌	己亥	庚子	辛丑	壬寅	癸卯	甲辰	乙巳	
28宿	觜破	参危	井成	鬼收	柳开	星闭	张建	翼除	轸满	角平	亢定	氐执	房破	心危	尾成	箕收	斗开	牛闭	女建	虚除	危满	室满	壁平	奎定	娄执	胃破	昴危	毕成	觜收	
五行	水	土	土	金	金	木	木	水	水	土	土	火	火	木	木	水	水	金	金	火	火	木	木	土	土	金	金	火	火	
吉时（节元）	寅卯巳午	丑辰巳未	大暑上7	丑寅辰午	丑寅午未	丑卯午未	寅卯辰巳	大暑中1	子丑寅酉	子丑辰巳	丑辰酉戌	丑卯巳申	大暑下4	子丑辰巳	子寅卯巳	丑寅辰巳	丑卯辰巳	立秋上2	寅卯午申	子丑未戌	子丑寅午	寅卯未申	立秋中5	子丑卯申	寅卯申亥	子丑午未	寅卯巳午	立秋下8	子丑申戌	
黄道黑道	朱雀	金匮	天德	白虎	玉堂	天牢	元武	司命	勾陈	青龙	明堂	天刑	朱雀	金匮	天德	白虎	玉堂	天牢	元武	司命	勾陈	司命	勾陈	青龙	明堂	天刑	朱雀	金匮	天德	
八卦	离	震	巽	坎	艮	坤	乾	兑	离	震	巽	坎	艮	坤	乾	兑	离	震	巽	坎	艮	坤	乾	兑	离	震	巽	坎	艮	
方位	正南正西	东南正北	东北正北	西北正东	西南正东	正南正南	东南正南	东北东南	西北东南	西南正西	正南正西	东南正北	东北正北	西北正东	西南正东	正南正南	东南正南	东北东南	西北东南	西南正西	正南正西	东南正北	东北正北	西北正东	西南正东	正南正南	东南正南	东北东南	西北东南	
五脏	肾	脾	脾	肺	肺	肝	肝	肾	肾	脾	脾	心	心	肝	肝	肾	肾	肺	肺	心	心	肝	肝	脾	脾	肺	肺	心	心	
子时时辰	庚子	壬子	甲子	丙子	戊子	庚子	壬子	甲子	丙子	戊子	庚子	壬子	甲子	丙子	戊子	庚子	壬子	甲子	丙子	戊子	庚子	壬子	甲子	丙子	戊子	庚子	壬子	甲子	丙子	
农事节令	丑时朔		杨公忌	二伏，荷花节		巳时大暑，天贶节，农暴，姑姑节			上弦			农暴	鲁班诞		建军节	丑时望			农暴	农暴	绝日	丑时立秋	下弦	三伏					农暴	

公元2023年　农历癸卯(兔)年(闰二月)

七月大

孟秋之月　猴月　庚申　虚宿

白白白
紫黑绿
黄赤碧

天道行北，日躔在巳宫，宜用甲丙庚壬时

初八日**处暑** 17:02　初一日**朔** 17:36

廿四日**白露** 5:27　十六日**望** 9:35

农历	阳历	星期	干支	28宿	建除	五行	吉时（节元）	黄黑道	八卦	方位	五脏	子时时辰	农事节令
初一	16	三	丙午	参	开	水	丑午申酉	白虎	震	西南正西	肾	戊子	酉时朔，杨公忌
初二	17	四	丁未	井	闭	水	巳午申酉	玉堂	巽	正南正西	肾	庚子	
初三	18	五	戊申	鬼	建	土	子丑辰巳	天牢	坎	东南正北	脾	壬子	
初四	19	六	己酉	柳	除	土	处暑上1	元武	艮	东北正北	脾	甲子	
初五	20	日	庚戌	星	满	金	丑巳午申	司命	坤	西北正东	肺	丙子	
初六	21	一	辛亥	张	平	金	丑午未申	勾陈	乾	西南正东	肺	戊子	
初七	22	二	壬子	翼	定	木	子丑午未	青龙	兑	正南正南	肝	庚子	七夕，农暴
初八	23	三	癸丑	轸	执	木	子丑辰巳	明堂	离	东南正南	肝	壬子	上弦，酉时处暑
初九	24	四	甲寅	角	破	水	处暑中4	天刑	震	东北东南	肾	甲子	
初十	25	五	乙卯	亢	危	水	子卯午申	朱雀	巽	西北东南	肾	丙子	
十一	26	六	丙辰	氐	成	土	子寅申酉	金匮	坎	西南正西	脾	戊子	
十二	27	日	丁巳	房	收	土	辰巳午未	天德	艮	正南正西	脾	庚子	
十三	28	一	戊午	心	开	火	卯午未申	白虎	坤	东南正北	心	壬子	
十四	29	二	己未	尾	闭	火	处暑下7	玉堂	乾	东北正北	心	甲子	
十五	30	三	庚申	箕	建	木	辰巳未申	天牢	兑	西北正东	肝	丙子	中元节
十六	31	四	辛酉	斗	除	木	寅巳午未	元武	离	西南正东	肝	戊子	巳时望
十七	9月	五	壬戌	牛	满	水	巳午未申	司命	震	正南正南	肾	庚子	农暴
十八	2	六	癸亥	女	平	水	卯辰午未	勾陈	巽	东南正南	肾	壬子	王母诞
十九	3	日	甲子	虚	定	金	白露上9	青龙	坎	东北东南	肺	甲子	
二十	4	一	乙丑	危	执	金	丑寅卯申	明堂	艮	西北东南	肺	丙子	
廿一	5	二	丙寅	室	破	火	子卯午酉	天刑	坤	西南正西	心	戊子	
廿二	6	三	丁卯	壁	危	火	寅卯午未	朱雀	乾	正南正西	心	庚子	
廿三	7	四	戊辰	奎	成	木	丑卯巳申	金匮	兑	东南正北	肝	壬子	
廿四	8	五	己巳	娄	成	木	白露中3	朱雀	离	东北正北	肝	甲子	下弦，卯时白露
廿五	9	六	庚午	胃	收	土	丑寅午申	金匮	震	西北正东	脾	丙子	
廿六	10	日	辛未	昴	开	土	寅卯巳申	天德	巽	西南正东	脾	戊子	教师节
廿七	11	一	壬申	毕	闭	金	子丑辰巳	白虎	坎	正南正南	肺	庚子	
廿八	12	二	癸酉	觜	建	金	寅辰巳午	玉堂	艮	东南正南	肺	壬子	农暴
廿九	13	三	甲戌	参	除	火	白露下6	天牢	坤	东北东南	心	甲子	杨公忌
三十	14	四	乙亥	井	满	火	子丑寅卯	元武	乾	西北东南	心	丙子	

公元 2023 年　农历癸卯(兔)年(闰二月)

八月大

仲秋 之月　鸡月　辛酉　危宿

紫	黄	赤
白	白	碧
绿	白	黑

天道行东北，日躔在辰宫，宜用艮巽坤乾时

初九日**秋分** 14:50　初一日**朔** 9:38

廿四日**寒露** 21:16　十五日**望** 17:56

农历	初一	初二	初三	初四	初五	初六	初七	初八	初九	初十	十一	十二	十三	十四	十五	十六	十七	十八	十九	二十	廿一	廿二	廿三	廿四	廿五	廿六	廿七	廿八	廿九	三十
阳历	15	16	17	18	19	20	21	22	23	24	25	26	27	28	29	30	10月	2	3	4	5	6	7	8	9	10	11	12	13	14
星期	五	六	日	一	二	三	四	五	六	日	一	二	三	四	五	六	日	一	二	三	四	五	六	日	一	二	三	四	五	六
干支	丙子	丁丑	戊寅	己卯	庚辰	辛巳	壬午	癸未	甲申	乙酉	丙戌	丁亥	戊子	己丑	庚寅	辛卯	壬辰	癸巳	甲午	乙未	丙申	丁酉	戊戌	己亥	庚子	辛丑	壬寅	癸卯	甲辰	乙巳
28宿	鬼	柳	星	张	翼	轸	角	亢	氐	房	心	尾	箕	斗	牛	女	虚	危	室	壁	奎	娄	胃	昴	毕	觜	参	井	鬼	柳
	平	定	执	破	危	成	收	开	闭	建	除	满	平	定	执	破	危	成	收	开	闭	建	除	除	满	平	定	执	破	危
五行	水	水	土	土	金	金	木	木	水	水	土	土	火	火	木	木	水	水	金	金	火	火	木	木	土	土	金	金	火	火
吉时（节元）	子丑戌亥	寅卯巳午	丑辰巳未	秋分上7	丑寅辰午	丑寅午未	丑卯午未	寅卯辰巳	秋分中1	子丑寅酉	子丑辰巳	丑辰酉戌	丑卯巳申	秋分下4	子丑辰巳	子寅卯巳	丑寅辰巳	丑卯辰巳	寒露上6	寅卯午申	子丑未戌	子丑寅午	寅卯未申	寒露中9	子丑卯申	寅卯申亥	子丑午未	寅卯巳午	寒露下3	子丑申戌
黄道黑道	司命	勾陈	青龙	明堂	天刑	朱雀	金匮	天德	白虎	玉堂	天牢	元武	司命	勾陈	青龙	明堂	天刑	朱雀	金匮	天德	白虎	玉堂	天牢	玉堂	天牢	元武	司命	勾陈	青龙	明堂
八卦	巽	坎	艮	坤	乾	兑	离	震	巽	坎	艮	坤	乾	兑	离	震	巽	坎	艮	坤	乾	兑	离	震	巽	坎	艮	坤	乾	兑
方位	西南正西	正南正西	东南正北	东北正北	西北正东	西南正东	正南正南	东南正南	东北东南	西北东南	西南正西	正南正西	东南正北	东北正北	西北正东	西南正东	正南正南	东南正南	东北东南	西北东南	西南正西	正南正西	东南正北	东北正北	西北正东	西南正东	正南正南	东南正南	东北东南	西北东南
五脏	肾	肾	脾	脾	肺	肺	肝	肝	肾	肾	脾	脾	心	心	肝	肝	肾	肾	肺	肺	心	心	肝	肝	脾	脾	肺	肺	心	心
子时时辰	戊子	庚子	壬子	甲子	丙子	戊子	庚子	壬子	甲子	丙子	戊子	庚子	壬子	甲子	丙子	戊子	庚子	壬子	甲子	丙子	戊子	庚子	壬子	甲子	丙子	戊子	庚子	壬子	甲子	丙子
农事节令	戌时朔	全国科普日	秋社，农暴，北斗下降					上弦，离日	未时秋分					孔子诞辰	中秋节，酉时望		国庆节				农暴		下弦，农暴	亥时寒露			国际减灾日，杨公忌			

公元2023年　农历癸卯(兔)年(闰二月)

九月小

季之　狗月　壬戌　室宿
秋月

白绿白
赤紫黑
碧黄白

天道行南,日躔在卯宫,宜用癸乙丁辛时

初十日**霜降**0:21　初一日**朔**　1:54

廿五日**立冬**0:36　十五日**望**　4:23

农历	初初初初初初初初初初十十十十十十十十十二廿廿廿廿廿廿廿廿廿三 一二三四五六七八九十一二三四五六七八九十一二三四五六七八九十
阳历	15 16 17 18 19 20 21 22 23 24 25 26 27 28 29 30 31 11月 2 3 4 5 6 7 8 9 10 11 12
星期	日一二三四五六日一二三四五六日一二三四五六日一二三四五六日
干支	丙丁戊己庚辛壬癸甲乙丙丁戊己庚辛壬癸甲乙丙丁戊己庚辛壬癸甲 午未申酉戌亥子丑寅卯辰巳午未申酉戌亥子丑寅卯辰巳午未申酉戌
28宿	星张翼轸角亢氐房心尾箕斗牛女虚危室壁奎娄胃昴毕觜参井鬼柳星 成收开闭建除满平定执破危成收开闭建除满平定执破危危成收开闭
五行	水水土土金金木木水水土土火火木木水水金金火火木木土土金金火
吉时(节元)	丑巳子霜丑丑子子霜子子辰卯霜辰寅巳卯立丑子寅丑立丑寅子寅立 午午丑降巳午丑丑降卯寅巳午降巳巳午辰冬寅卯卯卯冬寅卯丑辰冬 申申辰上午未午辰中午申午未下未午未午上卯午午巳中午巳辰巳下 酉酉巳5申申未巳8申酉未申2申未申未6申酉未申9申申巳午3
黄道黑道	天朱金天白玉天元司勾青明天朱金天白玉天元司勾青明青明天朱金 刑雀匮德虎堂牢武命陈龙堂刑雀匮德虎堂牢武命陈龙堂龙堂刑雀匮
八卦	坎艮坤乾兑离震巽坎艮坤乾兑离震巽坎艮坤乾兑离震巽坎艮坤乾兑
方位	西正东东西西正东东西西正东东西西正东东西西正东东西西正东东 南南南北北南南南北北南南南北北南南南北北南南南北北南南南北 正正正正正正正正东东正正正正正正正正东东正正正正正正正正东 西西北北东东南南南南西西北北东东南南南南西西北北东东南南南
五脏	肾肾脾脾肺肺肝肝肾肾脾脾心心肝肝肾肾肺肺心心肝肝脾脾肺肺心
子时时辰	戊庚壬甲丙戊庚壬甲丙戊庚壬甲丙戊庚壬甲丙戊庚壬甲丙戊庚壬甲 子子子子子子子子子子子子子子子子子子子子子子子子子子子子子
农事节令	丑时朔,南斗下降 世界粮食日 世界消除贫困日 上弦 重阳节,农暴 子时霜降,联合国日 寅时望 世界勤俭日 万圣节 农暴 下弦 绝日 子时立冬,杨公忌 冷风信

公元 2023 年　农历癸卯(兔)年(闰二月)

十月大

孟冬之月　猪月　癸亥　壁宿

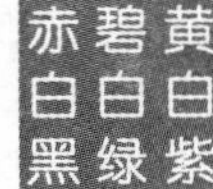

天道行东，日躔在寅宫，宜用甲丙庚壬时

初十日**小雪** 22:03　初一日**朔** 17:26

廿五日**大雪** 17:33　十五日**望** 17:15

农历	初一	初二	初三	初四	初五	初六	初七	初八	初九	初十	十一	十二	十三	十四	十五	十六	十七	十八	十九	二十	廿一	廿二	廿三	廿四	廿五	廿六	廿七	廿八	廿九	三十
阳历	13	14	15	16	17	18	19	20	21	22	23	24	25	26	27	28	29	30	12月	2	3	4	5	6	7	8	9	10	11	12
星期	一	二	三	四	五	六	日	一	二	三	四	五	六	日	一	二	三	四	五	六	日	一	二	三	四	五	六	日	一	二
干支	乙亥	丙子	丁丑	戊寅	己卯	庚辰	辛巳	壬午	癸未	甲申	乙酉	丙戌	丁亥	戊子	己丑	庚寅	辛卯	壬辰	癸巳	甲午	乙未	丙申	丁酉	戊戌	己亥	庚子	辛丑	壬寅	癸卯	甲辰
28宿	张 建	翼 除	轸 满	角 平	亢 定	氐 执	房 破	心 危	尾 成	箕 收	斗 开	牛 闭	女 建	虚 除	危 满	室 平	壁 定	奎 执	娄 破	胃 危	昴 成	毕 收	觜 开	参 闭	井 闭	鬼 建	柳 除	星 满	张 平	翼 定
五行	火	水	水	土	土	金	金	木	木	水	水	土	土	火	火	木	木	水	水	金	金	火	火	木	木	土	土	金	金	火
吉时（节元）	子丑寅卯	子丑戌亥	寅卯巳午	丑辰巳未	小雪上5	丑寅辰午	丑寅午未	丑卯午未	寅卯辰巳	小雪中8	子丑寅酉	子丑辰巳	丑辰酉戌	丑卯巳申	小雪下2	子丑辰巳	子寅卯巳	丑寅辰巳	丑卯辰巳	大雪上4	寅卯午申	子丑未戌	子丑寅午	寅卯未申	大雪中7	子丑卯申	寅卯申亥	子丑午未	寅卯巳午	大雪下1
黄道黑道	天德	白虎	玉堂	天牢	元武	司命	勾陈	青龙	明堂	天刑	朱雀	金匮	天德	白虎	玉堂	天牢	元武	司命	勾陈	青龙	明堂	天刑	朱雀	金匮	朱雀	金匮	天德	白虎	玉堂	天牢
八卦	艮	坤	乾	兑	离	震	巽	坎	艮	坤	乾	兑	离	震	巽	坎	艮	坤	乾	兑	离	震	巽	坎	艮	坤	乾	兑	离	震
方位	西北 东南	西南 正西	正南 正西	东南 正北	东北 正北	西北 正东	西南 正东	正南 正南	东南 正南	东北 东南	西北 东南	西南 正西	正南 正西	东南 正北	东北 正北	西北 正东	西南 正东	正南 正南	东南 正南	东北 东南	西北 东南	西南 正西	正南 正西	东南 正北	东北 正北	西北 正东	西南 正东	正南 正南	东南 正南	东北 东南
五脏	心	肾	肾	脾	脾	肺	肺	肝	肝	肾	肾	脾	脾	心	心	肝	肝	肾	肾	肺	肺	心	心	肝	肝	脾	脾	肺	肺	心
子时时辰	丙子	戊子	庚子	壬子	甲子	丙子	戊子	庚子	壬子	甲子	丙子	戊子	庚子	壬子	甲子	丙子	戊子	庚子	壬子	甲子	丙子	戊子	庚子	壬子	甲子	丙子	戊子	庚子	壬子	甲子
农事节令	酉时朔，祭祖节				国际大学生节			上弦		亥时小雪，农暴	感恩节				下元节，酉时望	寒婆婆生			世界艾滋病日	农暴			下弦，杨公忌，农暴		酉时大雪	寒婆婆死	五岳诞			

公元2023年　农历癸卯(兔)年(闰二月)

十一月小

仲冬之月　鼠月　甲子　奎宿

白	黑	绿
黄	赤	紫
白	碧	白

天道行东南，日躔在丑宫，宜用艮巽坤乾时

初十日**冬至** 11:28　初一日**朔** 7:31

廿五日**小寒** 4:50　十五日**望** 8:32

农历	初初初初初初初初初初十十十十十十十十十二廿廿廿廿廿廿廿廿廿三 一二三四五六七八九十一二三四五六七八九十一二三四五六七八九十
阳历	13 14 15 16 17 18 19 20 21 22 23 24 25 26 27 28 29 30 31 1月 2 3 4 5 6 7 8 9 10
星期	三四五六日一二三四五六日一二三四五六日一二三四五六日一二三
干支	乙丙丁戊己庚辛壬癸甲乙丙丁戊己庚辛壬癸甲乙丙丁戊己庚辛壬癸 巳午未申酉戌亥子丑寅卯辰巳午未申酉戌亥子丑寅卯辰巳午未申酉
28宿	轸角亢氐房心尾箕斗牛女虚危室壁奎娄胃昴毕觜参井鬼柳星张翼轸 执破危成收开闭建除满平定执破危成收开闭建除满平定定执破危成
五行	火水水土土金金木木水水土土火火木木水水金金火火木木土土金金
吉时（节元）	子丑巳子冬丑丑子子冬子子辰卯冬辰寅巳卯小丑子寅丑小丑寅子寅 丑午午丑至巳午丑丑至卯寅巳午至巳巳午辰寒寅卯卯卯寒寅卯丑辰 申申申辰上午未午辰中午申午未下未午未午上卯午午巳中午巳辰巳 戌酉酉巳1申申未巳7申酉未申4申未申未2申酉未申8申申巳午
黄道黑道	元司勾青明天朱金天白玉天元司勾青明天朱金天白玉天玉天元司勾 武命陈龙堂刑雀匮德虎堂牢武命陈龙堂刑雀匮德虎堂牢堂牢武命陈
八卦	坤乾兑离震巽坎艮坤乾兑离震巽坎艮坤乾兑离震巽坎艮坤乾兑离震
方位	西西正东东西西正东东西西正东东西西正东东西西正东东西西正东 北南南南北北南南南北北南南南北北南南南北北南南南北北南南南 东正正正正正正正正东东正正正正正正正正东东正正正正正正正正 南西西北北东东南南南南西西北北东东南南南南西西北北东东南南
五脏	心肾肾脾脾肺肺肝肝肾肾脾脾心心肝肝肾肾肺肺心心肝肝脾脾肺肺
子时时辰	丙戊庚壬甲丙戊庚壬甲丙戊庚壬甲丙戊庚壬甲丙戊庚壬甲丙戊庚壬 子子子子子子子子子子子子子子子子子子子子子子子子子子子子子
农事节令	辰时朔 农暴 上弦，澳门回归日 离日 午时冬至，一九 平安夜 圣诞节 毛泽东诞辰 辰时望 二九 元旦 杨公忌 下弦 寅时小寒 农暴 三九

公元2023年　农历癸卯(兔)年(闰二月)

十二月大

季冬之月　牛月　乙丑　娄宿

黄	白	碧
绿	白	白
紫	黑	赤

天道行西，日躔在子宫，宜用癸乙丁辛时

初十日**大寒** 22:08　初一日**朔** 19:56

廿五日**立春** 16:27　十六日**望** 1:53

农历	初一	初二	初三	初四	初五	初六	初七	初八	初九	初十	十一	十二	十三	十四	十五	十六	十七	十八	十九	二十	廿一	廿二	廿三	廿四	廿五	廿六	廿七	廿八	廿九	三十
阳历	11	12	13	14	15	16	17	18	19	20	21	22	23	24	25	26	27	28	29	30	31	2月	2	3	4	5	6	7	8	9
星期	四	五	六	日	一	二	三	四	五	六	日	一	二	三	四	五	六	日	一	二	三	四	五	六	日	一	二	三	四	五
干支	甲戌	乙亥	丙子	丁丑	戊寅	己卯	庚辰	辛巳	壬午	癸未	甲申	乙酉	丙戌	丁亥	戊子	己丑	庚寅	辛卯	壬辰	癸巳	甲午	乙未	丙申	丁酉	戊戌	己亥	庚子	辛丑	壬寅	癸卯
28宿	角 收	亢 开	氐 闭	房 建	心 除	尾 满	箕 平	斗 定	牛 执	女 破	虚 危	危 成	室 收	壁 开	奎 闭	娄 建	胃 除	昴 满	毕 平	觜 定	参 执	井 破	鬼 危	柳 成	星 成	张 收	翼 开	轸 闭	角 建	亢 除
五行	火	火	水	水	土	土	金	金	木	木	水	水	土	土	火	火	木	木	水	水	金	金	火	火	木	木	土	土	金	金
吉时（节元）	小寒 下5	子丑 寅卯	子丑 戌亥	寅卯 巳午	丑辰 巳未	大寒 上3	丑寅 辰午	丑寅 午未	丑卯 午未	寅卯 辰巳	大寒 中9	子丑 寅酉	子丑 辰巳	丑辰 酉戌	丑卯 巳申	大寒 下6	子丑 辰巳	子寅 卯巳	丑寅 辰巳	丑卯 辰巳	立春 上8	寅卯 午申	子丑 未戌	子丑 寅午	寅卯 未申	立春 中5	子丑 卯申	寅卯 申亥	子丑 午未	寅卯 巳午
黄道黑道	青龙	明堂	天刑	朱雀	金匮	天德	白虎	玉堂	天牢	元武	司命	勾陈	青龙	明堂	天刑	朱雀	金匮	天德	白虎	玉堂	天牢	元武	司命	勾陈	司命	勾陈	青龙	明堂	天刑	朱雀
八卦	乾	兑	离	震	巽	坎	艮	坤	乾	兑	离	震	巽	坎	艮	坤	乾	兑	离	震	巽	坎	艮	坤	乾	兑	离	震	巽	坎
方位	东北 东南	西北 东南	西南 正西	正南 正西	东南 正北	东北 正北	西北 正东	西南 正东	正南 正南	东南 正南	东北 东南	西北 东南	西南 正西	正南 正西	东南 正北	东北 正北	西北 正东	西南 正东	正南 正南	东南 正南	东北 东南	西北 东南	西南 正西	正南 正西	东南 正北	东北 正北	西北 正东	西南 正东	正南 正南	东南 正南
五脏	心	心	肾	肾	脾	脾	肺	肺	肝	肝	肾	肾	脾	脾	心	心	肝	肝	肾	肾	肺	肺	心	心	肝	肝	脾	脾	肺	肺
子时时辰	甲子	丙子	戊子	庚子	壬子	甲子	丙子	戊子	庚子	壬子	甲子	丙子	戊子	庚子	壬子	甲子	丙子	戊子	庚子	壬子	甲子	丙子	戊子	庚子	壬子	甲子	丙子	戊子	庚子	壬子
农事节令	戊时朔							上弦，四九，腊八节，农暴		亥时大寒				农暴		丑时望	五九		杨公忌				下弦	扫尘节，小年，绝日	申时立春	六九	农暴，西帝朝天			除夕

公元 2024 年
农历甲辰(龙)年

甲辰岁干木支土，纳音属火。大利东西，不利南北。

一龙治水，十牛耕地，八日得辛，九人三饼。

太岁李成，九星三碧，伏潭青龙，佛灯阳火。岁德在甲，岁德合在己，岁禄在寅，岁马在寅，奏书在艮，博士在坤，阳贵人在未，阴贵人在丑，太阳在巳，太阴在未，龙德在亥，福德在丑。

太岁在辰，岁破在戌，力士在巽，蚕室在乾，豹尾在戌，飞廉在午。

公元 2024 年　　农历甲辰(龙)年

正月小 孟春之月　虎月　丙寅　胃宿	 天道行南，日躔在亥宫，宜用甲丙庚壬时 初十日**雨水** 12:13　初一日**朔** 6:58 廿五日**惊蛰** 10:23　十五日**望** 20:29
农历	初初初初初初初初初初十十十十十十十十十二廿廿廿廿廿廿廿廿廿三 一二三四五六七八九十一二三四五六七八九十一二三四五六七八九十
阳历	10 11 12 13 14 15 16 17 18 19 20 21 22 23 24 25 26 27 28 29 3月 2 3 4 5 6 7 8 9
星期	六日一二三四五六日一二三四五六日一二三四五六日一二三四五六
干支	甲乙丙丁戊己庚辛壬癸甲乙丙丁戊己庚辛壬癸甲乙丙丁戊己庚辛壬 辰巳午未申酉戌亥子丑寅卯辰巳午未申酉戌亥子丑寅卯辰巳午未申
28宿	氐房心尾箕斗牛女虚危室壁奎娄胃昴毕觜参井鬼柳星张翼轸角亢氐 满平定执破危成收开闭建除满平定执破危成收开闭建除除满平定执
五行	火火水水土土金金木木水水土土火火木木水水金金火火木木土土金
吉时（节元）	立子丑巳子雨丑丑子子雨子子辰卯雨辰寅巳卯惊丑子寅丑惊丑寅子 春丑午午丑水巳午丑丑水卯寅巳午水巳巳午辰蛰寅卯卯卯蛰寅卯丑 下申申申辰上午未午辰中午申午未下未午未午上卯午午巳中午巳辰 2戌酉酉巳9申申未巳6申酉未申3申未申未1申酉未申7申申巳
黄道黑道	金天白玉天元司勾青明天朱金天白玉天元司勾青明天朱天朱金天白 匮德虎堂牢武命陈龙堂刑雀匮德虎堂牢武命陈龙堂刑雀刑雀匮德虎
八卦	艮坤乾兑离震巽坎艮坤乾兑离震巽坎艮坤乾兑离震巽坎艮坤乾兑离
方位	东西西正东东西西正东东西西正东东西西正东东西西正东东西西正 北北南南南北北南南南北北南南南北北南南南北北南南南北北南南 东东正正正正正正正正东东正正正正正正正正东东正正正正正正正 南南西西北北东东南南南南西西北北东东南南南南西西北北东东南
五脏	心心肾肾脾脾肺肺肝肝肾肾脾脾心心肝肝肾肾肺肺心心肝肝脾脾肺
子时时辰	甲丙戊庚壬甲丙戊庚壬甲丙戊庚壬甲丙戊庚壬甲丙戊庚壬甲丙戊庚 子子子子子子子子子子子子子子子子子子子子子子子子子子子子子
农事节令	春节，一龙治水，卯时朔 财神节 七九，破五节，情人节 人胜节 八日得辛，上弦 九人三饼，农暴 十牛耕地，午时雨水，土神诞 农暴，杨公忌 八九 戌时望，元宵节 农暴 九九，下弦 巳时惊蛰，填仓节 妇女节 送穷节，农暴

公元2024年　　农历甲辰(龙)年

二月大

仲春 之月　兔月　丁卯　昴宿

碧	白	白
黑	绿	白
赤	紫	黄

天道行西南，日躔在戌宫，宜用艮巽坤乾时

十一日**春分** 11:07　初一日**朔** 17:00

廿六日**清明** 15:03　十六日**望** 14:59

农历	初一	初二	初三	初四	初五	初六	初七	初八	初九	初十	十一	十二	十三	十四	十五	十六	十七	十八	十九	二十	廿一	廿二	廿三	廿四	廿五	廿六	廿七	廿八	廿九	三十
阳历	10	11	12	13	14	15	16	17	18	19	20	21	22	23	24	25	26	27	28	29	30	31	4月	2	3	4	5	6	7	8
星期	日	一	二	三	四	五	六	日	一	二	三	四	五	六	日	一	二	三	四	五	六	日	一	二	三	四	五	六	日	一
干支	癸酉	甲戌	乙亥	丙子	丁丑	戊寅	己卯	庚辰	辛巳	壬午	癸未	甲申	乙酉	丙戌	丁亥	戊子	己丑	庚寅	辛卯	壬辰	癸巳	甲午	乙未	丙申	丁酉	戊戌	己亥	庚子	辛丑	壬寅
28宿	房	心	尾	箕	斗	牛	女	虚	危	室	壁	奎	娄	胃	昴	毕	觜	参	井	鬼	柳	星	张	翼	轸	角	亢	氐	房	心
	破	危	成	收	开	闭	建	除	满	平	定	执	破	危	成	收	开	闭	建	除	满	平	定	执	破	破	危	成	收	开
五行	金	火	火	水	水	土	土	金	金	木	木	水	水	土	土	火	火	木	木	水	水	金	金	火	火	木	木	土	土	金
吉时（节元）	寅辰巳午	惊蛰下4	子丑寅卯	子丑戌亥	寅卯巳午	丑辰巳未	春分上3	丑寅辰午	丑寅午未	丑卯午未	寅卯辰巳	春分中9	子丑寅酉	子丑辰巳	丑辰酉戌	丑卯巳申	春分下6	子丑辰巳	子寅卯巳	丑寅辰巳	丑卯辰巳	清明上4	寅卯午申	子丑未戌	子丑寅午	寅卯未申	清明中1	子丑卯申	寅卯申亥	子丑午未
黄道黑道	玉堂	天牢	元武	司命	勾陈	青龙	明堂	天刑	朱雀	金匮	天德	白虎	玉堂	天牢	元武	司命	勾陈	青龙	明堂	天刑	朱雀	金匮	天德	白虎	玉堂	白虎	玉堂	天牢	元武	司命
八卦	坤	乾	兑	离	震	巽	坎	艮	坤	乾	兑	离	震	巽	坎	艮	坤	乾	兑	离	震	巽	坎	艮	坤	乾	兑	离	震	巽
方位	东南正南	东北东南	西北东南	西南正西	正南正西	东南正北	东北正北	西北正东	西南正东	正南正南	东南正南	东北东南	西北东南	西南正西	正南正西	东南正北	东北正北	西北正东	西南正东	正南正南	东南正南	东北东南	西北东南	西南正西	正南正西	东南正北	东北正北	西北正东	西南正东	正南正南
五脏	肺	心	心	肾	肾	脾	脾	肺	肺	肝	肝	肾	肾	脾	脾	心	心	肝	肝	肾	肾	肺	肺	心	心	肝	肝	脾	脾	肺
子时时辰	壬子	甲子	丙子	戊子	庚子	壬子	甲子	丙子	戊子	庚子	壬子	甲子	丙子	戊子	庚子	壬子	甲子	丙子	戊子	庚子	壬子	甲子	丙子	戊子	庚子	壬子	甲子	丙子	戊子	庚子
农事节令	酉时朔，中和节	龙头节，闰女节，农暴	农暴，植树节			春社，上戊，消费者权益日	春斫暴	上弦，农暴	农暴	离日	午时春分，乌龟暴，杨公忌	世界森林日	农暴，世界水日	世界气象日	花朝节，世界防治结核病日	未时望			农暴，观音诞				下弦，愚人节			申时清明		农暴	农暴	

公元 2024 年　　　　农历甲辰(龙)年

三月小

季春之月　龙月　戊辰　毕宿

黑赤紫
白碧黄
白白绿

天道行北，日躔在酉宫，宜用癸乙丁辛时

十一日**谷雨** 22:01　初一日**朔** 2:20

廿七日**立夏** 8:11　十六日**望** 7:48

农历	初初初初初初初初初初十十十十十十十十十二廿廿廿廿廿廿廿廿廿三 一二三四五六七八九十一二三四五六七八九十一二三四五六七八九十
阳历	9 10 11 12 13 14 15 16 17 18 19 20 21 22 23 24 25 26 27 28 29 30 5月 2 3 4 5 6 7
星期	二三四五六日一二三四五六日一二三四五六日一二三四五六日一二
干支	癸甲乙丙丁戊己庚辛壬癸甲乙丙丁戊己庚辛壬癸甲乙丙丁戊己庚辛 卯辰巳午未申酉戌亥子丑寅卯辰巳午未申酉戌亥子丑寅卯辰巳午未
28宿	尾箕斗牛女虚危室壁奎娄胃昴毕觜参井鬼柳星张翼轸角亢氐房心尾
	闭建除满平定执破危成收开闭建除满平定执破危成收开闭建建除满
五行	金火火水水土土金金木木水水土土火火木木水水金金火火木木土土
吉时（节元）	寅清子丑巳子谷丑丑子子谷子子辰卯谷辰寅巳卯立丑子寅丑立丑寅 卯明丑午午丑雨巳午丑丑雨卯寅巳午雨巳巳午辰夏寅卯卯卯夏寅卯 巳下申申申辰上午未午辰中午申午未下未午未午上卯午午巳中午巳 午7戌酉酉巳5申申未巳2申酉未申8申未申未4申酉未申1申申
黄道黑道	勾青明天朱金天白玉天元司勾青明天朱金天白玉天元司勾青勾青明 陈龙堂刑雀匮德虎堂牢武命陈龙堂刑雀匮德虎堂牢武命陈龙陈龙堂
八卦	乾兑离震巽坎艮坤乾兑离震巽坎艮坤乾兑离震巽坎艮坤乾兑离震巽
方位	东东西西正东东西西正东东西西正东东西西正东东西西正东东西西 南北北南南南北北南南南北北南南南北北南南南北北南南南北北南 正东东正正正正正正正正东东正正正正正正正正东东正正正正正正 南南南西西北北东东南南南南西西北北东东南南南南西西北北东东
五脏	肺心心肾肾脾脾肺肺肝肝肾肾脾脾心心肝肝肾肾肺肺心心肝肝脾脾
子时时辰	壬甲丙戊庚壬甲丙戊庚壬甲丙戊庚壬甲丙戊庚壬甲丙戊庚壬甲丙戊 子子子子子子子子子子子子子子子子子子子子子子子子子子子子子

农事节令：

丑时朔

三月三，桃花暴，上巳

农暴

上弦

杨公忌

亥时谷雨

世界地球日

农暴

辰时望

南斗下降

下弦，天石暴，劳动节

猴子暴

农暴，五四青年节，绝日

辰时立夏

东帝暴

公元 2024 年　　农历甲辰(龙)年

四月小

孟夏之月　蛇月　己巳　觜宿

白紫黄　白黑赤　白绿碧

天道行西，日躔在申宫，宜用甲丙庚壬时

十三日**小满** 21:00　初一日**朔** 11:21

廿九日**芒种** 12:11　十六日**望** 21:52

农历	初一	初二	初三	初四	初五	初六	初七	初八	初九	初十	十一	十二	十三	十四	十五	十六	十七	十八	十九	二十	廿一	廿二	廿三	廿四	廿五	廿六	廿七	廿八	廿九	三十
阳历	8	9	10	11	12	13	14	15	16	17	18	19	20	21	22	23	24	25	26	27	28	29	30	31	6月	2	3	4	5	
星期	三	四	五	六	日	一	二	三	四	五	六	日	一	二	三	四	五	六	日	一	二	三	四	五	六	日	一	二	三	
干支	壬申	癸酉	甲戌	乙亥	丙子	丁丑	戊寅	己卯	庚辰	辛巳	壬午	癸未	甲申	乙酉	丙戌	丁亥	戊子	己丑	庚寅	辛卯	壬辰	癸巳	甲午	乙未	丙申	丁酉	戊戌	己亥	庚子	
28宿	箕	斗	牛	女	虚	危	室	壁	奎	娄	胃	昴	毕	觜	参	井	鬼	柳	星	张	翼	轸	角	亢	氐	房	心	尾	箕	
	平	定	执	破	危	成	收	开	闭	建	除	满	平	定	执	破	危	成	收	开	闭	建	除	满	平	定	执	破	破	
五行	金	金	火	火	水	水	土	土	金	金	木	木	水	水	土	土	火	火	木	木	水	水	金	金	火	火	木	木	土	
吉时(节元)	子丑辰巳	寅辰巳午	立夏下7	子丑寅卯	子丑戌亥	寅卯巳午	丑辰巳未	小满上5	丑寅辰午	丑寅午未	丑卯午未	寅卯辰巳	小满中2	子丑寅酉	子丑辰巳	丑辰酉戌	丑卯巳申	小满下8	子丑辰巳	子寅卯巳	丑寅辰巳	丑卯辰巳	芒种上6	寅卯午申	子丑未戌	子丑寅午	寅卯未申	芒种中3	子丑卯申	
黄道黑道	天刑	朱雀	金匮	天德	白虎	玉堂	天牢	元武	司命	勾陈	青龙	明堂	天刑	朱雀	金匮	天德	白虎	玉堂	天牢	元武	司命	勾陈	青龙	明堂	天刑	朱雀	金匮	天德	金匮	
八卦	兑	离	震	巽	坎	艮	坤	乾	兑	离	震	巽	坎	艮	坤	乾	兑	离	震	巽	坎	艮	坤	乾	兑	离	震	巽	坎	
方位	正南正南	东南正南	东北东南	西北东南	西南正西	正南正西	东南正北	东北正北	西北正东	西南正东	正南正南	东南正南	东北东南	西北东南	西南正西	正南正西	东南正北	东北正北	西北正东	西南正东	正南正南	东南正南	东北东南	西北东南	西南正西	正南正西	东南正北	东北正北	西北正东	
五脏	肺	肺	心	心	肾	肾	脾	脾	肺	肺	肝	肝	肾	肾	脾	脾	心	心	肝	肝	肾	肾	肺	肺	心	心	肝	肝	脾	
子时时辰	庚子	壬子	甲子	丙子	戊子	庚子	壬子	甲子	丙子	戊子	庚子	壬子	甲子	丙子	戊子	庚子	壬子	甲子	丙子	戊子	庚子	壬子	甲子	丙子	戊子	庚子	壬子	甲子	丙子	
农事节令	午时朔，农暴				防灾减灾日，母亲节		杨公忌	牛王节，老虎暴，国际家庭日	上弦				亥时小满		农暴	亥时望							下弦	世界无烟日	农暴，国际儿童节				午时芒种，世界环境日	

公元 2024 年　　农历甲辰(龙)年

五月大

仲夏之月　马月　庚午　参宿

紫	黄	赤
白	白	碧
绿	白	黑

天道行西北,日躔在未宫,宜用艮巽坤乾时

十六日夏至 4:52

初一日朔 20:37

十七日望 9:07

农历	初一	初二	初三	初四	初五	初六	初七	初八	初九	初十	十一	十二	十三	十四	十五
阳历	6	7	8	9	10	11	12	13	14	15	16	17	18	19	20
星期	四	五	六	日	一	二	三	四	五	六	日	一	二	三	四
干支	辛 丑	壬 寅	癸 卯	甲 辰	乙 巳	丙 午	丁 未	戊 申	己 酉	庚 戌	辛 亥	壬 子	癸 丑	甲 寅	乙 卯
28宿	斗 危	牛 成	女 收	虚 开	危 闭	室 建	壁 除	奎 满	娄 平	胃 定	昴 执	毕 破	觜 危	参 成	井 收
五行	土	金	金	火	火	水	水	土	土	金	金	木	木	水	水
吉时(节元)	寅 卯 申 亥	子 丑 午 未	寅 卯 巳 午	芒 种 下 9	子 丑 申 戌	丑 午 申 酉	巳 午 申 酉	子 丑 辰 巳	夏 至 上 9	丑 巳 午 申	丑 午 未 申	子 丑 午 未	子 丑 辰 巳	夏 至 中 3	子 卯 午 申
黄道黑道	天 德	白 虎	玉 堂	天 牢	元 武	司 命	勾 陈	青 龙	明 堂	天 刑	朱 雀	金 匮	天 德	白 虎	玉 堂
八卦	离	震	巽	坎	艮	坤	乾	兑	离	震	巽	坎	艮	坤	乾
方位	西 南 正 东	正 南 正 南	东 南 正 南	东 北 东 南	西 北 东 南	西 南 正 西	正 南 正 西	东 南 正 北	东 北 正 北	西 北 正 东	西 南 正 东	正 南 正 南	东 南 正 南	东 北 东 南	西 北 东 南
五脏	脾	肺	肺	心	心	肾	肾	脾	脾	肺	肺	肝	肝	肾	肾
子时时辰	戊 子	庚 子	壬 子	甲 子	丙 子	戊 子	庚 子	壬 子	甲 子	丙 子	戊 子	庚 子	壬 子	甲 子	丙 子
农事节令	戊时朔				端午节,端阳暴,杨公忌	入梅			上弦		父亲节		磨刀暴		农暴,离日

农历	十六	十七	十八	十九	二十	廿一	廿二	廿三	廿四	廿五	廿六	廿七	廿八	廿九	三十
阳历	21	22	23	24	25	26	27	28	29	30	7月	2	3	4	5
星期	五	六	日	一	二	三	四	五	六	日	一	二	三	四	五
干支	丙 辰	丁 巳	戊 午	己 未	庚 申	辛 酉	壬 戌	癸 亥	甲 子	乙 丑	丙 寅	丁 卯	戊 辰	己 巳	庚 午
28宿	鬼 开	柳 闭	星 建	张 除	翼 满	轸 平	角 定	亢 执	氐 破	房 危	心 成	尾 收	箕 开	斗 闭	牛 建
五行	土	土	火	火	木	木	水	水	金	金	火	火	木	木	土
吉时(节元)	子 寅 申 酉	辰 巳 午 未	卯 午 未 申	夏 至 下 6	辰 巳 未 申	寅 巳 午 未	巳 午 未 申	卯 辰 午 未	小 暑 上 8	丑 寅 卯 申	子 卯 午 酉	寅 卯 午 未	丑 卯 巳 申	小 暑 中 2	丑 寅 午 申
黄道黑道	天 牢	元 武	司 命	勾 陈	青 龙	明 堂	天 刑	朱 雀	金 匮	天 德	白 虎	玉 堂	天 牢	元 武	司 命
八卦	兑	离	震	巽	坎	艮	坤	乾	兑	离	震	巽	坎	艮	坤
方位	西 南 正 西	正 南 正 西	东 南 正 北	东 北 正 北	西 北 正 东	西 南 正 东	正 南 正 南	东 南 正 南	东 北 东 南	西 北 东 南	西 南 正 西	正 南 正 西	东 南 正 北	东 北 正 北	西 北 正 东
五脏	脾	脾	心	心	肝	肝	肾	肾	肺	肺	心	心	肝	肝	脾
子时时辰	戊 子	庚 子	壬 子	甲 子	丙 子	戊 子	庚 子	壬 子	甲 子	丙 子	戊 子	庚 子	壬 子	甲 子	丙 子
农事节令	寅时夏至	巳时望		头莳	分龙,农暴,全国土地日	龙母暴,二莳,国际禁毒日		三莳	下弦		建党节,香港回归日				

六月小

季夏之月　羊月　辛未　井宿

白绿白
赤紫黑
碧黄白

天道行东，日躔在午宫，宜用癸乙丁辛时

初一日**小暑** 22:21　初一日**朔** 6:56

十七日**大暑** 15:45　十六日**望** 18:16

农历	初初初初初初初初初初十十十十十十十十十二廿廿廿廿廿廿廿廿廿三 一二三四五六七八九十一二三四五六七八九十一二三四五六七八九十
阳历	6 7 8 9 10 11 12 13 14 15 16 17 18 19 20 21 22 23 24 25 26 27 28 29 30 31 8月 2 3
星期	六日一二三四五六日一二三四五六日一二三四五六日一二三四五六
干支	辛壬癸甲乙丙丁戊己庚辛壬癸甲乙丙丁戊己庚辛壬癸甲乙丙丁戊己 未申酉戌亥子丑寅卯辰巳午未申酉戌亥子丑寅卯辰巳午未申酉戌亥
28宿	女虚危室壁奎娄胃昴毕觜参井鬼柳星张翼轸角亢氐房心尾箕斗牛女 建除满平定执破危成收开闭建除满平定执破危成收开闭建除满平定
五行	土金金火火水水土土金金木木水水土土火火木木水水金金火火木木
吉时（节元）	寅子寅小子子寅丑大丑丑丑寅大子子丑丑大子子丑丑立寅子子寅立 卯丑辰暑丑丑卯辰暑寅寅卯卯暑丑丑辰卯暑丑寅寅卯秋卯丑丑卯秋 巳辰巳下寅戌巳巳上辰午午辰中寅辰酉巳下辰卯辰辰上午未寅未中 申巳午5卯亥午未7午未未巳1酉巳戌申4巳巳巳巳2申戌午申5
黄道黑道	元司勾青明天朱金天白玉天元司勾青明天朱金天白玉天元司勾青明 武命陈龙堂刑雀匮德虎堂牢武命陈龙堂刑雀匮德虎堂牢武命陈龙堂
八卦	震巽坎艮坤乾兑离震巽坎艮坤乾兑离震巽坎艮坤乾兑离震巽坎艮坤
方位	西正东东西西正东东西西正东东西西正东东西西正东东西西正东东 南南南北北南南南北北南南南北北南南南北北南南南北北南南南北 正正正东东正正正正正正正正东东正正正正正正正正东东正正正正 东南南南南西西北北东东南南南南西西北北东东南南南南西西北北
五脏	脾肺肺心心肾肾脾脾肺肺肝肝肾肾脾脾心心肝肝肾肾肺肺心心肝肝
子时时辰	戊庚壬甲丙戊庚壬甲丙戊庚壬甲丙戊庚壬甲丙戊庚壬甲丙戊庚壬甲 子子子子子子子子子子子子子子子子子子子子子子子子子子子子子
农事节令	出梅，亥时小暑，卯时朔　杨公忌　荷花节　天贶节，姑姑节，农暴，世界人口日　上弦　头伏　农暴　鲁班诞　酉时望　申时大暑　农暴　二伏，农暴　下弦　建军节　农暴

公元 2024 年　　农历甲辰(龙)年

七月大

孟秋之月　猴月　壬申　鬼宿

天道行北，日躔在巳宫，宜用甲丙庚壬时

初四日立秋 8:10　初一日朔 19:12

十九日处暑 22:56　十七日望 2:25

农历	初一	初二	初三	初四	初五	初六	初七	初八	初九	初十	十一	十二	十三	十四	十五	十六	十七	十八	十九	二十	廿一	廿二	廿三	廿四	廿五	廿六	廿七	廿八	廿九	三十
阳历	4	5	6	7	8	9	10	11	12	13	14	15	16	17	18	19	20	21	22	23	24	25	26	27	28	29	30	31	9月	2
星期	日	一	二	三	四	五	六	日	一	二	三	四	五	六	日	一	二	三	四	五	六	日	一	二	三	四	五	六	日	一
干支	庚子	辛丑	壬寅	癸卯	甲辰	乙巳	丙午	丁未	戊申	己酉	庚戌	辛亥	壬子	癸丑	甲寅	乙卯	丙辰	丁巳	戊午	己未	庚申	辛酉	壬戌	癸亥	甲子	乙丑	丙寅	丁卯	戊辰	己巳
28宿	虚	危	室	壁	奎	娄	胃	昴	毕	觜	参	井	鬼	柳	星	张	翼	轸	角	亢	氐	房	心	尾	箕	斗	牛	女	虚	危
	执	破	危	危	成	收	开	闭	建	除	满	平	定	执	破	危	成	收	开	闭	建	除	满	平	定	执	破	危	成	收
五行	土	土	金	金	火	火	水	水	土	土	金	金	木	木	水	水	土	土	火	火	木	木	水	水	金	金	火	火	木	木
吉时（节元）	子丑卯申	寅卯申亥	子丑午未	寅卯巳午	立秋下8	子丑申戌	丑午申酉	巳午申酉	子丑辰巳	处暑上1	丑巳午申	丑午未申	子丑午未	子丑辰巳	处暑中4	子卯午申	子寅申酉	辰巳午未	卯午未申	处暑下7	辰巳未申	寅巳午未	巳午未申	卯辰午未	白露上9	丑寅卯申	子卯午酉	寅卯午未	丑卯巳申	白露中3
黄道黑道	天刑	朱雀	金匮	朱雀	金匮	天德	白虎	玉堂	天牢	元武	司命	勾陈	青龙	明堂	天刑	朱雀	金匮	天德	白虎	玉堂	天牢	元武	司命	勾陈	青龙	明堂	天刑	朱雀	金匮	天德
八卦	巽	坎	艮	坤	乾	兑	离	震	巽	坎	艮	坤	乾	兑	离	震	巽	坎	艮	坤	乾	兑	离	震	巽	坎	艮	坤	乾	兑
方位	西北正东	西南正东	正南正南	东南正南	东北东南	西北东南	西南正西	正南正西	东南正北	东北正北	西北正东	西南正东	正南正南	东南正南	东北东南	西北东南	西南正西	正南正西	东南正北	东北正北	西北正东	西南正东	正南正南	东南正南	东北东南	西北东南	西南正西	正南正西	东南正北	东北正北
五脏	脾	脾	肺	肺	心	心	肾	肾	脾	脾	肺	肺	肝	肝	肾	肾	脾	脾	心	心	肝	肝	肾	肾	肺	肺	心	心	肝	肝
子时时辰	丙子	戊子	庚子	壬子	甲子	丙子	戊子	庚子	壬子	甲子	丙子	戊子	庚子	壬子	甲子	丙子	戊子	庚子	壬子	甲子	丙子	戊子	庚子	壬子	甲子	丙子	戊子	庚子	壬子	甲子
农事节令	戌时朔，杨公忌		绝日	辰时立秋			七夕，农暴		上弦		三伏				中元节		丑时望，农暴	王母诞	亥时处暑					下弦				农暴	杨公忌	

八月大

仲秋之月　鸡月　癸酉　柳宿

白	黑	绿
黄	赤	紫
白	碧	白

天道行东北，日躔在辰宫，宜用艮巽坤乾时

初五日**白露** 11:12　初一日**朔** 9:54

二十日**秋分** 20:45　十六日**望** 10:34

农历	初一	初二	初三	初四	初五	初六	初七	初八	初九	初十	十一	十二	十三	十四	十五
阳历	3	4	5	6	7	8	9	10	11	12	13	14	15	16	17
星期	二	三	四	五	六	日	一	二	三	四	五	六	日	一	二
干支	庚午	辛未	壬申	癸酉	甲戌	乙亥	丙子	丁丑	戊寅	己卯	庚辰	辛巳	壬午	癸未	甲申
28宿	室开	壁闭	奎建	娄除	胃除	昴满	毕平	觜定	参执	井破	鬼危	柳成	星收	张开	翼闭
五行	土	土	金	金	火	火	水	水	土	土	金	金	木	木	水
吉时（节元）	丑寅午申	寅卯巳申	子丑辰巳	寅辰巳午	白露下6	子丑寅卯	子丑戌亥	寅卯巳午	丑辰巳未	秋分上7	丑寅辰午	丑寅午未	丑卯午未	寅卯辰巳	秋分中1
黄道黑道	白虎	玉堂	天牢	元武	天牢	元武	司命	勾陈	青龙	明堂	天刑	朱雀	金匮	天德	白虎
八卦	坎	艮	坤	乾	兑	离	震	巽	坎	艮	坤	乾	兑	离	震
方位	西北正东	西南正东	正南正南	东南正南	东北东南	西北东南	西南正西	正南正西	东南正北	东北正北	西北正东	西南正东	正南正南	东南正南	东北东南
五脏	脾	脾	肺	肺	心	心	肾	肾	脾	脾	肺	肺	肝	肝	肾
子时时辰	丙子	戊子	庚子	壬子	甲子	丙子	戊子	庚子	壬子	甲子	丙子	戊子	庚子	壬子	甲子
农事节令	巳时朔		农暴		午时白露			上弦，教师节	上戊						中秋节

农历	十六	十七	十八	十九	二十	廿一	廿二	廿三	廿四	廿五	廿六	廿七	廿八	廿九	三十
阳历	18	19	20	21	22	23	24	25	26	27	28	29	30	10月	2
星期	三	四	五	六	日	一	二	三	四	五	六	日	一	二	三
干支	乙酉	丙戌	丁亥	戊子	己丑	庚寅	辛卯	壬辰	癸巳	甲午	乙未	丙申	丁酉	戊戌	己亥
28宿	轸建	角除	亢满	氐平	房定	心执	尾破	箕危	斗成	牛收	女开	虚闭	危建	室除	壁满
五行	水	土	土	火	火	木	木	水	水	金	金	火	火	木	木
吉时（节元）	子丑寅酉	子丑辰巳	丑辰酉戌	丑卯巳申	秋分下4	子丑辰巳	子寅卯巳	丑寅辰巳	丑卯辰巳	寒露上6	寅卯午申	子丑未戌	子丑寅午	寅卯未申	寒露中9
黄道黑道	玉堂	天牢	元武	司命	勾陈	青龙	明堂	天刑	朱雀	金匮	天德	白虎	玉堂	天牢	元武
八卦	巽	坎	艮	坤	乾	兑	离	震	巽	坎	艮	坤	乾	兑	离
方位	西北东南	西南正西	正南正西	东南正北	东北正北	西北正东	西南正东	正南正南	东南正南	东北东南	西北东南	西南正西	正南正西	东南正北	东北正北
五脏	肾	脾	脾	心	心	肝	肝	肾	肾	肺	肺	心	心	肝	肝
子时时辰	丙子	戊子	庚子	壬子	甲子	丙子	戊子	庚子	壬子	甲子	丙子	戊子	庚子	壬子	甲子
农事节令	巳时望			全国科普日，离日，秋社	戌时秋分	农暴		农暴	下弦		孔子诞辰	杨公忌		国庆节	

公元 2024 年　　农历甲辰(龙)年

九月小

季秋之月　狗月　甲戌　星宿

黄白碧
绿白白
紫黑赤

天道行南，日躔在卯宫，宜用癸乙丁辛时

初六日**寒露**3:01　初一日**朔** 2:48

廿一日**霜降**6:15　十五日**望**19:25

农历	初一	初二	初三	初四	初五	初六	初七	初八	初九	初十	十一	十二	十三	十四	十五	十六	十七	十八	十九	二十	廿一	廿二	廿三	廿四	廿五	廿六	廿七	廿八	廿九	三十
阳历	3	4	5	6	7	8	9	10	11	12	13	14	15	16	17	18	19	20	21	22	23	24	25	26	27	28	29	30	31	
星期	四	五	六	日	一	二	三	四	五	六	日	一	二	三	四	五	六	日	一	二	三	四	五	六	日	一	二	三	四	
干支	庚子	辛丑	壬寅	癸卯	甲辰	乙巳	丙午	丁未	戊申	己酉	庚戌	辛亥	壬子	癸丑	甲寅	乙卯	丙辰	丁巳	戊午	己未	庚申	辛酉	壬戌	癸亥	甲子	乙丑	丙寅	丁卯	戊辰	
28宿	奎平	娄定	胃执	昴破	毕危	觜危	参成	井收	鬼开	柳闭	星建	张除	翼满	轸平	角定	亢执	氐破	房危	心成	尾收	箕开	斗闭	牛建	女除	虚满	危平	室定	壁执	奎破	
五行	土	土	金	金	火	火	水	水	土	土	金	金	木	木	水	水	土	土	火	火	木	木	水	水	金	金	火	火	木	
吉时（节元）	子丑卯申	寅卯申亥	子丑午未	寅卯巳午	寒露下3	子丑申戌	丑午申酉	巳午申酉	子丑辰巳	霜降上5	丑巳午申	丑午未申	子丑午未	子丑辰巳	霜降中8	子卯午申	子寅申酉	辰巳午未	卯午未申	霜降下2	辰巳未申	寅巳午未	巳午未申	卯辰午未	立冬上6	丑寅卯申	子卯午酉	寅卯午未	丑卯巳申	
黄道黑道	司命	勾陈	青龙	明堂	天刑	明堂	天刑	朱雀	金匮	天德	白虎	玉堂	天牢	元武	司命	勾陈	青龙	明堂	天刑	朱雀	金匮	天德	白虎	玉堂	天牢	元武	司命	勾陈	青龙	
八卦	艮	坤	乾	兑	离	震	巽	坎	艮	坤	乾	兑	离	震	巽	坎	艮	坤	乾	兑	离	震	巽	坎	艮	坤	乾	兑	离	
方位	西北正东	西南正东	正南正南	东南正南	东北东南	西北东南	西南正西	正南正西	东南正北	东北正北	西北正东	西南正东	正南正南	东南正南	东北东南	西北东南	西南正西	正南正西	东南正北	东北正北	西北正东	西南正东	正南正南	东南正南	东北东南	西北东南	西南正西	正南正西	东南正北	
五脏	脾	脾	肺	肺	心	心	肾	肾	脾	脾	肺	肺	肝	肝	肾	肾	脾	脾	心	心	肝	肝	肾	肾	肺	肺	心	心	肝	
子时时辰	丙子	戊子	庚子	壬子	甲子	丙子	戊子	庚子	壬子	甲子	丙子	戊子	庚子	壬子	甲子	丙子	戊子	庚子	壬子	甲子	丙子	戊子	庚子	壬子	甲子	丙子	戊子	庚子	壬子	
农事节令	丑时朔，南斗下降					寅时寒露	国际减灾日	上弦	重阳节，农暴					世界粮食日	戌时望，世界消除贫困日				农暴		卯时霜降	联合国日	下弦		杨公忌		冷风信		世界勤俭日	

十月大

孟冬之月　猪月　乙亥　张宿

天道行东，日躔在寅宫，宜用甲丙庚壬时

初七日**立冬** 6:20　初一日**朔** 20:46

廿二日**小雪** 3:57　十六日**望** 5:27

农历	初一	初二	初三	初四	初五	初六	初七	初八	初九	初十	十一	十二	十三	十四	十五	十六	十七	十八	十九	二十	廿一	廿二	廿三	廿四	廿五	廿六	廿七	廿八	廿九	三十
阳历	11月	2	3	4	5	6	7	8	9	10	11	12	13	14	15	16	17	18	19	20	21	22	23	24	25	26	27	28	29	30
星期	五	六	日	一	二	三	四	五	六	日	一	二	三	四	五	六	日	一	二	三	四	五	六	日	一	二	三	四	五	六
干支	己巳	庚午	辛未	壬申	癸酉	甲戌	乙亥	丙子	丁丑	戊寅	己卯	庚辰	辛巳	壬午	癸未	甲申	乙酉	丙戌	丁亥	戊子	己丑	庚寅	辛卯	壬辰	癸巳	甲午	乙未	丙申	丁酉	戊戌
28宿	娄	胃	昴	毕	觜	参	井	鬼	柳	星	张	翼	轸	角	亢	氐	房	心	尾	箕	斗	牛	女	虚	危	室	壁	奎	娄	胃
	危	成	收	开	闭	建	建	除	满	平	定	执	破	危	成	收	开	闭	建	除	满	平	定	执	破	危	成	收	开	闭
五行	木	土	土	金	金	火	火	水	水	土	土	金	金	木	木	水	水	土	土	火	火	木	木	水	水	金	金	火	火	木
吉时（节元）	立冬中9	丑寅午申	寅卯巳申	子丑辰巳	寅辰巳午	立冬下3	子丑寅卯	子丑戌亥	寅卯巳午	丑辰巳未	小雪上5	丑寅辰午	丑寅午未	丑卯午未	寅卯辰巳	小雪中8	子丑寅酉	子丑辰巳	丑辰酉戌	丑卯巳申	小雪下2	子丑辰巳	子寅卯巳	丑寅辰巳	丑卯辰巳	大雪上4	寅卯午申	子丑未戌	子丑寅午	寅卯未申
黄道黑道	明堂	天刑	朱雀	金匮	天德	白虎	天德	白虎	玉堂	天牢	元武	司命	勾陈	青龙	明堂	天刑	朱雀	金匮	天德	白虎	玉堂	天牢	元武	司命	勾陈	青龙	明堂	天刑	朱雀	金匮
八卦	坤	乾	兑	离	震	巽	坎	艮	坤	乾	兑	离	震	巽	坎	艮	坤	乾	兑	离	震	巽	坎	艮	坤	乾	兑	离	震	巽
方位	东北正北	西北正东	西南正东	正南正南	东南正南	东北东南	西北东南	西南正西	正南正西	东南正北	东北正北	西北正东	西南正东	正南正南	东南正南	东北东南	西北东南	西南正西	正南正西	东南正北	东北正北	西北正东	西南正东	正南正南	东南正南	东北东南	西北东南	西南正西	正南正西	东南正北
五脏	肝	脾	脾	肺	肺	心	心	肾	肾	脾	脾	肺	肺	肝	肝	肾	肾	脾	脾	心	心	肝	肝	肾	肾	肺	肺	心	心	肝
子时时辰	甲子	丙子	戊子	庚子	壬子	甲子	丙子	戊子	庚子	壬子	甲子	丙子	戊子	庚子	壬子	甲子	丙子	戊子	庚子	壬子	甲子	丙子	戊子	庚子	壬子	甲子	丙子	戊子	庚子	壬子
农事节令	戊时朔，祭祖节，万圣节					绝日	卯时立冬	上弦		农暴					下元节	卯时望，寒婆婆生	国际大学生节			农暴		寅时小雪	农暴，杨公忌	下弦		寒婆婆死	五岳诞	感恩节		

公元 2024 年　　　　农历甲辰(龙)年

十一月大

仲冬　之月　鼠月　丙子　翼宿

天道行东南，日躔在丑宫，宜用艮巽坤乾时

初六日**大雪** 23:17　初一日**朔** 14:21

廿一日**冬至** 17:21　十五日**望** 17:01

农历	阳历	星期	干支	28宿	五行	吉时（节元）	黄道黑道	八卦	方位	五脏	子时时辰	农事节令
初一	12月	日	己亥	昴建	木	大雪中7	天德	乾	东北正北	肝	甲子	未时朔，世界艾滋病日
初二	2	一	庚子	毕除	土	子丑卯申	白虎	兑	西北正东	脾	丙子	
初三	3	二	辛丑	觜满	土	寅卯申亥	玉堂	离	西南正东	脾	戊子	农暴
初四	4	三	壬寅	参平	金	子丑午未	天牢	震	正南正南	肺	庚子	
初五	5	四	癸卯	井定	金	寅卯巳午	元武	巽	东南正南	肺	壬子	
初六	6	五	甲辰	鬼定	火	大雪下1	天牢	坎	东北东南	心	甲子	夜子大雪
初七	7	六	乙巳	柳执	火	子丑申戌	元武	艮	西北东南	心	丙子	
初八	8	日	丙午	星破	水	丑午申酉	司命	坤	西南正西	肾	戊子	上弦
初九	9	一	丁未	张危	水	巳午申酉	勾陈	乾	正南正西	肾	庚子	
初十	10	二	戊申	翼成	土	子丑辰巳	青龙	兑	东南正北	脾	壬子	
十一	11	三	己酉	轸收	土	闰大雪上4	明堂	离	东北正北	脾	甲子	
十二	12	四	庚戌	角开	金	丑巳午申	天刑	震	西北正东	肺	丙子	
十三	13	五	辛亥	亢闭	金	丑午未申	朱雀	巽	西南正东	肺	戊子	
十四	14	六	壬子	氐建	木	子丑午未	金匮	坎	正南正南	肝	庚子	
十五	15	日	癸丑	房除	木	子丑辰巳	天德	艮	东南正南	肝	壬子	酉时望
十六	16	一	甲寅	心满	水	闰大雪中7	白虎	坤	东北东南	肾	甲子	
十七	17	二	乙卯	尾平	水	子卯午申	玉堂	乾	西北东南	肾	丙子	
十八	18	三	丙辰	箕定	土	子寅申酉	天牢	兑	西南正西	脾	戊子	
十九	19	四	丁巳	斗执	土	辰巳午未	元武	离	正南正西	脾	庚子	
二十	20	五	戊午	牛破	火	卯午未申	司命	震	东南正北	心	壬子	澳门回归日，离日
廿一	21	六	己未	女危	火	闰大雪下1	勾陈	巽	东北正北	心	甲子	酉时冬至，杨公忌，一九
廿二	22	日	庚申	虚成	木	辰巳未申	青龙	坎	西北正东	肝	丙子	
廿三	23	一	辛酉	危收	木	寅巳午未	明堂	艮	西南正东	肝	戊子	下弦
廿四	24	二	壬戌	室开	水	巳午未申	天刑	坤	正南正南	肾	庚子	平安夜
廿五	25	三	癸亥	壁闭	水	卯辰午未	朱雀	乾	东南正南	肾	壬子	圣诞节
廿六	26	四	甲子	奎建	金	冬至上1	金匮	兑	东北东南	肺	甲子	毛泽东诞辰
廿七	27	五	乙丑	娄除	金	丑寅卯申	天德	离	西北东南	肺	丙子	农暴
廿八	28	六	丙寅	胃满	火	子卯午酉	白虎	震	西南正西	心	戊子	
廿九	29	日	丁卯	昴平	火	寅卯午未	玉堂	巽	正南正西	心	庚子	
三十	30	一	戊辰	毕定	木	丑卯巳申	天牢	坎	东南正北	肝	壬子	二九

公元 2024 年　　农历甲辰(龙)年

十二月小

季冬之月　牛月　丁丑　轸宿

黑赤紫
白碧黄
白白绿

天道行西，日躔在子宫，宜用癸乙丁辛时

初六日**小寒** 10:33　初一日**朔** 6:26

廿一日**大寒** 4:01　十五日**望** 6:26

农历	初一	初二	初三	初四	初五	初六	初七	初八	初九	初十	十一	十二	十三	十四	十五	十六	十七	十八	十九	二十	廿一	廿二	廿三	廿四	廿五	廿六	廿七	廿八	廿九	三十
阳历	31	1月	2	3	4	5	6	7	8	9	10	11	12	13	14	15	16	17	18	19	20	21	22	23	24	25	26	27	28	
星期	二	三	四	五	六	日	一	二	三	四	五	六	日	一	二	三	四	五	六	日	一	二	三	四	五	六	日	一	二	
干支	己巳	庚午	辛未	壬申	癸酉	甲戌	乙亥	丙子	丁丑	戊寅	己卯	庚辰	辛巳	壬午	癸未	甲申	乙酉	丙戌	丁亥	戊子	己丑	庚寅	辛卯	壬辰	癸巳	甲午	乙未	丙申	丁酉	
28宿	觜执	参破	井危	鬼成	柳收	星收	张开	翼闭	轸建	角除	亢满	氐平	房定	心执	尾破	箕危	斗成	牛收	女开	虚闭	危建	室除	壁满	奎平	娄定	胃执	昴破	毕危	觜成	
五行	木	土	土	金	金	火	火	水	水	土	土	金	金	木	木	水	水	土	土	火	火	木	木	水	水	金	金	火	火	
吉时（节元）	冬至中7	丑寅午申	寅卯巳申	子丑辰巳	寅辰巳午	冬至下4	子丑寅卯	子丑戌亥	寅卯巳午	丑辰巳未	小寒上2	丑寅辰午	丑寅午未	丑卯午未	寅卯辰巳	小寒中8	子丑寅酉	子丑辰巳	丑辰酉戌	丑卯巳申	小寒下5	子丑辰巳	子寅卯巳	丑寅辰巳	丑卯辰巳	大寒上3	寅卯午申	子丑未戌	子丑寅午	
黄道黑道	元武	司命	勾陈	青龙	明堂	青龙	明堂	天刑	朱雀	金匮	天德	白虎	玉堂	天牢	元武	司命	勾陈	青龙	明堂	天刑	朱雀	金匮	天德	白虎	玉堂	天牢	元武	司命	勾陈	
八卦	兑	离	震	巽	坎	艮	坤	乾	兑	离	震	巽	坎	艮	坤	乾	兑	离	震	巽	坎	艮	坤	乾	兑	离	震	巽	坎	
方位	东北正北	西北正东	西南正东	正南正南	东南正南	东北东南	西北东南	西南正西	正南正西	东南正北	东北正北	西北正东	西南正东	正南正南	东南正南	东北东南	西北东南	西南正西	正南正西	东南正北	东北正北	西北正东	西南正东	正南正南	东南正南	东北东南	西北东南	西南正西	正南正西	
五脏	肝	脾	脾	肺	肺	心	心	肾	肾	脾	脾	肺	肺	肝	肝	肾	肾	脾	脾	心	心	肝	肝	肾	肾	肺	肺	心	心	
子时时辰	甲子	丙子	戊子	庚子	壬子	甲子	丙子	戊子	庚子	壬子	甲子	丙子	戊子	庚子	壬子	甲子	丙子	戊子	庚子	壬子	甲子	丙子	戊子	庚子	壬子	甲子	丙子	戊子	庚子	
农事节令	卯时朔	元旦				巳时小寒		上弦，腊八节，农暴	三九					农暴	卯时望			四九	杨公忌		寅时大寒		下弦	小年，扫尘节			五九，农暴，西帝朝天		除夕	

公元 2025 年
农历乙巳(蛇)年(闰六月)

乙巳岁干木支火，纳音属火。大利南北，不利东西。

七龙治水，四牛耕地，四日得辛，五人九饼。

太岁吴遂，九星二黑，出穴青蛇，佛灯阴火。岁德在庚，岁德合在乙，岁禄在卯，岁马在亥，奏书在巽，博士在乾，阳贵人在申，阴贵人在子，太阳在午，太阴在申，龙德在子，福德在寅。

太岁在巳，岁破在亥，力士在坤，蚕室在艮，豹尾在未，飞廉在未。

公元 2025 年　农历乙巳(蛇)年(闰六月)

正月大

孟春之月　虎月　戊寅　角宿

白	白	白
紫	黑	绿
黄	赤	碧

天道行南,日躔在亥宫,宜用甲丙庚壬时

初六日**立春** 22:11　初一日**朔** 20:35

廿一日**雨水** 18:07　十五日**望** 21:53

农历	初一	初二	初三	初四	初五	初六	初七	初八	初九	初十	十一	十二	十三	十四	十五	十六	十七	十八	十九	二十	廿一	廿二	廿三	廿四	廿五	廿六	廿七	廿八	廿九	三十
阳历	29	30	31	2月	2	3	4	5	6	7	8	9	10	11	12	13	14	15	16	17	18	19	20	21	22	23	24	25	26	27
星期	三	四	五	六	日	一	二	三	四	五	六	日	一	二	三	四	五	六	日	一	二	三	四	五	六	日	一	二	三	四
干支	戊戌	己亥	庚子	辛丑	壬寅	癸卯	甲辰	乙巳	丙午	丁未	戊申	己酉	庚戌	辛亥	壬子	癸丑	甲寅	乙卯	丙辰	丁巳	戊午	己未	庚申	辛酉	壬戌	癸亥	甲子	乙丑	丙寅	丁卯
28宿	参	井	鬼	柳	星	张	翼	轸	角	亢	氐	房	心	尾	箕	斗	牛	女	虚	危	室	壁	奎	娄	胃	昴	毕	觜	参	井
	收	开	闭	建	除	除	满	平	定	执	破	危	成	收	开	闭	建	除	满	平	定	执	破	危	成	收	开	闭	建	除
五行	木	木	土	土	金	金	火	火	水	水	土	土	金	金	木	木	水	水	土	土	火	火	木	木	水	水	金	金	火	火
吉时(节元)	寅卯未申	大寒中9	子丑卯申	寅卯申亥	子丑午未	寅卯巳午	大寒下6	子丑申戌	丑午申酉	巳午申酉	子丑辰巳	立春上8	丑巳午申	丑午未申	子丑午未	子丑辰巳	立春中5	子卯午申	子寅申酉	辰巳午未	卯午未申	立春下2	辰巳未申	寅巳午未	巳午未申	卯辰午未	雨水上9	丑寅卯申	子卯午酉	寅卯午未
黄道黑道	青龙	明堂	天刑	朱雀	金匮	朱雀	金匮	天德	白虎	玉堂	天牢	元武	司命	勾陈	青龙	明堂	天刑	朱雀	金匮	天德	白虎	玉堂	天牢	元武	司命	勾陈	青龙	明堂	天刑	朱雀
八卦	坤	乾	兑	离	震	巽	坎	艮	坤	乾	兑	离	震	巽	坎	艮	坤	乾	兑	离	震	巽	坎	艮	坤	乾	兑	离	震	巽
方位	东南正北	东北正北	西北正东	西南正东	正南正南	东南正南	东北东南	西北东南	西南正西	正南正西	东南正北	东北正北	西北正东	西南正东	正南正南	东南正南	东北东南	西北东南	西南正西	正南正西	东南正北	东北正北	西北正东	西南正东	正南正南	东南正南	东北东南	西北东南	西南正西	正南正西
五脏	肝	肝	脾	脾	肺	肺	心	心	肾	肾	脾	脾	肺	肺	肝	肝	肾	肾	脾	脾	心	心	肝	肝	肾	肾	肺	肺	心	心
子时时辰	壬子	甲子	丙子	戊子	庚子	壬子	甲子	丙子	戊子	庚子	壬子	甲子	丙子	戊子	庚子	壬子	甲子	丙子	戊子	庚子	壬子	甲子	丙子	戊子	庚子	壬子	甲子	丙子	戊子	庚子
农事节令	春节,戊时朔	财神节		四牛耕地,四日得辛	破五节,绝日	亥时立春	人胜节,七龙治水,六九	上弦	五人九饼,农暴	土神诞			农暴,杨公忌		元宵节,亥时望	七九	情人节		农暴		酉时雨水		下弦		填仓节,八九				送穷节,农暴	

公元2025年　农历乙巳(蛇)年(闰六月)

二月小

仲春之月　兔月　己卯　亢宿

紫	黄	赤
白	白	碧
绿	白	黑

天道行西南，日躔在戌宫，宜用艮巽坤乾时

初六日**惊蛰** 16:08　初一日**朔** 8:44

廿一日**春分** 17:02　十五日**望** 14:55

农历	初一	初二	初三	初四	初五	初六	初七	初八	初九	初十	十一	十二	十三	十四	十五	十六	十七	十八	十九	二十	廿一	廿二	廿三	廿四	廿五	廿六	廿七	廿八	廿九	三十
阳历	28	3月	2	3	4	5	6	7	8	9	10	11	12	13	14	15	16	17	18	19	20	21	22	23	24	25	26	27	28	
星期	五	六	日	一	二	三	四	五	六	日	一	二	三	四	五	六	日	一	二	三	四	五	六	日	一	二	三	四	五	
干支	戊辰	己巳	庚午	辛未	壬申	癸酉	甲戌	乙亥	丙子	丁丑	戊寅	己卯	庚辰	辛巳	壬午	癸未	甲申	乙酉	丙戌	丁亥	戊子	己丑	庚寅	辛卯	壬辰	癸巳	甲午	乙未	丙申	
28宿	鬼	柳	星	张	翼	轸	角	亢	氐	房	心	尾	箕	斗	牛	女	虚	危	室	壁	奎	娄	胃	昴	毕	觜	参	井	鬼	
	满	平	定	执	破	破	危	成	收	开	闭	建	除	满	平	定	执	破	危	成	收	开	闭	建	除	满	平	定	执	
五行	木	木	土	土	金	金	火	火	水	水	土	土	金	金	木	木	水	水	土	土	火	火	木	木	水	水	金	金	火	
吉时(节元)	丑卯巳申	雨水中6	丑寅午申	寅卯巳申	子丑辰巳	寅辰巳午	雨水下3	子丑寅卯	子丑戌亥	寅卯巳午	丑辰巳未	惊蛰上1	丑寅辰午	丑寅午未	丑卯午未	寅卯辰巳	惊蛰中7	子丑寅酉	子丑辰巳	丑辰酉戌	丑卯巳申	惊蛰下4	子丑辰巳	子寅卯巳	丑寅辰巳	丑卯辰巳	春分上3	寅卯午申	子丑未戌	
黄道黑道	金匮	天德	白虎	玉堂	天牢	玉堂	天牢	元武	司命	勾陈	青龙	明堂	天刑	朱雀	金匮	天德	白虎	玉堂	天牢	元武	司命	勾陈	青龙	明堂	天刑	朱雀	金匮	天德	白虎	
八卦	乾	兑	离	震	巽	坎	艮	坤	乾	兑	离	震	巽	坎	艮	坤	乾	兑	离	震	巽	坎	艮	坤	乾	兑	离	震	巽	
方位	东南正北	东北正北	西北正东	西南正东	正南正南	东南正南	东北东南	西北东南	西南正西	正南正西	东南正北	东北正北	西北正东	西南正东	正南正南	东南正南	东北东南	西北东南	西南正西	正南正西	东南正北	东北正北	西北正东	西南正东	正南正南	东南正南	东北东南	西北东南	西南正西	
五脏	肝	肝	脾	脾	肺	肺	心	心	肾	肾	脾	脾	肺	肺	肝	肝	肾	肾	脾	脾	心	心	肝	肝	肾	肾	肺	肺	心	
子时时辰	壬子	甲子	丙子	戊子	庚子	壬子	甲子	丙子	戊子	庚子	壬子	甲子	丙子	戊子	庚子	壬子	甲子	丙子	戊子	庚子	壬子	甲子	丙子	戊子	庚子	壬子	甲子	丙子	戊子	
农事节令	辰时朔，中和节，上戊	龙头节，闺女节，农暴	农暴	九九		申时惊蛰	春斫暴	上弦，农暴	农暴，妇女节		乌龟暴，杨公忌		农暴，植树节		未时望，花朝节	消费者权益日			农暴，观音诞	离日	酉时春分，春社	世界森林日	下弦，世界水日	世界气象日	世界防治结核病日			农暴	农暴	

公元2025年　农历乙巳(蛇)年(闰六月)

三月大

季春之月　龙月　庚辰　氐宿

白	绿	白
赤	紫	黑
碧	黄	白

天道行北，日躔在酉宫，宜用癸乙丁辛时

初七日**清明** 20:49　初一日**朔** 18:58

廿三日**谷雨** 3:57　十六日**望** 8:22

农历	初一	初二	初三	初四	初五	初六	初七	初八	初九	初十	十一	十二	十三	十四	十五	十六	十七	十八	十九	二十	廿一	廿二	廿三	廿四	廿五	廿六	廿七	廿八	廿九	三十
阳历	29	30	31	4月	2	3	4	5	6	7	8	9	10	11	12	13	14	15	16	17	18	19	20	21	22	23	24	25	26	27
星期	六	日	一	二	三	四	五	六	日	一	二	三	四	五	六	日	一	二	三	四	五	六	日	一	二	三	四	五	六	日
干支	丁酉	戊戌	己亥	庚子	辛丑	壬寅	癸卯	甲辰	乙巳	丙午	丁未	戊申	己酉	庚戌	辛亥	壬子	癸丑	甲寅	乙卯	丙辰	丁巳	戊午	己未	庚申	辛酉	壬戌	癸亥	甲子	乙丑	丙寅
28宿	柳破	星危	张成	翼收	轸开	角闭	亢闭	氐建	房除	心满	尾平	箕定	斗执	牛破	女危	虚成	危收	室开	壁闭	奎建	娄除	胃满	昴平	毕定	觜执	参破	井危	鬼成	柳收	星开
五行	火	木	木	土	土	金	金	火	火	水	水	土	土	金	金	木	木	水	水	土	土	火	火	木	木	水	水	金	金	火
吉时（节元）	子丑寅午	寅卯未申	春分中9	子丑卯申	寅卯申亥	子丑午未	寅卯巳午	春分下6	子丑申戌	丑午申酉	巳午申酉	子丑辰巳	清明上4	丑巳午申	丑午未申	子丑午未	子丑辰巳	清明中1	子卯午申	子寅申酉	辰巳午未	卯午未申	清明下7	辰巳未申	寅巳午未	巳午未申	卯辰午未	谷雨上5	丑寅卯申	子卯午酉
黄道黑道	玉堂	天牢	元武	司命	勾陈	青龙	勾陈	青龙	明堂	天刑	朱雀	金匮	天德	白虎	玉堂	天牢	元武	司命	勾陈	青龙	明堂	天刑	朱雀	金匮	天德	白虎	玉堂	天牢	元武	司命
八卦	兑	离	震	巽	坎	艮	坤	乾	兑	离	震	巽	坎	艮	坤	乾	兑	离	震	巽	坎	艮	坤	乾	兑	离	震	巽	坎	艮
方位	正南正西	东南正北	东北正北	西北正东	西南正东	正南正南	东南正南	东北东南	西北东南	西南正西	正南正西	东南正北	东北正北	西北正东	西南正东	正南正南	东南正南	东北东南	西北东南	西南正西	正南正西	东南正北	东北正北	西北正东	西南正东	正南正南	东南正南	东北东南	西北东南	西南正西
五脏	心	肝	肝	脾	脾	肺	肺	心	心	肾	肾	脾	脾	肺	肺	肝	肝	肾	肾	脾	脾	心	心	肝	肝	肾	肾	肺	肺	心
子时时辰	庚子	壬子	甲子	丙子	戊子	庚子	壬子	甲子	丙子	戊子	庚子	壬子	甲子	丙子	戊子	庚子	壬子	甲子	丙子	戊子	庚子	壬子	甲子	丙子	戊子	庚子	壬子	甲子	丙子	戊子
农事节令	酉时朔		三月三，桃花暴	愚人节			戌时清明，农暴		上弦，杨公忌						农暴	辰时望			南斗下降				下弦，寅时谷雨，天石暴		猴子暴，世界地球日	农暴		东帝暴		

公元2025年　农历乙巳(蛇)年(闰六月)

四月小

孟夏之月　蛇月　辛巳　房宿

赤	碧	黄
白	白	白
黑	绿	紫

天道行西，日躔在申宫，宜用甲丙庚壬时

初八日**立夏** 13:58　初一日**朔** 3:31

廿四日**小满** 2:56　十六日**望** 0:56

农历	初初初初初初初初初初十十十十十十十十十二廿廿廿廿廿廿廿廿廿三 一二三四五六七八九十一二三四五六七八九十一二三四五六七八九十
阳历	28 29 30 5月 2 3 4 5 6 7 8 9 10 11 12 13 14 15 16 17 18 19 20 21 22 23 24 25 26
星期	一二三四五六日一二三四五六日一二三四五六日一二三四五六日一
干支	丁戊己庚辛壬癸甲乙丙丁戊己庚辛壬癸甲乙丙丁戊己庚辛壬癸甲乙 卯辰巳午未申酉戌亥子丑寅卯辰巳午未申酉戌亥子丑寅卯辰巳午未
28宿	张翼轸角亢氐房心尾箕斗牛女虚危室壁奎娄胃昴毕觜参井鬼柳星张 闭建除满平定执执破危成收开闭建除满平定执破危成收开闭建除满
五行	火木木土土金金火火水水土土金金木木水水土土火火木木水水金金
吉时（节元）	寅丑谷丑寅子寅谷子子寅丑立丑丑丑寅立子子丑丑立子子丑丑小寅 卯卯雨寅卯丑辰雨丑丑卯辰夏寅寅卯卯夏丑丑辰卯夏丑寅寅卯满卯 午巳中午巳辰巳下寅戌巳巳上辰午午辰中寅辰酉巳下辰卯辰辰上午 未申2申申巳午8卯亥午未4午未未巳1酉巳戌申7巳巳巳巳5申
黄道黑道	勾青明天朱金天金天白玉天元司勾青明天朱金天白玉天元司勾青明 陈龙堂刑雀匮德匮德虎堂牢武命陈龙堂刑雀匮德虎堂牢武命陈龙堂
八卦	离震巽坎艮坤乾兑离震巽坎艮坤乾兑离震巽坎艮坤乾兑离震巽坎艮
方位	正东东西西正东东西西正东东西西正东东西西正东东西西正东东西 南南北北南南南北北南南南北北南南南北北南南南北北南南南北北 正正正正正正正东东正正正正正正正正东东正正正正正正正正东东 西北北东东南南南南西西北北东东南南南南西西北北东东南南南南
五脏	心肝肝脾脾肺肺心心肾肾脾脾肺肺肝肝肾肾脾脾心心肝肝肾肾肺肺
子时时辰	庚壬甲丙戊庚壬甲丙戊庚壬甲丙戊庚壬甲丙戊庚壬甲丙戊庚壬甲丙 子子子子子子子子子子子子子子子子子子子子子子子子子子子子子
农事节令	初一：寅时朔，农暴 初四：劳动节 初七：五四青年节，绝日，杨公忌 初八：未时立夏，牛王节，老虎暴 初九：上弦 十四：母亲节 十五：农暴，防灾减灾日 十六：子时望 十八：国际家庭日 廿三：下弦 廿四：丑时小满 廿五：农暴

公元2025年　农历乙巳(蛇)年(闰六月)

五月小

仲夏之月　马月　壬午　心宿

白黑绿
黄赤紫
白碧白

天道行西北,日躔在未宫,宜用艮巽坤乾时

初十日**芒种** 17:58　初一日**朔** 11:01

廿六日**夏至** 10:43　十六日**望** 15:43

农历	初初初初初初初初初初十十十十十十十十十二廿廿廿廿廿廿廿廿廿三 一二三四五六七八九十一二三四五六七八九十一二三四五六七八九十
阳历	27 28 29 30 31 6月 2 3 4 5 6 7 8 9 10 11 12 13 14 15 16 17 18 19 20 21 22 23 24
星期	二三四五六日一二三四五六日一二三四五六日一二三四五六日一二
干支	丙丁戊己庚辛壬癸甲乙丙丁戊己庚辛壬癸甲乙丙丁戊己庚辛壬癸甲 申酉戌亥子丑寅卯辰巳午未申酉戌亥子丑寅卯辰巳午未申酉戌亥子
28宿	翼轸角亢氐房心尾箕斗牛女虚危室壁奎娄胃昴毕觜参井鬼柳星张翼 平定执破危成收开闭闭建除满平定执破危成收开闭建除满平定执破
五行	火火木木土土金金火火水水土土金金木木水水土土火火木木水水金
吉时（节元）	子子寅小子寅子寅小子丑巳子芒丑丑子子芒子子辰卯芒辰寅巳卯夏 丑丑卯满丑卯丑卯满丑午午丑种巳午丑丑种卯寅巳午种巳巳午辰至 未寅未中卯申午巳下申申申辰上午未午辰中午申午未下未午未午上 戌午申2申亥未午8戌酉酉巳6申申未巳3申酉未申9申未申未9
黄道黑道	天朱金天白玉天元司元司勾青明天朱金天白玉天元司勾青明天朱金 刑雀匮德虎堂牢武命武命陈龙堂刑雀匮德虎堂牢武命陈龙堂刑雀匮
八卦	震巽坎艮坤乾兑离震巽坎艮坤乾兑离震巽坎艮坤乾兑离震巽坎艮坤
方位	西正东东西西正东东西西正东东西西正东东西西正东东西西正东东 南南南北北南南南北北南南南北北南南南北北南南南北北南南南北 正正正正正正正正东东正正正正正正正正东东正正正正正正正正东 西西北北东东南南南南西西北北东东南南南南西西北北东东南南南
五脏	心心肝肝脾脾肺肺心心肾肾脾脾肺肺肝肝肾肾脾脾心心肝肝肾肾肺
子时时辰	戊庚壬甲丙戊庚壬甲丙戊庚壬甲丙戊庚壬甲丙戊庚壬甲丙戊庚壬甲 子子子子子子子子子子子子子子子子子子子子子子子子子子子子子
农事节令	初一：午时朔 初五：端午节,杨公忌,端阳暴 初六：国际儿童节 初九：上弦 初十：酉时芒种,世界环境日 十一：入梅 十三：磨刀暴 十五：农暴 十六：申时望 二十：农暴,分龙,父亲节 廿一：龙母暴 廿三：下弦 廿五：离日 廿六：巳时夏至 廿九：头莳

公元 2025 年　农历乙巳(蛇)年(闰六月)

六月大

季夏之月　羊月　癸未　尾宿

黄白碧
绿白白
紫黑赤

天道行东，日躔在午宫，宜用癸乙丁辛时

十三日**小暑** 4:06　初一日**朔** 18:31

廿八日**大暑** 21:30　十七日**望** 4:36

农历	初一	初二	初三	初四	初五	初六	初七	初八	初九	初十
阳历	25	26	27	28	29	30	7月	2	3	4
星期	三	四	五	六	日	一	二	三	四	五
干支	乙丑	丙寅	丁卯	戊辰	己巳	庚午	辛未	壬申	癸酉	甲戌
28宿	轸	角	亢	氐	房	心	尾	箕	斗	牛
	危	成	收	开	闭	建	除	满	平	定
五行	金	火	火	木	木	土	土	金	金	火
吉时（节元）	丑寅卯申	子卯午酉	寅卯午未	丑卯巳申	夏至中3	丑寅午申	寅卯巳申	子丑辰巳	寅辰巳午	夏至下6
黄道黑道	天德	白虎	玉堂	天牢	元武	司命	勾陈	青龙	明堂	天刑
八卦	巽	坎	艮	坤	乾	兑	离	震	巽	坎
方位	西北东南	西南正西	正南正西	东南正北	东北正北	西北正东	西南正东	正南正南	东南正南	东北东南
五脏	肺	心	心	肝	肝	脾	脾	肺	肺	心
子时时辰	丙子	戊子	庚子	壬子	甲子	丙子	戊子	庚子	壬子	甲子
农事节令	酉时朔，全国土地日	国际禁毒日，二莳	杨公忌	荷花节，三莳		天贶节，姑姑节，农暴	建党节，香港回归日		上弦	

农历	十一	十二	十三	十四	十五	十六	十七	十八	十九	二十
阳历	5	6	7	8	9	10	11	12	13	14
星期	六	日	一	二	三	四	五	六	日	一
干支	乙亥	丙子	丁丑	戊寅	己卯	庚辰	辛巳	壬午	癸未	甲申
28宿	女	虚	危	室	壁	奎	娄	胃	昴	毕
	执	破	破	危	成	收	开	闭	建	除
五行	火	水	水	土	土	金	金	木	木	水
吉时（节元）	子丑寅卯	子丑戌亥	寅卯巳午	丑辰巳未	小暑上8	丑寅辰午	丑寅午未	丑卯午未	寅卯辰巳	小暑中2
黄道黑道	朱雀	金匮	朱雀	金匮	天德	白虎	玉堂	天牢	元武	司命
八卦	艮	坤	乾	兑	离	震	巽	坎	艮	坤
方位	西北东南	西南正西	正南正西	东南正北	东北正北	西北正东	西南正东	正南正南	东南正南	东北东南
五脏	心	肾	肾	脾	脾	肺	肺	肝	肝	肾
子时时辰	丙子	戊子	庚子	壬子	甲子	丙子	戊子	庚子	壬子	甲子
农事节令		农暴	寅时小暑，鲁班诞				寅时望，世界人口日		出梅，农暴	农暴

农历	廿一	廿二	廿三	廿四	廿五	廿六	廿七	廿八	廿九	三十
阳历	15	16	17	18	19	20	21	22	23	24
星期	二	三	四	五	六	日	一	二	三	四
干支	乙酉	丙戌	丁亥	戊子	己丑	庚寅	辛卯	壬辰	癸巳	甲午
28宿	觜	参	井	鬼	柳	星	张	翼	轸	角
	满	平	定	执	破	危	成	收	开	闭
五行	水	土	土	火	火	木	木	水	水	金
吉时（节元）	子丑寅酉	子丑辰巳	丑辰酉戌	丑卯巳申	小暑下5	子丑辰巳	子寅卯巳	丑寅辰巳	丑卯辰巳	大暑上7
黄道黑道	勾陈	青龙	明堂	天刑	朱雀	金匮	天德	白虎	玉堂	天牢
八卦	乾	兑	离	震	巽	坎	艮	坤	乾	兑
方位	西北东南	西南正西	正南正西	东南正北	东北正北	西北正东	西南正东	正南正南	东南正南	东北东南
五脏	肾	脾	脾	心	心	肝	肝	肾	肾	肺
子时时辰	丙子	戊子	庚子	壬子	甲子	丙子	戊子	庚子	壬子	甲子
农事节令				下弦		头伏		亥时大暑	农暴	

公元2025年　农历乙巳(蛇)年(闰六月)

闰六月小

季夏之月　羊月　癸未　尾宿

黄白碧
绿白白
紫黑赤

天道行东，日躔在午宫，宜用癸乙丁辛时

十四日立秋 13:52　初一日朔 3:10　十六日望 15:54

农历	初一	初二	初三	初四	初五	初六	初七	初八	初九	初十	十一	十二	十三	十四	十五	十六	十七	十八	十九	二十	廿一	廿二	廿三	廿四	廿五	廿六	廿七	廿八	廿九	三十
阳历	25	26	27	28	29	30	31	8月	2	3	4	5	6	7	8	9	10	11	12	13	14	15	16	17	18	19	20	21	22	
星期	五	六	日	一	二	三	四	五	六	日	一	二	三	四	五	六	日	一	二	三	四	五	六	日	一	二	三	四	五	
干支	乙未	丙申	丁酉	戊戌	己亥	庚子	辛丑	壬寅	癸卯	甲辰	乙巳	丙午	丁未	戊申	己酉	庚戌	辛亥	壬子	癸丑	甲寅	乙卯	丙辰	丁巳	戊午	己未	庚申	辛酉	壬戌	癸亥	
28宿	亢	氐	房	心	尾	箕	斗	牛	女	虚	危	室	壁	奎	娄	胃	昴	毕	觜	参	井	鬼	柳	星	张	翼	轸	角	亢	
	建	除	满	平	定	执	破	危	成	收	开	闭	建	建	除	满	平	定	执	破	危	成	收	开	闭	建	除	满	平	
五行	金	火	火	木	木	土	土	金	金	火	火	水	水	土	土	金	金	木	木	水	水	土	土	火	火	木	木	水	水	
吉时（节元）	寅卯午申	子丑未戌	子丑寅午	寅卯未申	大暑中1	子丑卯申	寅卯申亥	子丑午未	寅卯巳午	大暑下4	子丑申戌	丑午申酉	巳午申酉	子丑辰巳	立秋上2	丑巳午申	丑午未申	子丑午未	子丑辰巳	立秋中5	子卯午申	子寅申酉	辰巳午未	卯午未申	立秋下8	辰巳未申	寅巳午未	巳午未申	卯辰午未	
黄道黑道	元武	司命	勾陈	青龙	明堂	天刑	朱雀	金匮	天德	白虎	玉堂	天牢	元武	天牢	元武	司命	勾陈	青龙	明堂	天刑	朱雀	金匮	天德	白虎	玉堂	天牢	元武	司命	勾陈	
八卦	巽	坎	艮	坤	乾	兑	离	震	巽	坎	艮	坤	乾	兑	离	震	巽	坎	艮	坤	乾	兑	离	震	巽	坎	艮	坤	乾	
方位	西北东南	西南正西	正南正西	东南正北	东北正北	西北正东	西南正东	正南正南	东南正南	东北东南	西北东南	西南正西	正南正西	东南正北	东北正北	西北正东	西南正东	正南正南	东南正南	东北东南	西北东南	西南正西	正南正西	东南正北	东北正北	西北正东	西南正东	正南正南	东南正南	
五脏	肺	心	心	肝	肝	脾	脾	肺	肺	心	心	肾	肾	脾	脾	肺	肺	肝	肝	肾	肾	脾	脾	心	心	肝	肝	肾	肾	
子时时辰	丙子	戊子	庚子	壬子	甲子	丙子	戊子	庚子	壬子	甲子	丙子	戊子	庚子	壬子	甲子	丙子	戊子	庚子	壬子	甲子	丙子	戊子	庚子	壬子	甲子	丙子	戊子	庚子	壬子	
农事节令	寅时朔					二伏		上弦，建军节					绝日	未时立秋		三伏，申时望							下弦							

公元2025年　农历乙巳(蛇)年(闰六月)

七月大

孟秋之月　猴月　甲申　箕宿

绿紫黑
碧黄赤
白白白

天道行北，日躔在巳宫，宜用甲丙庚壬时

初一日**处暑** 4:35　初一日**朔** 14:05

十六日**白露** 16:53　十七日**望** 2:07

农历	初一	初二	初三	初四	初五	初六	初七	初八	初九	初十	十一	十二	十三	十四	十五	十六	十七	十八	十九	二十	廿一	廿二	廿三	廿四	廿五	廿六	廿七	廿八	廿九	三十
阳历	23	24	25	26	27	28	29	30	31	9月	2	3	4	5	6	7	8	9	10	11	12	13	14	15	16	17	18	19	20	21
星期	六	日	一	二	三	四	五	六	日	一	二	三	四	五	六	日	一	二	三	四	五	六	日	一	二	三	四	五	六	日
干支	甲子	乙丑	丙寅	丁卯	戊辰	己巳	庚午	辛未	壬申	癸酉	甲戌	乙亥	丙子	丁丑	戊寅	己卯	庚辰	辛巳	壬午	癸未	甲申	乙酉	丙戌	丁亥	戊子	己丑	庚寅	辛卯	壬辰	癸巳
28宿	氐定	房执	心破	尾危	箕成	斗收	牛开	女闭	虚建	危除	室满	壁平	奎定	娄执	胃破	昴破	毕危	觜成	参收	井开	鬼闭	柳建	星除	张满	翼平	轸定	角执	亢破	氐危	房成
五行	金	金	火	火	木	木	土	土	金	金	火	火	水	水	土	土	金	金	木	木	水	水	土	土	火	火	木	木	水	水
吉时（节元）	处暑上1	丑寅卯申	子卯午酉	寅卯午未	丑卯巳申	处暑中4	丑寅午申	寅卯巳申	子丑辰巳	寅辰巳午	处暑下7	子丑寅卯	子丑戌亥	寅卯巳午	丑辰巳未	白露上9	丑寅辰午	丑寅午未	丑卯午未	寅卯辰巳	白露中3	子丑寅酉	子丑辰巳	丑辰酉戌	丑卯巳申	白露下6	子丑辰巳	子寅卯巳	丑寅辰巳	丑卯辰巳
黄道黑道	青龙	明堂	天刑	朱雀	金匮	天德	白虎	玉堂	天牢	元武	司命	勾陈	青龙	明堂	天刑	明堂	天刑	朱雀	金匮	天德	白虎	玉堂	天牢	元武	司命	勾陈	青龙	明堂	天刑	朱雀
八卦	坎	艮	坤	乾	兑	离	震	巽	坎	艮	坤	乾	兑	离	震	巽	坎	艮	坤	乾	兑	离	震	巽	坎	艮	坤	乾	兑	离
方位	东北东南	西北东南	西南正西	正南正西	东南正北	东北正北	西北正东	西南正东	正南正南	东南正南	东北东南	西北东南	西南正西	正南正西	东南正北	东北正北	西北正东	西南正东	正南正南	东南正南	东北东南	西北东南	西南正西	正南正西	东南正北	东北正北	西北正东	西南正东	正南正南	东南正南
五脏	肺	肺	心	心	肝	肝	脾	脾	肺	肺	心	心	肾	肾	脾	脾	肺	肺	肝	肝	肾	肾	脾	脾	心	心	肝	肝	肾	肾
子时时辰	甲子	丙子	戊子	庚子	壬子	甲子	丙子	戊子	庚子	壬子	甲子	丙子	戊子	庚子	壬子	甲子	丙子	戊子	庚子	壬子	甲子	丙子	戊子	庚子	壬子	甲子	丙子	戊子	庚子	壬子
农事节令	寅时处暑，杨公忌						七夕，农暴	上弦							中元节	申时白露	丑时望，农暴	王母诞	教师节					下弦	秋社			农暴	杨公忌，全国科普日	

公元 2025 年　农历乙巳(蛇)年(闰六月)

八月小

仲秋之月　鸡月　乙酉　斗宿

碧	白	白
黑	绿	白
赤	紫	黄

天道行东北，日躔在辰宫，宜用艮巽坤乾时

初二日**秋分** 2:20　初一日**朔** 3:53

十七日**寒露** 8:42　十六日**望** 11:46

农历	初初初初初初初初初初十十十十十十十十十二廿廿廿廿廿廿廿廿廿三 一二三四五六七八九十一二三四五六七八九十一二三四五六七八九十
阳历	22 23 24 25 26 27 28 29 30 10月 2 3 4 5 6 7 8 9 10 11 12 13 14 15 16 17 18 19 20
星期	一二三四五六日一二三四五六日一二三四五六日一二三四五六日一
干支	甲乙丙丁戊己庚辛壬癸甲乙丙丁戊己庚辛壬癸甲乙丙丁戊己庚辛壬 午未申酉戌亥子丑寅卯辰巳午未申酉戌亥子丑寅卯辰巳午未申酉戌
28宿	心尾箕斗牛女虚危室壁奎娄胃昴毕觜参井鬼柳星张翼轸角亢氐房心 收开闭建除满平定执破危成收开闭建建除满平定执破危成收开闭建
五行	金金火火木木土土金金火火水水土土金金木木水水土土火火木木水
吉时（节元）	秋寅子子寅秋子寅子寅秋子丑巳子寒丑丑子子寒子子辰卯寒辰寅巳 分卯丑丑卯分丑卯丑卯分丑午午丑露巳午丑丑露卯寅巳午露巳巳午 上午未寅未中卯申午巳下申申申辰上午未午辰中午申午未下未午未 7申戌午申1申亥未午4戌酉酉巳6申申未巳9申酉未申3申未申
黄道黑道	金天白玉天元司勾青明天朱金天白玉白玉天元司勾青明天朱金天白 匮德虎堂牢武命陈龙堂刑雀匮德虎堂虎堂牢武命陈龙堂刑雀匮德虎
八卦	艮坤乾兑离震巽坎艮坤乾兑离震巽坎艮坤乾兑离震巽坎艮坤乾兑离
方位	东西西正东东西西正东东西西正东东西西正东东西西正东东西西正 北北南南南北北南南南北北南南南北北南南南北北南南南北北南南 东东正正正正正正正正东东正正正正正正正正东东正正正正正正正 南南西西北北东东南南南南西西北北东东南南南南西西北北东东南
五脏	肺肺心心肝肝脾脾肺肺心心肾肾脾脾肺肺肝肝肾肾脾脾心心肝肝肾
子时时辰	甲丙戊庚壬甲丙戊庚壬甲丙戊庚壬甲丙戊庚壬甲丙戊庚壬甲丙戊庚 子子子子子子子子子子子子子子子子子子子子子子子子子子子子子
农事节令	寅时朔，离日 丑时秋分 农暴，北斗下降 上戊 孔子诞辰 上弦 国庆节 中秋节 午时望 辰时寒露，国际减灾日 农暴 农暴 下弦 世界粮食日 世界消除贫困日 杨公忌

公元2025年　农历乙巳(蛇)年(闰六月)

九月大

季之 狗 丙 牛
秋月 月 戌 宿

黑赤紫
白碧黄
白白绿

天道行南，日躔在卯宫，宜用癸乙丁辛时

初三日**霜降** 11:52　初一日**朔** 20:23

十八日**立冬** 12:05　十六日**望** 21:18

农历	初一	初二	初三	初四	初五	初六	初七	初八	初九	初十	十一	十二	十三	十四	十五	十六	十七	十八	十九	二十	廿一	廿二	廿三	廿四	廿五	廿六	廿七	廿八	廿九	三十
阳历	21	22	23	24	25	26	27	28	29	30	31	11月	2	3	4	5	6	7	8	9	10	11	12	13	14	15	16	17	18	19
星期	二	三	四	五	六	日	一	二	三	四	五	六	日	一	二	三	四	五	六	日	一	二	三	四	五	六	日	一	二	三
干支	癸亥	甲子	乙丑	丙寅	丁卯	戊辰	己巳	庚午	辛未	壬申	癸酉	甲戌	乙亥	丙子	丁丑	戊寅	己卯	庚辰	辛巳	壬午	癸未	甲申	乙酉	丙戌	丁亥	戊子	己丑	庚寅	辛卯	壬辰
28宿	尾除	箕满	斗平	牛定	女执	虚破	危危	室成	壁收	奎开	娄闭	胃建	昴除	毕满	觜平	参定	井执	鬼执	柳破	星危	张成	翼收	轸开	角闭	亢建	氐除	房满	心平	尾定	箕执
五行	水	金	金	火	火	木	木	土	土	金	金	火	火	水	水	土	土	金	金	木	木	水	水	土	土	火	火	木	木	水
吉时（节元）	卯辰午未	霜降上5	丑寅卯申	子卯午酉	寅卯午未	丑卯巳申	霜降中8	丑寅午申	寅卯巳申	子丑辰巳	寅辰巳午	霜降下2	子丑寅卯	子丑戌亥	寅卯巳午	丑辰巳未	立冬上6	丑寅辰午	丑寅午未	丑卯午未	寅卯辰巳	立冬中9	子丑寅酉	子丑辰巳	丑辰酉戌	丑卯巳申	立冬下3	子丑辰巳	子寅卯巳	丑寅辰巳
黄道黑道	玉堂	天牢	元武	司命	勾陈	青龙	明堂	天刑	朱雀	金匮	天德	白虎	玉堂	天牢	元武	司命	勾陈	司命	勾陈	青龙	明堂	天刑	朱雀	金匮	天德	白虎	玉堂	天牢	元武	司命
八卦	坤	乾	兑	离	震	巽	坎	艮	坤	乾	兑	离	震	巽	坎	艮	坤	乾	兑	离	震	巽	坎	艮	坤	乾	兑	离	震	巽
方位	东南正南	东北东南	西北东南	西南正西	正南正西	东南正北	东北正北	西北正东	西南正东	正南正南	东南正南	东北东南	西北东南	西南正西	正南正西	东南正北	东北正北	西北正东	西南正东	正南正南	东南正南	东北东南	西北东南	西南正西	正南正西	东南正北	东北正北	西北正东	西南正东	正南正南
五脏	肾	肺	肺	心	心	肝	肝	脾	脾	肺	肺	心	心	肾	肾	脾	脾	肺	肺	肝	肝	肾	肾	脾	脾	心	心	肝	肝	肾
子时时辰	壬子	甲子	丙子	戊子	庚子	壬子	甲子	丙子	戊子	庚子	壬子	甲子	丙子	戊子	庚子	壬子	甲子	丙子	戊子	庚子	壬子	甲子	丙子	戊子	庚子	壬子	甲子	丙子	戊子	庚子
农事节令	戌时朔，南斗下降		午时霜降					上弦	重阳节，农暴		世界勤俭日	万圣节				亥时望	绝日	午时立冬	农暴				下弦		杨公忌			国际大学生节		

公元 2025 年　农历乙巳(蛇)年(闰六月)

十月大

孟冬之月　猪月　丁亥　女宿

白	白	白
紫	黑	绿
黄	赤	碧

天道行东，日躔在寅宫，宜用甲丙庚壬时

初三日**小雪** 9:36　　初一日**朔** 14:46

十八日**大雪** 5:05　　十六日**望** 7:13

农历	初一	初二	初三	初四	初五	初六	初七	初八	初九	初十
阳历	20	21	22	23	24	25	26	27	28	29
星期	四	五	六	日	一	二	三	四	五	六
干支	癸巳	甲午	乙未	丙申	丁酉	戊戌	己亥	庚子	辛丑	壬寅
28宿	斗 破	牛 危	女 成	虚 收	危 开	室 闭	壁 建	奎 除	娄 满	胃 平
五行	水	金	金	火	火	木	木	土	土	金
吉时（节元）	丑 卯 辰 巳	小 雪 上 5	寅 卯 午 申	子 丑 未 戌	子 丑 寅 午	寅 卯 未 申	小 雪 中 8	子 丑 卯 申	寅 卯 申 亥	子 丑 午 未
黄道黑道	勾陈	青龙	明堂	天刑	朱雀	金匮	天德	白虎	玉堂	天牢
八卦	乾	兑	离	震	巽	坎	艮	坤	乾	兑
方位	东南 正南	东北 东南	西北 东南	西南 正西	正南 正西	东南 正北	东北 正北	西北 正东	西南 正东	正南 正南
五脏	肾	肺	肺	心	心	肝	肝	脾	脾	肺
子时时辰	壬子	甲子	丙子	戊子	庚子	壬子	甲子	丙子	戊子	庚子
农事节令	未时朔，祭祖节		巳时小雪					感恩节，上弦		农暴

农历	十一	十二	十三	十四	十五	十六	十七	十八	十九	二十
阳历	30	12月	2	3	4	5	6	7	8	9
星期	日	一	二	三	四	五	六	日	一	二
干支	癸卯	甲辰	乙巳	丙午	丁未	戊申	己酉	庚戌	辛亥	壬子
28宿	昴 定	毕 执	觜 破	参 危	井 成	鬼 收	柳 开	星 开	张 闭	翼 建
五行	金	火	火	水	水	土	土	金	金	木
吉时（节元）	寅 卯 巳 午	小 雪 下 2	子 丑 申 戌	丑 午 申 酉	巳 午 申 酉	子 丑 辰 巳	大 雪 上 4	丑 巳 午 申	丑 午 未 申	子 丑 午 未
黄道黑道	元武	司命	勾陈	青龙	明堂	天刑	朱雀	天刑	朱雀	金匮
八卦	离	震	巽	坎	艮	坤	乾	兑	离	震
方位	东南 正南	东北 东南	西北 东南	西南 正西	正南 正西	东南 正北	东北 正北	西北 正东	西南 正东	正南 正南
五脏	肺	心	心	肾	肾	脾	脾	肺	肺	肝
子时时辰	壬子	甲子	丙子	戊子	庚子	壬子	甲子	丙子	戊子	庚子
农事节令		世界艾滋病日			下元节	辰时望，寒婆婆生				农暴

农历	廿一	廿二	廿三	廿四	廿五	廿六	廿七	廿八	廿九	三十
阳历	10	11	12	13	14	15	16	17	18	19
星期	三	四	五	六	日	一	二	三	四	五
干支	癸丑	甲寅	乙卯	丙辰	丁巳	戊午	己未	庚申	辛酉	壬戌
28宿	轸 除	角 满	亢 平	氐 定	房 执	心 破	尾 危	箕 成	斗 收	牛 开
五行	木	水	水	土	土	火	火	木	木	水
吉时（节元）	子 丑 辰 巳	大 雪 中 7	子 卯 午 申	子 寅 申 酉	辰 巳 午 未	卯 午 未 申	大 雪 下 1	辰 巳 未 申	寅 巳 午 未	巳 午 未 申
黄道黑道	天德	白虎	玉堂	天牢	元武	司命	勾陈	青龙	明堂	天刑
八卦	巽	坎	艮	坤	乾	兑	离	震	巽	坎
方位	东南 东南	东北 东南	西北 正南	西南 正西	正南 正西	东南 正北	东北 正北	西北 正东	西南 正东	正南 正南
五脏	肝	肾	肾	脾	脾	心	心	肝	肝	肾
子时时辰	壬子	甲子	丙子	戊子	庚子	壬子	甲子	丙子	戊子	庚子
农事节令			农暴，杨公忌	下弦		寒婆婆死	五岳诞			

公元2025年　农历乙巳(蛇)年(闰六月)

十一月大

仲冬　之月　鼠月　戊子　虚宿

紫黄赤
白白碧
绿白黑

天道行东南，日躔在丑宫，宜用艮巽坤乾时

初二日冬至 23:03　初一日朔 9:43

十七日小寒 16:23　十五日望 18:02

农历	初一	初二	初三	初四	初五	初六	初七	初八	初九	初十	十一	十二	十三	十四	十五	十六	十七	十八	十九	二十	廿一	廿二	廿三	廿四	廿五	廿六	廿七	廿八	廿九	三十
阳历	20	21	22	23	24	25	26	27	28	29	30	31	1月	2	3	4	5	6	7	8	9	10	11	12	13	14	15	16	17	18
星期	六	日	一	二	三	四	五	六	日	一	二	三	四	五	六	日	一	二	三	四	五	六	日	一	二	三	四	五	六	日
干支	癸亥	甲子	乙丑	丙寅	丁卯	戊辰	己巳	庚午	辛未	壬申	癸酉	甲戌	乙亥	丙子	丁丑	戊寅	己卯	庚辰	辛巳	壬午	癸未	甲申	乙酉	丙戌	丁亥	戊子	己丑	庚寅	辛卯	壬辰
28宿	女闭	虚建	危除	室满	壁平	奎定	娄执	胃破	昴危	毕成	觜收	参开	井闭	鬼建	柳除	星满	张满	翼平	轸定	角执	亢破	氐危	房成	心收	尾开	箕闭	斗建	牛除	女满	虚平
五行	水	金	金	火	火	木	木	土	土	金	金	火	火	水	水	土	土	金	金	木	木	水	水	土	土	火	火	木	木	水
吉时（节元）	卯辰午未	冬至上1	丑寅卯申	子卯午酉	寅卯午未	丑卯巳申	冬至中7	丑寅午申	寅卯巳申	子丑辰巳	寅辰巳午	冬至下4	子丑寅卯	子丑戌亥	寅卯巳午	丑辰巳未	小寒上2	丑寅辰午	丑寅午未	丑卯午未	寅卯辰巳	小寒中8	子丑寅酉	子丑辰巳	丑辰酉戌	丑卯巳申	小寒下5	子丑辰巳	子寅卯巳	丑寅辰巳
黄道黑道	朱雀	金匮	天德	白虎	玉堂	天牢	元武	司命	勾陈	青龙	明堂	天刑	朱雀	金匮	天德	白虎	天德	白虎	玉堂	天牢	元武	司命	勾陈	青龙	明堂	天刑	朱雀	金匮	天德	白虎
八卦	兑	离	震	巽	坎	艮	坤	乾	兑	离	震	巽	坎	艮	坤	乾	兑	离	震	巽	坎	艮	坤	乾	兑	离	震	巽	坎	艮
方位	东南正南	东北东南	西北东南	西南正西	正南正西	东南正北	东北正北	西北正东	西南正东	正南正南	东南正南	东北东南	西北东南	西南正西	正南正西	东南正北	东北正北	西北正东	西南正东	正南正南	东南正南	东北东南	西北东南	西南正西	正南正西	东南正北	东北正北	西北正东	西南正东	正南正南
五脏	肾	肺	肺	心	心	肝	肝	脾	脾	肺	肺	心	心	肾	肾	脾	脾	肺	肺	肝	肝	肾	肾	脾	脾	心	心	肝	肝	肾
子时时辰	壬子	甲子	丙子	戊子	庚子	壬子	甲子	丙子	戊子	庚子	壬子	甲子	丙子	戊子	庚子	壬子	甲子	丙子	戊子	庚子	壬子	甲子	丙子	戊子	庚子	壬子	甲子	丙子	戊子	庚子
农事节令	巳时朔，离日，澳门回归日	夜子冬至，一九	农暴		平安夜	圣诞节	毛泽东诞辰	上弦			二九		元旦		酉时望		申时小寒			三九	杨公忌		下弦				农暴		四九	

公元 2025 年　农历乙巳(蛇)年(闰六月)

十二月小	白绿白 赤紫黑 碧黄白	天道行西，日躔在子宫，宜用癸乙丁辛时
季冬之月　牛月　己丑　危宿		初二日**大寒** 9:45　初一日**朔** 3:51 十七日**立春** 4:02　十五日**望** 6:09

农历	初初初初初初初初初初十十十十十十十十十二廿廿廿廿廿廿廿廿廿三 一二三四五六七八九十一二三四五六七八九十一二三四五六七八九十
阳历	19 20 21 22 23 24 25 26 27 28 29 30 31 2月 2 3 4 5 6 7 8 9 10 11 12 13 14 15 16
星期	一二三四五六日一二三四五六日一二三四五六日一二三四五六日一
干支	癸甲乙丙丁戊己庚辛壬癸甲乙丙丁戊己庚辛壬癸甲乙丙丁戊己庚辛 巳午未申酉戌亥子丑寅卯辰巳午未申酉戌亥子丑寅卯辰巳午未申酉
28宿	危室壁奎娄胃昴毕觜参井鬼柳星张翼轸角亢氐房心尾箕斗牛女虚危 定执破危成收开闭建除满平定执破危危成收开闭建除满平定执破危
五行	水金金火火木木土土金金火火水水土土金金木木水水土土火火木木
吉时（节元）	丑大寅子子寅大子寅子寅大子丑巳子立丑丑子子立子子辰卯立辰寅 卯寒卯丑丑卯寒丑卯丑卯寒丑午午丑春巳午丑丑春卯寅巳午春巳巳 辰上午未寅未中卯申午巳下申申申辰上午未午辰中午申午未下未午 巳3申戌午申9申亥未午6戌酉酉巳8申申未巳5申酉未申2申未
黄道黑道	玉天元司勾青明天朱金天白玉天元司元司勾青明天朱金天白玉天元 堂牢武命陈龙堂刑雀匮德虎堂牢武命武命陈龙堂刑雀匮德虎堂牢武
八卦	离震巽坎艮坤乾兑离震巽坎艮坤乾兑离震巽坎艮坤乾兑离震巽坎艮
方位	东东西西正东东西西正东东西西正东东西西正东东西西正东东西西 南北北南南南北北南南南北北南南南北北南南南北北南南南北北南 正东东正正正正正正正正东东正正正正正正正正东东正正正正正正 南南南西西北北东东南南南南西西北北东东南南南南西西北北东东
五脏	肾肺肺心心肝肝脾脾肺肺心心肾肾脾脾肺肺肝肝肾肾脾脾心心肝肝
子时时辰	壬甲丙戊庚壬甲丙戊庚壬甲丙戊庚壬甲丙戊庚壬甲丙戊庚壬甲丙戊 子子子子子子子子子子子子子子子子子子子子子子子子子子子子子
农事节令	寅时朔；巳时大寒；上弦，腊八节，五九，农暴；农暴；卯时望；绝日，南岳大帝诞；寅时立春，六九；杨公忌；下弦；小年，扫尘节；七九；情人节，农暴，西帝朝天；除夕

公元 2026 年
农历丙午(马)年

丙午岁干火支火,纳音属水。大利东西,不利南北。

七龙治水,四牛耕地,十日得辛,一人五饼。

太岁文折,九星一白,行路红马,天河阳水。岁德在丙,岁德合在辛,岁禄在巳,岁马在申,奏书在巽,博士在乾,阳贵人在酉,阴贵人在亥,太阳在未,太阴在酉,龙德在丑,福德在卯。

太岁在午,岁破在子,力士在坤,蚕室在艮,豹尾在辰,飞廉在寅。

公元 2026 年　　　农历丙午(马)年

正月大

孟春之月　虎月　庚寅　室宿

天道行南，日躔在亥宫，宜用甲丙庚壬时

初二日**雨水** 23:52　初一日**朔** 20:01

十七日**惊蛰** 21:59　十五日**望** 19:37

农历	初一	初二	初三	初四	初五	初六	初七	初八	初九	初十	十一	十二	十三	十四	十五	十六	十七	十八	十九	二十	廿一	廿二	廿三	廿四	廿五	廿六	廿七	廿八	廿九	三十
阳历	17	18	19	20	21	22	23	24	25	26	27	28	3月	2	3	4	5	6	7	8	9	10	11	12	13	14	15	16	17	18
星期	二	三	四	五	六	日	一	二	三	四	五	六	日	一	二	三	四	五	六	日	一	二	三	四	五	六	日	一	二	三
干支	壬戌	癸亥	甲子	乙丑	丙寅	丁卯	戊辰	己巳	庚午	辛未	壬申	癸酉	甲戌	乙亥	丙子	丁丑	戊寅	己卯	庚辰	辛巳	壬午	癸未	甲申	乙酉	丙戌	丁亥	戊子	己丑	庚寅	辛卯
28宿	室	壁	奎	娄	胃	昴	毕	觜	参	井	鬼	柳	星	张	翼	轸	角	亢	氐	房	心	尾	箕	斗	牛	女	虚	危	室	壁
	成	收	开	闭	建	除	满	平	定	执	破	危	成	收	开	闭	闭	建	除	满	平	定	执	破	危	成	收	开	闭	建
五行	水	水	金	金	火	火	木	木	土	土	金	金	火	火	水	水	土	土	金	金	木	木	水	水	土	土	火	火	木	木
吉时（节元）	巳午未申	卯辰午未	雨水上9	丑寅卯申	子卯午酉	寅卯午未	丑卯巳申	雨水中6	丑寅午申	寅卯巳申	子丑辰巳	寅辰巳午	雨水下3	子丑寅卯	子丑戌亥	寅卯巳午	丑辰巳未	惊蛰上1	丑寅辰午	丑寅午未	丑卯午未	寅卯辰巳	惊蛰中7	子丑寅酉	子丑辰巳	丑辰酉戌	丑卯巳申	惊蛰下4	子丑辰巳	子寅卯巳
黄道黑道	司命	勾陈	青龙	明堂	天刑	朱雀	金匮	天德	白虎	玉堂	天牢	元武	司命	勾陈	青龙	明堂	青龙	明堂	天刑	朱雀	金匮	天德	白虎	玉堂	天牢	元武	司命	勾陈	青龙	明堂
八卦	乾	兑	离	震	巽	坎	艮	坤	乾	兑	离	震	巽	坎	艮	坤	乾	兑	离	震	巽	坎	艮	坤	乾	兑	离	震	巽	坎
方位	正南正南	东南正南	东北东南	西北东南	西南正西	正南正西	东南正北	东北正北	西北正东	西南正东	正南正南	东南正南	东北东南	西北东南	西南正西	正南正西	东南正北	东北正北	西北正东	西南正东	正南正南	东南正南	东北东南	西北东南	西南正西	正南正西	东南正北	东北正北	西北正东	西南正东
五脏	肾	肾	肺	肺	心	心	肝	肝	脾	脾	肺	肺	心	心	肾	肾	脾	脾	肺	肺	肝	肝	肾	肾	脾	脾	心	心	肝	肝
子时时辰	庚子	壬子	甲子	丙子	戊子	庚子	壬子	甲子	丙子	戊子	庚子	壬子	甲子	丙子	戊子	庚子	壬子	甲子	丙子	戊子	庚子	壬子	甲子	丙子	戊子	庚子	壬子	甲子	丙子	戊子
农事节令	春节，戌时朔	夜子雨水，财神节		四牛耕地	一人五饼，破五节		七龙治水，人胜节	上弦	农暴	十日得辛，土神诞		农暴	杨公忌		戌时望，元宵节，九九		亥时惊蛰		农暴	妇女节			下弦	植树节	填仓节		消费者权益日		送穷节，农暴	

公元 2026 年　　农历丙午(马)年

二月小

仲春之月　兔月　辛卯　壁宿

白	黑	绿
黄	赤	紫
白	碧	白

天道行西南，日躔在戌宫，宜用艮巽坤乾时

初二日**春分** 22:46　初一日**朔** 9:23

十八日**清明** 2:40　十五日**望** 10:12

农历	初初初初初初初初初初十十十十十十十十十二廿廿廿廿廿廿廿廿廿三 一二三四五六七八九十一二三四五六七八九十一二三四五六七八九十
阳历	19 20 21 22 23 24 25 26 27 28 29 30 31 4月 2 3 4 5 6 7 8 9 10 11 12 13 14 15 16
星期	四五六日一二三四五六日一二三四五六日一二三四五六日一二三四
干支	壬癸甲乙丙丁戊己庚辛壬癸甲乙丙丁戊己庚辛壬癸甲乙丙丁戊己庚 辰巳午未申酉戌亥子丑寅卯辰巳午未申酉戌亥子丑寅卯辰巳午未申
28宿	奎娄胃昴毕觜参井鬼柳星张翼轸角亢氐房心尾箕斗牛女虚危室壁奎 除满平定执破危成收开闭建除满平定执执破危成收开闭建除满平定
五行	水水金金火火木木土土金金火火水水土土金金木木水水土土火火木
吉时（节元）	丑丑春寅子子寅春子寅子寅春子丑巳子清丑丑子子清子子辰卯清辰 寅卯分卯丑丑卯分丑卯丑卯分丑午午丑明巳午丑丑明卯寅巳午明巳 辰辰上午未寅未中卯申午巳下申申申辰上午未午辰中午申午未下未 巳巳3申戌午申9申亥未午6戌酉酉巳4申申未巳1申酉未申7申
黄道黑道	天朱金天白玉天元司勾青明天朱金天白天白玉天元司勾青明天朱金 刑雀匮德虎堂牢武命陈龙堂刑雀匮德虎德虎堂牢武命陈龙堂刑雀匮
八卦	兑离震巽坎艮坤乾兑离震巽坎艮坤乾兑离震巽坎艮坤乾兑离震巽坎
方位	正东东西西正东东西西正东东西西正东东西西正东东西西正东东西 南南北北南南南北北南南南北北南南南北北南南南北北南南南北北 正正东东正正正正正正正正东东正正正正正正正正东东正正正正正 南南南南西西北北东东南南南南西西北北东东南南南南西西北北东
五脏	肾肾肺肺心心肝肝脾脾肺肺心心肾肾脾脾肺肺肝肝肾肾脾脾心心肝
子时时辰	庚壬甲丙戊庚壬甲丙戊庚壬甲丙戊庚壬甲丙戊庚壬甲丙戊庚壬甲丙 子子子子子子子子子子子子子子子子子子子子子子子子子子子子子
农事节令	巳时朔，离日，中和节 亥时春分，龙头节，闺女节，农暴 农暴，世界森林日 世界水日 世界气象日 世界防治结核病日 春社，上戊，春斫暴 上弦，农暴 农暴 乌龟暴，杨公忌 农暴 愚人节 巳时望，花朝节 丑时清明 农暴，观音诞 下弦 农暴 农暴

公元 2026 年　　农历丙午(马)年

三月大

季春之月　龙月　壬辰　奎宿

黄	白	碧
绿	白	白
紫	黑	赤

天道行北,日躔在酉宫,宜用癸乙丁辛时

初四日**谷雨** 9:40　初一日**朔** 19:52

十九日**立夏** 19:50　十六日**望** 1:22

农历	初一	初二	初三	初四	初五	初六	初七	初八	初九	初十	十一	十二	十三	十四	十五	十六	十七	十八	十九	二十	廿一	廿二	廿三	廿四	廿五	廿六	廿七	廿八	廿九	三十
阳历	17	18	19	20	21	22	23	24	25	26	27	28	29	30	5月	2	3	4	5	6	7	8	9	10	11	12	13	14	15	16
星期	五	六	日	一	二	三	四	五	六	日	一	二	三	四	五	六	日	一	二	三	四	五	六	日	一	二	三	四	五	六
干支	辛酉	壬戌	癸亥	甲子	乙丑	丙寅	丁卯	戊辰	己巳	庚午	辛未	壬申	癸酉	甲戌	乙亥	丙子	丁丑	戊寅	己卯	庚辰	辛巳	壬午	癸未	甲申	乙酉	丙戌	丁亥	戊子	己丑	庚寅
28宿	娄	胃	昴	毕	觜	参	井	鬼	柳	星	张	翼	轸	角	亢	氐	房	心	尾	箕	斗	牛	女	虚	危	室	壁	奎	娄	胃
	执	破	危	成	收	开	闭	建	除	满	平	定	执	破	危	成	收	开	开	闭	建	除	满	平	定	执	破	危	成	收
五行	木	水	水	金	金	火	火	木	木	土	土	金	金	火	火	水	水	土	土	金	金	木	木	水	水	土	土	火	火	木
吉时(节元)	寅巳午未	巳午未申	卯辰午未	谷雨上5	丑寅卯申	子卯午酉	寅卯午未	丑卯巳申	谷雨中2	丑寅午申	寅卯巳申	子丑辰巳	寅辰巳午	谷雨下8	子丑寅卯	子丑戌亥	寅卯巳午	丑辰巳未	立夏上4	丑寅辰午	丑寅午未	丑卯午未	寅卯辰巳	立夏中1	子丑寅酉	子丑辰巳	丑辰酉戌	丑卯巳申	立夏下7	子丑辰巳
黄道黑道	天德	白虎	玉堂	天牢	元武	司命	勾陈	青龙	明堂	天刑	朱雀	金匮	天德	白虎	玉堂	天牢	元武	司命	元武	司命	勾陈	青龙	明堂	天刑	朱雀	金匮	天德	白虎	玉堂	天牢
八卦	离	震	巽	坎	艮	坤	乾	兑	离	震	巽	坎	艮	坤	乾	兑	离	震	巽	坎	艮	坤	乾	兑	离	震	巽	坎	艮	坤
方位	西南正东	正南正南	东南正南	东北东南	西北东南	西南正西	正南正西	东南正北	东北正北	西北正东	西南正东	正南正南	东南正南	东北东南	西北东南	西南正西	正南正西	东南正北	东北正北	西北正东	西南正东	正南正南	东南正南	东北东南	西北东南	西南正西	正南正西	东南正北	东北正北	西北正东
五脏	肝	肾	肾	肺	肺	心	心	肝	肝	脾	脾	肺	肺	心	心	肾	肾	脾	脾	肺	肺	肝	肝	肾	肾	脾	脾	心	心	肝
子时时辰	戊子	庚子	壬子	甲子	丙子	戊子	庚子	壬子	甲子	丙子	戊子	庚子	壬子	甲子	丙子	戊子	庚子	壬子	甲子	丙子	戊子	庚子	壬子	甲子	丙子	戊子	庚子	壬子	甲子	丙子
农事节令	戌时朔		三月三,桃花暴	巳时谷雨		世界地球日	农暴	上弦	杨公忌						农暴,劳动节	丑时望		五四青年节	戌时立夏,南斗下降				下弦,天石暴	母亲节	猴子暴	农暴,防灾减灾日		东帝暴	国际家庭日	

四月小

孟夏之月　蛇月　癸巳　娄宿

绿碧白　紫黄白　黑赤白

天道行西，日躔在申宫，宜用甲丙庚壬时

初五日**小满** 8:38　初一日**朔** 4:01

二十日**芒种** 23:50　十五日**望** 16:45

农历	初一	初二	初三	初四	初五	初六	初七	初八	初九	初十	十一	十二	十三	十四	十五	十六	十七	十八	十九	二十	廿一	廿二	廿三	廿四	廿五	廿六	廿七	廿八	廿九	三十
阳历	17	18	19	20	21	22	23	24	25	26	27	28	29	30	31	6月	2	3	4	5	6	7	8	9	10	11	12	13	14	
星期	日	一	二	三	四	五	六	日	一	二	三	四	五	六	日	一	二	三	四	五	六	日	一	二	三	四	五	六	日	
干支	辛卯	壬辰	癸巳	甲午	乙未	丙申	丁酉	戊戌	己亥	庚子	辛丑	壬寅	癸卯	甲辰	乙巳	丙午	丁未	戊申	己酉	庚戌	辛亥	壬子	癸丑	甲寅	乙卯	丙辰	丁巳	戊午	己未	
28宿	昴	毕	觜	参	井	鬼	柳	星	张	翼	轸	角	亢	氐	房	心	尾	箕	斗	牛	女	虚	危	室	壁	奎	娄	胃	昴	
	开	闭	建	除	满	平	定	执	破	危	成	收	开	闭	建	除	满	平	定	定	执	破	危	成	收	开	闭	建	除	
五行	木	水	水	金	金	火	火	木	木	土	土	金	金	火	火	水	水	土	土	金	金	木	木	水	水	土	土	火	火	
吉时（节元）	子寅卯巳	丑寅辰巳	丑卯辰巳	小满上5	寅卯午申	子丑未戌	子丑寅午	寅卯未申	小满中2	子丑卯申	寅卯申亥	子丑午未	寅卯巳午	小满下8	子丑申戌	丑午申酉	巳午申酉	子丑辰巳	芒种上6	丑巳午申	丑午未申	子丑午未	子丑辰巳	芒种中3	子卯午申	子寅申酉	辰巳午未	卯午未申	芒种下9	
黄道黑道	元武	司命	勾陈	青龙	明堂	天刑	朱雀	金匮	天德	白虎	玉堂	天牢	元武	司命	勾陈	青龙	明堂	天刑	朱雀	天刑	朱雀	金匮	天德	白虎	玉堂	天牢	元武	司命	勾陈	
八卦	震	巽	坎	艮	坤	乾	兑	离	震	巽	坎	艮	坤	乾	兑	离	震	巽	坎	艮	坤	乾	兑	离	震	巽	坎	艮	坤	
方位	西南正东	正南正南	东南正南	东北东南	西北东南	西南正西	正南正西	东南正北	东北正北	西北正东	西南正东	正南正南	东南正南	东北东南	西北东南	西南正西	正南正西	东南正北	东北正北	西北正东	西南正东	正南正南	东南正南	东北东南	西北东南	西南正西	正南正西	东南正北	东北正北	
五脏	肝	肾	肾	肺	肺	心	心	肝	肝	脾	脾	肺	肺	心	心	肾	肾	脾	脾	肺	肺	肝	肝	肾	肾	脾	脾	心	心	
子时时辰	戊子	庚子	壬子	甲子	丙子	戊子	庚子	壬子	甲子	丙子	戊子	庚子	壬子	甲子	丙子	戊子	庚子	壬子	甲子	丙子	戊子	庚子	壬子	甲子	丙子	戊子	庚子	壬子	甲子	
农事节令	寅时朔，农暴				辰时小满		杨公忌	上弦，牛王节，老虎暴							申时望，农暴，世界无烟日	国际儿童节				夜子芒种，世界环境日			下弦		农暴	入梅				

公元 2026 年　　农历丙午(马)年

五月小

仲夏之月　马月　甲午　胃宿

碧	白	白
黑	绿	白
赤	紫	黄

天道行西北，日躔在未宫，宜用艮巽坤乾时

初七日**夏至** 16:26　初一日**朔** 10:53

廿三日**小暑** 9:58　十六日**望** 7:56

农历	初初初初初初初初初初十十十十十十十十十二廿廿廿廿廿廿廿廿廿三 一二三四五六七八九十一二三四五六七八九十一二三四五六七八九十
阳历	15 16 17 18 19 20 21 22 23 24 25 26 27 28 29 30 7月 2 3 4 5 6 7 8 9 10 11 12 13
星期	一二三四五六日一二三四五六日一二三四五六日一二三四五六日一
干支	庚辛壬癸甲乙丙丁戊己庚辛壬癸甲乙丙丁戊己庚辛壬癸甲乙丙丁戊 申酉戌亥子丑寅卯辰巳午未申酉戌亥子丑寅卯辰巳午未申酉戌亥子
28宿	毕觜参井鬼柳星张翼轸角亢氐房心尾箕斗牛女虚危室壁奎娄胃昴毕 满平定执破危成收开闭建除满平定执破危成收开闭闭建除满平定执
五行	木木水水金金火火木木土土金金火火水水土土金金木木水水土土火
吉时（节元）	辰寅巳卯夏丑子寅丑夏丑寅子寅夏子子寅丑小丑丑丑寅小子子丑丑 巳巳午辰至寅卯卯卯至寅卯丑辰至丑丑卯辰暑寅寅卯卯暑丑丑辰卯 未午未午上卯午午巳中午巳辰巳下寅戌巳巳上辰午午辰中寅辰酉巳 申未申未9申酉未申3申申巳午6卯亥午未8午未未巳2酉巳戌申
黄道黑道	青明天朱金天白玉天元司勾青明天朱金天白玉天元天元司勾青明天 龙堂刑雀匮德虎堂牢武命陈龙堂刑雀匮德虎堂牢武牢武命陈龙堂刑
八卦	巽坎艮坤乾兑离震巽坎艮坤乾兑离震巽坎艮坤乾兑离震巽坎艮坤乾
方位	西西正东东西西正东东西西正东东西西正东东西西正东东西西正东 北南南南北北南南南北北南南南北北南南南北北南南南北北南南南 正正正正东东正正正正正正正正东东正正正正正正正正东东正正正 东东南南南南西西北北东东南南南南西西北北东东南南南南西西北
五脏	肝肝肾肾肺肺心心肝肝脾脾肺肺心心肾肾脾脾肺肺肝肝肾肾脾脾心
子时时辰	丙戊庚壬甲丙戊庚壬甲丙戊庚壬甲丙戊庚壬甲丙戊庚壬甲丙戊庚壬 子子子子子子子子子子子子子子子子子子子子子子子子子子子子子
农事节令	巳时朔 端午节，端阳暴，杨公忌 离日 申时夏至，父亲节 上弦 全国土地日 国际禁毒日 磨刀暴 农暴 辰时望 建党节，香港回归日 农暴，分龙 龙母暴 巳时小暑 下弦，出梅

六月大

季夏之月　羊月　乙未　昴宿

黑	赤	紫
白	碧	黄
白	白	绿

天道行东，日躔在午宫，宜用癸乙丁辛时

初十日**大暑** 3:14　初一日**朔** 17:43

廿五日**立秋** 19:44　十六日**望** 22:34

农历	初一	初二	初三	初四	初五	初六	初七	初八	初九	初十	十一	十二	十三	十四	十五	十六	十七	十八	十九	二十	廿一	廿二	廿三	廿四	廿五	廿六	廿七	廿八	廿九	三十
阳历	14	15	16	17	18	19	20	21	22	23	24	25	26	27	28	29	30	31	8月	2	3	4	5	6	7	8	9	10	11	12
星期	二	三	四	五	六	日	一	二	三	四	五	六	日	一	二	三	四	五	六	日	一	二	三	四	五	六	日	一	二	三
干支	己丑	庚寅	辛卯	壬辰	癸巳	甲午	乙未	丙申	丁酉	戊戌	己亥	庚子	辛丑	壬寅	癸卯	甲辰	乙巳	丙午	丁未	戊申	己酉	庚戌	辛亥	壬子	癸丑	甲寅	乙卯	丙辰	丁巳	戊午
28宿	觜	参	井	鬼	柳	星	张	翼	轸	角	亢	氐	房	心	尾	箕	斗	牛	女	虚	危	室	壁	奎	娄	胃	昴	毕	觜	参
	破	危	成	收	开	闭	建	除	满	平	定	执	破	危	成	收	开	闭	建	除	满	平	定	执	执	破	危	成	收	开
五行	火	木	木	水	水	金	金	火	火	木	木	土	土	金	金	火	火	水	水	土	土	金	金	木	木	水	水	土	土	火
吉时（节元）	小暑下5	子丑辰巳	子寅卯巳	丑寅辰巳	丑卯辰巳	大暑上7	寅卯午申	子丑未戌	子丑寅午	寅卯未申	大暑中1	子丑卯申	寅卯申亥	子丑午未	寅卯巳午	大暑下4	子丑申戌	丑午申酉	巳午申酉	子丑辰巳	立秋上2	丑巳午申	丑午未申	子丑午未	子丑辰巳	立秋中5	子卯午申	子寅申酉	辰巳午未	卯午未申
黄道黑道	朱雀	金匮	天德	白虎	玉堂	天牢	元武	司命	勾陈	青龙	明堂	天刑	朱雀	金匮	天德	白虎	玉堂	天牢	元武	司命	勾陈	青龙	明堂	天刑	明堂	天刑	朱雀	金匮	天德	白虎
八卦	坎	艮	坤	乾	兑	离	震	巽	坎	艮	坤	乾	兑	离	震	巽	坎	艮	坤	乾	兑	离	震	巽	坎	艮	坤	乾	兑	离
方位	东北正北	西北正东	西南正东	正南正南	东南正南	东北东南	西北东南	西南正西	正南正西	东南正北	东北正北	西北正东	西南正东	正南正南	东南正南	东北东南	西北东南	西南正西	正南正西	东南正北	东北正北	西北正东	西南正东	正南正南	东南正南	东北东南	西北东南	西南正西	正南正西	东南正北
五脏	心	肝	肝	肾	肾	肺	肺	心	心	肝	肝	脾	脾	肺	肺	心	心	肾	肾	脾	脾	肺	肺	肝	肝	肾	肾	脾	脾	心
子时时辰	甲子	丙子	戊子	庚子	壬子	甲子	丙子	戊子	庚子	壬子	甲子	丙子	戊子	庚子	壬子	甲子	丙子	戊子	庚子	壬子	甲子	丙子	戊子	庚子	壬子	甲子	丙子	戊子	庚子	壬子
农事节令	酉时朔	头伏	杨公忌	荷花节		天贶节，农暴，姑姑节			上弦	寅时大暑		二伏，农暴	鲁斑诞			亥时望			农暴，建军节	农暴				下弦	戌时立秋				农暴	

公元 2026 年　　农历丙午(马)年

七月小

孟秋之月　猴月　丙申　毕宿

白紫黄　白黑赤　白绿碧

天道行北，日躔在巳宫，宜用甲丙庚壬时

十一日**处暑** 10:20　初一日**朔** 1:35

廿六日**白露** 22:42　十六日**望** 12:17

农历	初一	初二	初三	初四	初五	初六	初七	初八	初九	初十	十一	十二	十三	十四	十五	十六	十七	十八	十九	二十	廿一	廿二	廿三	廿四	廿五	廿六	廿七	廿八	廿九	三十
阳历	13	14	15	16	17	18	19	20	21	22	23	24	25	26	27	28	29	30	31	9月	2	3	4	5	6	7	8	9	10	
星期	四	五	六	日	一	二	三	四	五	六	日	一	二	三	四	五	六	日	一	二	三	四	五	六	日	一	二	三	四	
干支	己未	庚申	辛酉	壬戌	癸亥	甲子	乙丑	丙寅	丁卯	戊辰	己巳	庚午	辛未	壬申	癸酉	甲戌	乙亥	丙子	丁丑	戊寅	己卯	庚辰	辛巳	壬午	癸未	甲申	乙酉	丙戌	丁亥	
28宿	井闭	鬼建	柳除	星满	张平	翼定	轸执	角破	亢危	氐成	房收	心开	尾闭	箕建	斗除	牛满	女平	虚定	危执	室破	壁危	奎成	娄收	胃开	昴闭	毕闭	觜建	参除	井满	
五行	火	木	木	水	水	金	金	火	火	木	木	土	土	金	金	火	火	水	水	土	土	金	金	木	木	水	水	土	土	
吉时（节元）	立秋下8	辰巳未申	寅巳午未	巳午未申	卯辰午未	处暑上1	丑寅卯申	子卯午酉	寅卯午未	丑卯巳申	处暑中4	丑寅午申	寅卯巳申	子丑辰巳	寅辰巳午	处暑下7	子丑寅卯	子丑戌亥	寅卯巳午	丑辰巳未	白露上9	丑寅辰午	丑寅午未	丑卯午未	寅卯辰巳	白露中3	子丑寅酉	子丑辰巳	丑辰酉戌	
黄道黑道	玉堂	天牢	元武	司命	勾陈	青龙	明堂	天刑	朱雀	金匮	天德	白虎	玉堂	天牢	元武	司命	勾陈	青龙	明堂	天刑	朱雀	金匮	天德	白虎	玉堂	白虎	玉堂	天牢	元武	
八卦	艮	坤	乾	兑	离	震	巽	坎	艮	坤	乾	兑	离	震	巽	坎	艮	坤	乾	兑	离	震	巽	坎	艮	坤	乾	兑	离	
方位	东北正北	西北正东	西南正东	正南正南	东南正南	东北东南	西北东南	西南正西	正南正西	东南正北	东北正北	西北正东	西南正东	正南正南	东南正南	东北东南	西北东南	西南正西	正南正西	东南正北	东北正北	西北正东	西南正东	正南正南	东南正南	东北东南	西北东南	西南正西	正南正西	
五脏	心	肝	肝	肾	肾	肺	肺	心	心	肝	肝	脾	脾	肺	肺	心	心	肾	肾	脾	脾	肺	肺	肝	肝	肾	肾	脾	脾	
子时时辰	甲子	丙子	戊子	庚子	壬子	甲子	丙子	戊子	庚子	壬子	甲子	丙子	戊子	庚子	壬子	甲子	丙子	戊子	庚子	壬子	甲子	丙子	戊子	庚子	壬子	甲子	丙子	戊子	庚子	
农事节令	丑时朔，杨公忌	三伏					七夕，农暴	上弦			巳时处暑				中元节	午时望	农暴	王母诞					下弦			亥时白露		农暴	杨公忌，教师节	

公元 2026 年　　农历丙午(马)年

八月小　仲秋之月　鸡月　丁酉　觜宿	紫黄赤 白白碧 绿白黑	天道行东北,日躔在辰宫,宜用艮巽坤乾时 十三日秋分 8:06　初一日朔 11:25 廿八日寒露 14:30　十七日望 0:47

农历	初初初初初初初初初初十十十十十十十十十二廿廿廿廿廿廿廿廿廿三 一二三四五六七八九十一二三四五六七八九十一二三四五六七八九十
阳历	11 12 13 14 15 16 17 18 19 20 21 22 23 24 25 26 27 28 29 30 10月 2 3 4 5 6 7 8 9
星期	五六日一二三四五六日一二三四五六日一二三四五六日一二三四五
干支	戊己庚辛壬癸甲乙丙丁戊己庚辛壬癸甲乙丙丁戊己庚辛壬癸甲乙丙 子丑寅卯辰巳午未申酉戌亥子丑寅卯辰巳午未申酉戌亥子丑寅卯辰
28宿	鬼柳星张翼轸角亢氐房心尾箕斗牛女虚危室壁奎娄胃昴毕觜参井鬼 平定执破危成收开闭建除满平定执破危成收开闭建除满平定执执破
五行	火火木木水水金金火火木木土土金金火火水水土土金金木木水水土
吉时（节元）	丑白子子丑丑秋寅子子寅秋子寅子寅秋子丑巳子寒丑丑子子寒子子 卯露丑寅寅卯分卯丑丑卯分丑卯丑卯分丑午午丑露巳午丑丑露卯寅 巳下辰卯辰辰上午未寅未中卯申午巳下申申申辰上午未午辰中午申 申6巳巳巳巳7申戌午申1申亥未午4戌酉酉巳6申申未巳9申酉
黄道黑道	司勾青明天朱金天白玉天元司勾青明天朱金天白玉天元司勾青勾青 命陈龙堂刑雀匮德虎堂牢武命陈龙堂刑雀匮德虎堂牢武命陈龙陈龙
八卦	坤乾兑离震巽坎艮坤乾兑离震巽坎艮坤乾兑离震巽坎艮坤乾兑离震
方位	东东西西正东东西西正东东西西正东东西西正东东西西正东东西西 南北北南南南北北南南南北北南南南北北南南南北北南南南北北南 正正正正正正东东正正正正正正正正东东正正正正正正正正东东正 北北东东南南南南西西北北东东南南南南西西北北东东南南南南西
五脏	心心肝肝肾肾肺肺心心肝肝脾脾肺肺心心肾肾脾脾肺肺肝肝肾肾脾
子时时辰	壬甲丙戊庚壬甲丙戊庚壬甲丙戊庚壬甲丙戊庚壬甲丙戊庚壬甲丙戊 子子子子子子子子子子子子子子子子子子子子子子子子子子子子子
农事节令	午时朔,上戊；农暴,北斗下降；上弦,全国科普日；秋社；离日；辰时秋分；中秋节；子时望；孔子诞辰；国庆节,农暴；农暴；下弦；杨公忌；未时寒露

九月大

季秋之月　狗月　戊戌　参宿

白	绿	白
赤	紫	黑
碧	黄	白

天道行南，日躔在卯宫，宜用癸乙丁辛时

十四日**霜降** 17:39　初一日**朔** 23:49

廿九日**立冬** 17:53　十七日**望** 12:11

农历	初一	初二	初三	初四	初五	初六	初七	初八	初九	初十
阳历	10	11	12	13	14	15	16	17	18	19
星期	六	日	一	二	三	四	五	六	日	一
干支	丁巳	戊午	己未	庚申	辛酉	壬戌	癸亥	甲子	乙丑	丙寅
28宿	柳危	星成	张收	翼开	轸闭	角建	亢除	氐满	房平	心定
五行	土	火	火	木	木	水	水	金	金	火
吉时（节元）	辰巳午未	卯午未申	寒露下3	辰巳未申	寅巳午未	巳午未申	卯辰午未	霜降上5	丑寅卯申	子卯午酉
黄道黑道	明堂	天刑	朱雀	金匮	天德	白虎	玉堂	天牢	元武	司命
八卦	乾	兑	离	震	巽	坎	艮	坤	乾	兑
方位	正南正西	东南正北	东北正北	西北正东	西南正东	正南正南	东南正南	东北东南	西北东南	西南正西
五脏	脾	心	心	肝	肝	肾	肾	肺	肺	心
子时时辰	庚子	壬子	甲子	丙子	戊子	庚子	壬子	甲子	丙子	戊子
农事节令	夜子朔，南斗下降				国际减灾日		世界粮食日	世界消除贫困日	上弦，重阳节，农暴	

农历	十一	十二	十三	十四	十五	十六	十七	十八	十九	二十
阳历	20	21	22	23	24	25	26	27	28	29
星期	二	三	四	五	六	日	一	二	三	四
干支	丁卯	戊辰	己巳	庚午	辛未	壬申	癸酉	甲戌	乙亥	丙子
28宿	尾执	箕破	斗危	牛成	女收	虚开	危闭	室建	壁除	奎满
五行	火	木	木	土	土	金	金	火	火	水
吉时（节元）	寅卯午未	丑卯巳申	霜降中8	丑寅午申	寅卯巳申	子丑辰巳	寅辰巳午	霜降下2	子丑寅卯	子丑戌亥
黄道黑道	勾陈	青龙	明堂	天刑	朱雀	金匮	天德	白虎	玉堂	天牢
八卦	离	震	巽	坎	艮	坤	乾	兑	离	震
方位	正南正西	东南正北	东北正北	西北正东	西南正东	正南正南	东南正南	东北东南	西北东南	西南正西
五脏	心	肝	肝	脾	脾	肺	肺	心	心	肾
子时时辰	庚子	壬子	甲子	丙子	戊子	庚子	壬子	甲子	丙子	戊子
农事节令				酉时霜降	联合国日		午时望		农暴	

农历	廿一	廿二	廿三	廿四	廿五	廿六	廿七	廿八	廿九	三十
阳历	30	31	11月	2	3	4	5	6	7	8
星期	五	六	日	一	二	三	四	五	六	日
干支	丁丑	戊寅	己卯	庚辰	辛巳	壬午	癸未	甲申	乙酉	丙戌
28宿	娄平	胃定	昴执	毕破	觜危	参成	井收	鬼开	柳开	星闭
五行	水	土	土	金	金	木	木	水	水	土
吉时（节元）	寅卯巳午	丑辰巳未	立冬上6	丑寅辰午	丑寅午未	丑卯午未	寅卯辰巳	立冬中9	子丑寅酉	子丑辰巳
黄道黑道	元武	司命	勾陈	青龙	明堂	天刑	朱雀	金匮	朱雀	金匮
八卦	巽	坎	艮	坤	乾	兑	离	震	巽	坎
方位	正南正西	东南正北	东北正北	西北正东	西南正东	正南正南	东南正南	东北东南	西北东南	西南正西
五脏	肾	脾	脾	肺	肺	肝	肝	肾	肾	脾
子时时辰	庚子	壬子	甲子	丙子	戊子	庚子	壬子	甲子	丙子	戊子
农事节令		世界勤俭日	万圣节	下弦	杨公忌		冷风信	绝日	酉时立冬	

公元 2026 年　　　　农历丙午(马)年

十月大

孟冬之月　猪月　己亥　井宿

天道行东，日躔在寅宫，宜用甲丙庚壬时

十四日**小雪** 15:24　初一日**朔** 15:00

廿九日**大雪** 10:53　十六日**望** 22:52

农历	初一	初二	初三	初四	初五	初六	初七	初八	初九	初十	十一	十二	十三	十四	十五	十六	十七	十八	十九	二十	廿一	廿二	廿三	廿四	廿五	廿六	廿七	廿八	廿九	三十
阳历	9	10	11	12	13	14	15	16	17	18	19	20	21	22	23	24	25	26	27	28	29	30	12月	2	3	4	5	6	7	8
星期	一	二	三	四	五	六	日	一	二	三	四	五	六	日	一	二	三	四	五	六	日	一	二	三	四	五	六	日	一	二
干支	丁亥	戊子	己丑	庚寅	辛卯	壬辰	癸巳	甲午	乙未	丙申	丁酉	戊戌	己亥	庚子	辛丑	壬寅	癸卯	甲辰	乙巳	丙午	丁未	戊申	己酉	庚戌	辛亥	壬子	癸丑	甲寅	乙卯	丙辰
28宿	张	翼	轸	角	亢	氐	房	心	尾	箕	斗	牛	女	虚	危	室	壁	奎	娄	胃	昴	毕	觜	参	井	鬼	柳	星	张	翼
	建	除	满	平	定	执	破	危	成	收	开	闭	建	除	满	平	定	执	破	危	成	收	开	闭	建	除	满	平	平	定
五行	土	火	火	木	木	水	水	金	金	火	火	木	木	土	土	金	金	火	火	水	水	土	土	金	金	木	木	水	水	土
吉时（节元）	丑	丑	立	子	子	丑	丑	小	寅	子	子	寅	小	子	寅	子	寅	小	子	丑	巳	子	大	丑	丑	子	子	大	子	子
	辰	卯	冬	丑	寅	寅	卯	雪	卯	丑	丑	卯	雪	丑	卯	丑	卯	雪	丑	午	午	丑	雪	巳	午	丑	丑	雪	卯	寅
	酉	巳	下	辰	卯	辰	辰	上	午	未	寅	未	中	卯	申	午	巳	下	申	申	申	辰	上	午	未	午	辰	中	午	申
	戌	申	3	巳	巳	巳	巳	5	申	戌	午	申	8	申	亥	未	午	2	戌	酉	酉	巳	4	申	申	未	巳	7	申	酉
黄道黑道	天德	白虎	玉堂	天牢	元武	司命	勾陈	青龙	明堂	天刑	朱雀	金匮	天德	白虎	玉堂	天牢	元武	司命	勾陈	青龙	明堂	天刑	朱雀	金匮	天德	白虎	玉堂	天牢	玉堂	天牢
八卦	兑	离	震	巽	坎	艮	坤	乾	兑	离	震	巽	坎	艮	坤	乾	兑	离	震	巽	坎	艮	坤	乾	兑	离	震	巽	坎	艮
方位	正南	东南	东北	西北	西南	正南	东南	东北	西北	西南	正南	东南	东北	西北	西南	正南	东南	东北	西北	西南	正南	东南	东北	西北	西南	正南	东南	东北	西北	西南
	正西	正北	正北	正东	正东	正南	正南	东南	东南	正西	正西	正北	正北	正东	正东	正南	正南	东南	东南	正西	正西	正北	正北	正东	正东	正南	正南	东南	东南	正西
五脏	脾	心	心	肝	肝	肾	肾	肺	肺	心	心	肝	肝	脾	脾	肺	肺	心	心	肾	肾	脾	脾	肺	肺	肝	肝	肾	肾	脾
子时时辰	庚子	壬子	甲子	丙子	戊子	庚子	壬子	甲子	丙子	戊子	庚子	壬子	甲子	丙子	戊子	庚子	壬子	甲子	丙子	戊子	庚子	壬子	甲子	丙子	戊子	庚子	壬子	甲子	丙子	戊子
农事节令	申时朔								上弦，国际大学生节	农暴				中时小雪	下元节	亥时望，寒婆婆生		感恩节		农暴			农暴，杨公忌，世界艾滋病日	下弦		寒婆婆死	五岳诞		巳时大雪	

公元 2026 年　　农历丙午(马)年

十一月大

仲冬之月　鼠月　庚子　鬼宿

白黑绿
黄赤紫
白碧白

天道行东南，日躔在丑宫，宜用艮巽坤乾时

十四日**冬至** 4:51　初一日**朔** 8:51

廿八日**小寒** 22:10　十六日**望** 9:27

农历	初一	初二	初三	初四	初五	初六	初七	初八	初九	初十	十一	十二	十三	十四	十五
阳历	9	10	11	12	13	14	15	16	17	18	19	20	21	22	23
星期	三	四	五	六	日	一	二	三	四	五	六	日	一	二	三
干支	丁巳	戊午	己未	庚申	辛酉	壬戌	癸亥	甲子	乙丑	丙寅	丁卯	戊辰	己巳	庚午	辛未
28宿	轸	角	亢	氐	房	心	尾	箕	斗	牛	女	虚	危	室	壁
	执	破	危	成	收	开	闭	建	除	满	平	定	执	破	危
五行	土	火	火	木	木	水	水	金	金	火	火	木	木	土	土
吉时（节元）	辰 巳 午 未	卯 午 未 申	大 雪 下 1	辰 巳 未 申	寅 巳 午 未	巳 午 未 申	卯 辰 午 未	冬 至 上 1	丑 寅 卯 申	子 卯 午 酉	寅 卯 午 未	丑 卯 巳 申	冬 至 中 7	丑 寅 午 申	寅 卯 巳 申
黄道黑道	元武	司命	勾陈	青龙	明堂	天刑	朱雀	金匮	天德	白虎	玉堂	天牢	元武	司命	勾陈
八卦	离	震	巽	坎	艮	坤	乾	兑	离	震	巽	坎	艮	坤	乾
方位	正南 正西	东南 正北	东北 正北	西北 正东	西南 正东	正南 正南	东南 正南	东北 东南	西北 东南	西南 正西	正南 正西	东南 正北	东北 正北	西北 正东	西南 正东
五脏	脾	心	心	肝	肝	肾	肾	肺	肺	心	心	肝	肝	脾	脾
子时时辰	庚子	壬子	甲子	丙子	戊子	庚子	壬子	甲子	丙子	戊子	庚子	壬子	甲子	丙子	戊子
农事节令	辰时朔		农暴					上弦				澳门回归日	离日	寅时冬至，一九	

农历	十六	十七	十八	十九	二十	廿一	廿二	廿三	廿四	廿五	廿六	廿七	廿八	廿九	三十
阳历	24	25	26	27	28	29	30	31	1月	2	3	4	5	6	7
星期	四	五	六	日	一	二	三	四	五	六	日	一	二	三	四
干支	壬申	癸酉	甲戌	乙亥	丙子	丁丑	戊寅	己卯	庚辰	辛巳	壬午	癸未	甲申	乙酉	丙戌
28宿	奎	娄	胃	昴	毕	觜	参	井	鬼	柳	星	张	翼	轸	角
	成	收	开	闭	建	除	满	平	定	执	破	危	危	成	收
五行	金	金	火	火	水	水	土	土	金	金	木	木	水	水	土
吉时（节元）	子 丑 辰 巳	寅 辰 巳 午	冬 至 下 4	子 丑 寅 卯	子 丑 戌 亥	寅 卯 巳 午	丑 辰 巳 未	小 寒 上 2	丑 寅 辰 午	丑 寅 午 未	丑 卯 午 未	寅 卯 辰 巳	小 寒 中 8	子 丑 寅 酉	子 丑 辰 巳
黄道黑道	青龙	明堂	天刑	朱雀	金匮	天德	白虎	玉堂	天牢	元武	司命	勾陈	司命	勾陈	青龙
八卦	兑	离	震	巽	坎	艮	坤	乾	兑	离	震	巽	坎	艮	坤
方位	正南 正南	东南 正南	东北 东南	西北 东南	西南 正西	正南 正西	东南 正北	东北 正北	西北 正东	西南 正东	正南 正南	东南 正南	东北 东南	西北 东南	西南 正西
五脏	肺	肺	心	心	肾	肾	脾	脾	肺	肺	肝	肝	肾	肾	脾
子时时辰	庚子	壬子	甲子	丙子	戊子	庚子	壬子	甲子	丙子	戊子	庚子	壬子	甲子	丙子	戊子
农事节令	巳时望，平安夜	圣诞节	毛泽东诞辰			杨公忌		二九	下弦，元旦			农暴	亥时小寒		

公元 2026 年　　农历丙午(马)年

十二月小	黄白碧 绿白白 紫黑赤	天道行西，日躔在子宫，宜用癸乙丁辛时
季之 牛 辛 柳 冬月 月 丑 宿		十三日**大寒** 15:30　初一日**朔** 4:24 廿八日**立春** 9:47　十五日**望** 20:17

农历	初初初初初初初初初初十十十十十十十十十二廿廿廿廿廿廿廿廿廿三 一二三四五六七八九十一二三四五六七八九十一二三四五六七八九十
阳历	8 9 10 11 12 13 14 15 16 17 18 19 20 21 22 23 24 25 26 27 28 29 30 31 2月 2 3 4 5
星期	五六日一二三四五六日一二三四五六日一二三四五六日一二三四五
干支	丁戊己庚辛壬癸甲乙丙丁戊己庚辛壬癸甲乙丙丁戊己庚辛壬癸甲乙 亥子丑寅卯辰巳午未申酉戌亥子丑寅卯辰巳午未申酉戌亥子丑寅卯
28宿	亢氐房心尾箕斗牛女虚危室壁奎娄胃昴毕觜参井鬼柳星张翼轸角亢 开闭建除满平定执破危成收开闭建除满平定执破危成收开闭建建除
五行	土火火木木水水金金火火木木土土金金火火水水土土金金木木水水
吉时（节元）	丑丑小子子丑丑大寅子子寅大子寅子寅大子丑巳子立丑丑子子立子 辰卯寒丑寅寅卯寒卯丑丑卯寒丑卯丑卯寒丑午午丑春巳午丑丑春卯 酉巳下辰卯辰辰上午未寅未中卯申午巳下申申申辰上午未午辰中午 戌申5巳巳巳巳3申戌午申9申亥未午6戌酉酉巳8申申未巳5申
黄道黑道	明天朱金天白玉天元司勾青明天朱金天白玉天元司勾青明天朱天朱 堂刑雀匮德虎堂牢武命陈龙堂刑雀匮德虎堂牢武命陈龙堂刑雀刑雀
八卦	震巽坎艮坤乾兑离震巽坎艮坤乾兑离震巽坎艮坤乾兑离震巽坎艮坤
方位	正东东西西正东东西西正东东西西正东东西西正东东西西正东东西 南南北北南南南北北南南南北北南南南北北南南南北北南南南北北 正正正正正正正东东正正正正正正正正东东正正正正正正正正东东 西北北东东南南南南西西北北东东南南南南西西北北东东南南南南
五脏	脾心心肝肝肾肾肺肺心心肝肝脾脾肺肺心心肾肾脾脾肺肺肝肝肾肾
子时时辰	庚壬甲丙戊庚壬甲丙戊庚壬甲丙戊庚壬甲丙戊庚壬甲丙戊庚壬甲丙 子子子子子子子子子子子子子子子子子子子子子子子子子子子子子
农事节令	寅时朔 三九 上弦，腊八节，农暴 四九 申时大寒 农暴 戌时望 南岳大帝诞 杨公忌 五九 下弦 扫尘节，小年 农暴，西帝朝天 巳时立春 除夕，六九

公元 2027 年
农历丁未(羊)年

丁未岁干火支土，纳音属水。大利南北，不利西东。

一龙治水，十牛耕地，六日得辛，七人一饼。

太岁缪丙，九星九紫，失群红羊，天河阴水。岁德在壬，岁德合在丁，岁禄在午，岁马在巳，奏书在巽，博士在乾，阳贵人在亥，阴贵人在酉，太阳在申，太阴在戌，龙德在寅，福德在辰。

太岁在未，岁破在丑，力士在坤，蚕室在艮，豹尾在丑，飞廉在卯。

公元 2027 年　　农历丁未(羊)年

正 月 大

孟春之月　虎月　壬寅　星宿

绿碧白　紫黄白　黑赤白

天道行南，日躔在亥宫，宜用甲丙庚壬时

十四日**雨水** 5:34　初一日**朔** 0:55

廿九日**惊蛰** 3:40　十六日**望** 7:23

农历	初一	初二	初三	初四	初五	初六	初七	初八	初九	初十	十一	十二	十三	十四	十五	十六	十七	十八	十九	二十	廿一	廿二	廿三	廿四	廿五	廿六	廿七	廿八	廿九	三十
阳历	6	7	8	9	10	11	12	13	14	15	16	17	18	19	20	21	22	23	24	25	26	27	28	3月	2	3	4	5	6	7
星期	六	日	一	二	三	四	五	六	日	一	二	三	四	五	六	日	一	二	三	四	五	六	日	一	二	三	四	五	六	日
干支	丙辰	丁巳	戊午	己未	庚申	辛酉	壬戌	癸亥	甲子	乙丑	丙寅	丁卯	戊辰	己巳	庚午	辛未	壬申	癸酉	甲戌	乙亥	丙子	丁丑	戊寅	己卯	庚辰	辛巳	壬午	癸未	甲申	乙酉
28宿	氐	房	心	尾	箕	斗	牛	女	虚	危	室	壁	奎	娄	胃	昴	毕	觜	参	井	鬼	柳	星	张	翼	轸	角	亢	氐	房
	满	平	定	执	破	危	成	收	开	闭	建	除	满	平	定	执	破	危	成	收	开	闭	建	除	满	平	定	执	执	破
五行	土	土	火	火	木	木	水	水	金	金	火	火	木	木	土	土	金	金	火	火	水	水	土	土	金	金	木	木	水	水
吉时（节元）	子寅申酉	辰巳午未	卯午未申	立春下2	辰巳未申	寅巳午未	巳午未申	卯辰午未	雨水上9	丑寅卯申	子卯午酉	寅卯午未	丑卯巳申	雨水中6	丑寅午申	寅卯巳申	子丑辰巳	寅辰巳午	雨水下3	子丑寅卯	子丑戌亥	寅卯巳午	丑辰巳未	惊蛰上1	丑寅辰午	丑寅午未	丑卯午未	寅卯辰巳	惊蛰中7	子丑寅酉
黄道黑道	金匮	天德	白虎	玉堂	天牢	元武	司命	勾陈	青龙	明堂	天刑	朱雀	金匮	天德	白虎	玉堂	天牢	元武	司命	勾陈	青龙	明堂	天刑	朱雀	金匮	天德	白虎	玉堂	白虎	玉堂
八卦	兑	离	震	巽	坎	艮	坤	乾	兑	离	震	巽	坎	艮	坤	乾	兑	离	震	巽	坎	艮	坤	乾	兑	离	震	巽	坎	艮
方位	西南正西	正南正西	东南正北	东北正北	西北正东	西南正东	正南正南	东南正南	东北东南	西北东南	西南正西	正南正西	东南正北	东北正北	西北正东	西南正东	正南正南	东南正南	东北东南	西北东南	西南正西	正南正西	东南正北	东北正北	西北正东	西南正东	正南正南	东南正南	东北东南	西北东南
五脏	脾	脾	心	心	肝	肝	肾	肾	肺	肺	心	心	肝	肝	脾	脾	肺	肺	心	心	肾	肾	脾	脾	肺	肺	肝	肝	肾	肾
子时时辰	戊子	庚子	壬子	甲子	丙子	戊子	庚子	壬子	甲子	丙子	戊子	庚子	壬子	甲子	丙子	戊子	庚子	壬子	甲子	丙子	戊子	庚子	壬子	甲子	丙子	戊子	庚子	壬子	甲子	丙子
农事节令	春节，子时朔，一龙治水	财神节			破五节	六日得辛	人胜节，七人一饼	上弦	农暴，七九，情人节	十牛耕地，土神诞			农暴，杨公忌	卯时雨水	元宵节	卯时望		八九	农暴				下弦		填仓节		九九		送穷节，寅时惊蛰，农暴	

二月大

仲春之月　兔月　癸卯　张宿

碧	白	白
黑	绿	白
赤	紫	黄

天道行西南，日躔在戌宫，宜用艮巽坤乾时

十四日**春分**4:25　初一日**朔**17:28

廿九日**清明**8:18　十五日**望**18:42

农历	初一	初二	初三	初四	初五	初六	初七	初八	初九	初十	十一	十二	十三	十四	十五	十六	十七	十八	十九	二十	廿一	廿二	廿三	廿四	廿五	廿六	廿七	廿八	廿九	三十
阳历	8	9	10	11	12	13	14	15	16	17	18	19	20	21	22	23	24	25	26	27	28	29	30	31	4月	2	3	4	5	6
星期	一	二	三	四	五	六	日	一	二	三	四	五	六	日	一	二	三	四	五	六	日	一	二	三	四	五	六	日	一	二
干支	丙戌	丁亥	戊子	己丑	庚寅	辛卯	壬辰	癸巳	甲午	乙未	丙申	丁酉	戊戌	己亥	庚子	辛丑	壬寅	癸卯	甲辰	乙巳	丙午	丁未	戊申	己酉	庚戌	辛亥	壬子	癸丑	甲寅	乙卯
28宿	心	尾	箕	斗	牛	女	虚	危	室	壁	奎	娄	胃	昴	毕	觜	参	井	鬼	柳	星	张	翼	轸	角	亢	氐	房	心	尾
	危	成	收	开	闭	建	除	满	平	定	执	破	危	成	收	开	闭	建	除	满	平	定	执	破	危	成	收	开	开	闭
五行	土	土	火	火	木	木	水	水	金	金	火	火	木	木	土	土	金	金	火	火	水	水	土	土	金	金	木	木	水	水
吉时（节元）	子 丑 辰 巳	丑 辰 酉 戌	惊 蛰 下 4	子 寅 卯 巳	子 丑 辰 巳	子 寅 卯 巳	丑 寅 辰 巳	春 分 上 3	寅 卯 午 未	寅 卯 午 申	子 丑 未 戌	子 丑 寅 午	春 分 中 9	子 丑 寅 午	子 丑 卯 申	寅 卯 申 亥	子 丑 午 未	春 分 下 6	子 丑 午 申	子 丑 申 戌	丑 午 申 酉	巳 午 申 酉	清 明 上 4	子 午 未 申	丑 巳 午 申	丑 午 未 申	子 丑 午 未	清 明 中 1	丑 寅 未 戌	子 卯 午 申
黄道黑道	天牢	元武	司命	勾陈	青龙	明堂	天刑	朱雀	金匮	天德	白虎	玉堂	天牢	元武	司命	勾陈	青龙	明堂	天刑	朱雀	金匮	天德	白虎	玉堂	天牢	元武	司命	勾陈	司命	勾陈
八卦	离	震	巽	坎	艮	坤	乾	兑	离	震	巽	坎	艮	坤	乾	兑	离	震	巽	坎	艮	坤	乾	兑	离	震	巽	坎	艮	坤
方位	西南 正西	正南 正西	东南 正北	东北 正北	西北 正东	西南 正东	正南 正南	东南 正南	东北 东南	西北 东南	西南 正西	正南 正西	东南 正北	东北 正北	西北 正东	西南 正东	正南 正南	东南 正南	东北 东南	西北 东南	西南 正西	正南 正西	东南 正北	东北 正北	西北 正东	西南 正东	正南 正南	东南 正南	东北 东南	西北 东南
五脏	脾	脾	心	心	肝	肝	肾	肾	肺	肺	心	心	肝	肝	脾	脾	肺	肺	心	心	肾	肾	脾	脾	肺	肺	肝	肝	肾	肾
子时时辰	戊子	庚子	壬子	甲子	丙子	戊子	庚子	壬子	甲子	丙子	戊子	庚子	壬子	甲子	丙子	戊子	庚子	壬子	甲子	丙子	戊子	庚子	壬子	甲子	丙子	戊子	庚子	壬子	甲子	丙子
农事节令	酉时朔，妇女节，中和节	龙头节，农暴，闺女节	农暴，上戊				春斫暴	上弦，农暴，消费者权益日	农暴		乌龟暴，杨公忌		离日，春社，农暴	寅时春分，世界森林日	酉时望，花朝节，世界水日	世界气象日	世界防治结核病日		农暴，观音诞				下弦		愚人节			寒食节，农暴	辰时清明，农暴	

公元2027年　　农历丁未(羊)年

三月小

季春　之月　龙月　甲辰　翼宿

黑赤紫
白碧黄
白白绿

天道行北，日躔在酉宫，宜用癸乙丁辛时

十四日谷雨 15:18

初一日朔 7:50

十五日望 6:26

农历	初一	初二	初三	初四	初五	初六	初七	初八	初九	初十	十一	十二	十三	十四	十五	十六	十七	十八	十九	二十	廿一	廿二	廿三	廿四	廿五	廿六	廿七	廿八	廿九	三十
阳历	7	8	9	10	11	12	13	14	15	16	17	18	19	20	21	22	23	24	25	26	27	28	29	30	5月	2	3	4	5	
星期	三	四	五	六	日	一	二	三	四	五	六	日	一	二	三	四	五	六	日	一	二	三	四	五	六	日	一	二	三	
干支	丙辰	丁巳	戊午	己未	庚申	辛酉	壬戌	癸亥	甲子	乙丑	丙寅	丁卯	戊辰	己巳	庚午	辛未	壬申	癸酉	甲戌	乙亥	丙子	丁丑	戊寅	己卯	庚辰	辛巳	壬午	癸未	甲申	
28宿	箕建	斗除	牛满	女平	虚定	危执	室破	壁危	奎成	娄收	胃开	昴闭	毕建	觜除	参满	井平	鬼定	柳执	星破	张危	翼成	轸收	角开	亢闭	氐建	房除	心满	尾平	箕定	
五行	土	土	火	火	木	木	水	水	金	金	火	火	木	木	土	土	金	金	火	火	水	水	土	土	金	金	木	木	水	
吉时（节元）	子寅申酉	辰巳午未	卯午未申	清明下7	辰巳未申	寅巳午未	巳午未申	卯辰午未	谷雨上5	丑寅卯申	子卯午酉	寅卯午未	丑卯巳申	谷雨中2	丑寅午申	寅卯巳申	子丑辰巳	寅辰巳午	谷雨下8	子丑寅卯	子丑戌亥	寅卯巳午	丑辰巳未	立夏上4	丑寅辰午	丑寅午未	丑卯午未	寅卯辰巳	立夏中1	
黄道黑道	青龙	明堂	天刑	朱雀	金匮	天德	白虎	玉堂	天牢	元武	司命	勾陈	青龙	明堂	天刑	朱雀	金匮	天德	白虎	玉堂	天牢	元武	司命	勾陈	青龙	明堂	天刑	朱雀	金匮	
八卦	震	巽	坎	艮	坤	乾	兑	离	震	巽	坎	艮	坤	乾	兑	离	震	巽	坎	艮	坤	乾	兑	离	震	巽	坎	艮	坤	
方位	西南正西	正南正西	东南正北	东北正北	西北正东	西南正东	正南正南	东南正南	东北东南	西北东南	西南正西	正南正西	东南正北	东北正北	西北正东	西南正东	正南正南	东南正南	东北东南	西北东南	西南正西	正南正西	东南正北	东北正北	西北正东	西南正东	正南正南	东南正南	东北东南	
五脏	脾	脾	心	心	肝	肝	肾	肾	肺	肺	心	心	肝	肝	脾	脾	肺	肺	心	心	肾	肾	脾	脾	肺	肺	肝	肝	肾	
子时时辰	戊子	庚子	壬子	甲子	丙子	戊子	庚子	壬子	甲子	丙子	戊子	庚子	壬子	甲子	丙子	戊子	庚子	壬子	甲子	丙子	戊子	庚子	壬子	甲子	丙子	戊子	庚子	壬子	甲子	
农事节令	辰时朔		三月三，桃花暴				农暴	上弦						申时谷雨	卯时望，农暴	世界地球日							下弦，天石暴		猴子暴，国际劳动节	农暴		东帝暴，五四青年节	绝日	

公元 2027 年　　农历丁未(羊)年

四月大

孟夏之月　蛇月　乙巳　轸宿

白白白
紫黑绿
黄赤碧

天道行西，日躔在申宫，宜用甲丙庚壬时

初一日**立夏** 1:25　初一日**朔** 18:57

十六日**小满** 14:19　十五日**望** 18:58

农历	初一	初二	初三	初四	初五	初六	初七	初八	初九	初十	十一	十二	十三	十四	十五	十六	十七	十八	十九	二十	廿一	廿二	廿三	廿四	廿五	廿六	廿七	廿八	廿九	三十
阳历	6	7	8	9	10	11	12	13	14	15	16	17	18	19	20	21	22	23	24	25	26	27	28	29	30	31	6月	2	3	4
星期	四	五	六	日	一	二	三	四	五	六	日	一	二	三	四	五	六	日	一	二	三	四	五	六	日	一	二	三	四	五
干支	乙酉	丙戌	丁亥	戊子	己丑	庚寅	辛卯	壬辰	癸巳	甲午	乙未	丙申	丁酉	戊戌	己亥	庚子	辛丑	壬寅	癸卯	甲辰	乙巳	丙午	丁未	戊申	己酉	庚戌	辛亥	壬子	癸丑	甲寅
28宿	斗定	牛执	女破	虚危	危成	室收	壁开	奎闭	娄建	胃除	昴满	毕平	觜定	参执	井破	鬼危	柳成	星收	张开	翼闭	轸建	角除	亢满	氐平	房定	心执	尾破	箕危	斗成	牛收
五行	水	土	土	火	火	木	木	水	水	金	金	火	火	木	木	土	土	金	金	火	火	水	水	土	土	金	金	木	木	水
吉时（节元）	子丑寅酉	子丑辰巳	丑辰酉戌	丑卯巳申	立夏下7	子丑辰巳	子寅卯巳	丑寅辰巳	丑卯辰巳	小满上5	寅卯午申	子丑未戌	子丑寅午	寅卯未申	小满中2	子丑卯申	寅卯申亥	子丑午未	寅卯巳午	小满下8	子丑申戌	丑午申酉	巳午申酉	子丑辰巳	芒种上6	丑巳午申	丑午未申	子丑午未	子丑辰巳	芒种中3
黄道黑道	朱雀	金匮	天德	白虎	玉堂	天牢	元武	司命	勾陈	青龙	明堂	天刑	朱雀	金匮	天德	白虎	玉堂	天牢	元武	司命	勾陈	青龙	明堂	天刑	朱雀	金匮	天德	白虎	玉堂	天牢
八卦	巽	坎	艮	坤	乾	兑	离	震	巽	坎	艮	坤	乾	兑	离	震	巽	坎	艮	坤	乾	兑	离	震	巽	坎	艮	坤	乾	兑
方位	西北东南	西南正西	正南正西	东南正北	东北正北	西北正东	西南正东	正南正南	东南正南	东北东南	西北东南	西南正西	正南正西	东南正北	东北正北	西北正东	西南正东	正南正南	东南正南	东北东南	西北东南	西南正西	正南正西	东南正北	东北正北	西北正东	西南正东	正南正南	东南正南	东北东南
五脏	肾	脾	脾	心	心	肝	肝	肾	肾	肺	肺	心	心	肝	肝	脾	脾	肺	肺	心	心	肾	肾	脾	脾	肺	肺	肝	肝	肾
子时时辰	丙子	戊子	庚子	壬子	甲子	丙子	戊子	庚子	壬子	甲子	丙子	戊子	庚子	壬子	甲子	丙子	戊子	庚子	壬子	甲子	丙子	戊子	庚子	壬子	甲子	丙子	戊子	庚子	壬子	甲子
农事节令	酉时朔，丑时立夏，农暴			母亲节			防灾减灾日	上弦，牛王节，老虎暴		国际家庭日					酉时望，农暴	未时小满							下弦		农暴	世界无烟日	国际儿童节			

公元2027年　　农历丁未(羊)年

五月小

仲夏　之月　马月　丙午　角宿

紫黄赤
白白碧
绿白黑

天道行西北，日躔在未宫，宜用艮巽坤乾时

初二日芒种 5:26　初一日朔 3:39

十七日夏至 22:11　十五日望 8:43

农历	初初初初初初初初初初十十十十十十十十十二廿廿廿廿廿廿廿廿廿三 一二三四五六七八九十一二三四五六七八九十一二三四五六七八九十
阳历	5 6 7 8 9 10 11 12 13 14 15 16 17 18 19 20 21 22 23 24 25 26 27 28 29 30 7月 2 3
星期	六日一二三四五六日一二三四五六日一二三四五六日一二三四五六
干支	乙丙丁戊己庚辛壬癸甲乙丙丁戊己庚辛壬癸甲乙丙丁戊己庚辛壬癸 卯辰巳午未申酉戌亥子丑寅卯辰巳午未申酉戌亥子丑寅卯辰巳午未
28宿	女虚危室壁奎娄胃昴毕觜参井鬼柳星张翼轸角亢氐房心尾箕斗牛女 开开闭建除满平定执破危成收开闭建除满平定执破危成收开闭建除
五行	水土土火火木木水水金金火火木木土土金金火火水水土土金金木木
吉时(节元)	子子辰卯芒辰寅巳卯夏丑子寅丑夏丑寅子寅夏子子寅丑小丑丑丑寅 卯寅巳午种巳巳午辰至寅卯卯卯至寅卯丑辰至丑丑卯辰暑寅寅卯卯 午申午未下未午未午上卯午午巳中午巳辰巳下寅戌巳巳上辰午午辰 申酉未申9申未申未9申酉未申3申申巳午6卯亥午未8午未未巳
黄道黑道	元天元司勾青明天朱金天白玉天元司勾青明天朱金天白玉天元司勾 武牢武命陈龙堂刑雀匮德虎堂牢武命陈龙堂刑雀匮德虎堂牢武命陈
八卦	坎艮坤乾兑离震巽坎艮坤乾兑离震巽坎艮坤乾兑离震巽坎艮坤乾兑
方位	西西正东东西西正东东西西正东东西西正东东西西正东东西西正东 北南南南北北南南南北北南南南北北南南南北北南南南北北南南南 东正正正正正正正正东东正正正正正正正正东东正正正正正正正正 南西西北北东东南南南南西西北北东东南南南南西西北北东东南南
五脏	肾脾脾心心肝肝肾肾肺肺心心肝肝脾脾肺肺心心肾肾脾脾肺肺肝肝
子时时辰	丙戊庚壬甲丙戊庚壬甲丙戊庚壬甲丙戊庚壬甲丙戊庚壬甲丙戊庚壬 子子子子子子子子子子子子子子子子子子子子子子子子子子子子子
农事节令	寅时朔，世界环境日 卯时芒种，入梅 端午节，端阳暴，杨公忌 上弦 磨刀暴 辰时望，农暴 父亲节 亥时夏至 分龙，农暴，头莳 龙母暴，全国土地日 中莳，国际禁毒日 下弦 末莳 建党节，香港回归日

公元 2027 年　　农历丁未(羊)年

六月小

季夏 之月 羊月 丁未 亢宿

白绿白
赤紫黑
碧黄白

天道行东,日躔在午宫,宜用癸乙丁辛时

初四日**小暑** 15:38　初一日**朔** 11:01

二十日**大暑** 9:05　十五日**望** 23:44

农历	初一	初二	初三	初四	初五	初六	初七	初八	初九	初十	十一	十二	十三	十四	十五	十六	十七	十八	十九	二十	廿一	廿二	廿三	廿四	廿五	廿六	廿七	廿八	廿九	三十
阳历	4	5	6	7	8	9	10	11	12	13	14	15	16	17	18	19	20	21	22	23	24	25	26	27	28	29	30	31	8月	
星期	日	一	二	三	四	五	六	日	一	二	三	四	五	六	日	一	二	三	四	五	六	日	一	二	三	四	五	六	日	
干支	甲申	乙酉	丙戌	丁亥	戊子	己丑	庚寅	辛卯	壬辰	癸巳	甲午	乙未	丙申	丁酉	戊戌	己亥	庚子	辛丑	壬寅	癸卯	甲辰	乙巳	丙午	丁未	戊申	己酉	庚戌	辛亥	壬子	
28宿	虚满	危平	室定	壁定	奎执	娄破	胃危	昴成	毕收	觜开	参闭	井建	鬼除	柳满	星平	张定	翼执	轸破	角危	亢成	氐收	房开	心闭	尾建	箕除	斗满	牛平	女定	虚执	
五行	水	水	土	土	火	火	木	木	水	水	金	金	火	火	木	木	土	土	金	金	火	火	水	水	土	土	金	金	木	
吉时(节元)	小暑中2	子丑寅酉	子丑辰巳	丑辰酉戌	丑卯巳申	小暑下5	子丑辰巳	子寅卯巳	丑寅辰巳	丑卯辰巳	大暑上7	寅卯午申	子丑未戌	子丑寅午	寅卯未申	大暑中1	子丑卯申	寅卯申亥	子丑午未	寅卯巳午	大暑下4	子丑申戌	丑午申酉	巳午申酉	子丑辰巳	立秋上2	丑巳午申	丑午未申	子丑午未	
黄道黑道	青龙	明堂	天刑	明堂	天刑	朱雀	金匮	天德	白虎	玉堂	天牢	元武	司命	勾陈	青龙	明堂	天刑	朱雀	金匮	天德	白虎	玉堂	天牢	元武	司命	勾陈	青龙	明堂	天刑	
八卦	艮	坤	乾	兑	离	震	巽	坎	艮	坤	乾	兑	离	震	巽	坎	艮	坤	乾	兑	离	震	巽	坎	艮	坤	乾	兑	离	
方位	东北东南	西北东南	西南正西	正南正西	东南正北	东北正北	西北正东	西南正东	正南正南	东南正南	东北东南	西北东南	西南正西	正南正西	东南正北	东北正北	西北正东	西南正东	正南正南	东南正南	东北东南	西北东南	西南正西	正南正西	东南正北	东北正北	西北正东	西南正东	正南正南	
五脏	肾	肾	脾	脾	心	心	肝	肝	肾	肾	肺	肺	心	心	肝	肝	脾	脾	肺	肺	心	心	肾	肾	脾	脾	肺	肺	肝	
子时时辰	甲子	丙子	戊子	庚子	壬子	甲子	丙子	戊子	庚子	壬子	甲子	丙子	戊子	庚子	壬子	甲子	丙子	戊子	庚子	壬子	甲子	丙子	戊子	庚子	壬子	甲子	丙子	戊子	庚子	
农事节令	午时朔		杨公忌	荷花节,申时小暑		天贶节,姑姑节,农暴		上弦,世界人口日				农暴,出梅	鲁班诞		夜子望		头伏		农暴	农暴,巳时大暑			下弦				二伏		建军节,农暴	

七月大

孟秋之月　猴月　戊申　氐宿

赤碧黄
白白白
黑绿紫

天道行北，日躔在巳宫，宜用甲丙庚壬时

初七日**立秋** 1:27　初一日**朔** 18:04

廿二日**处暑** 16:15　十六日**望** 15:27

农历	初一	初二	初三	初四	初五	初六	初七	初八	初九	初十	十一	十二	十三	十四	十五	十六	十七	十八	十九	二十	廿一	廿二	廿三	廿四	廿五	廿六	廿七	廿八	廿九	三十
阳历	2	3	4	5	6	7	8	9	10	11	12	13	14	15	16	17	18	19	20	21	22	23	24	25	26	27	28	29	30	31
星期	一	二	三	四	五	六	日	一	二	三	四	五	六	日	一	二	三	四	五	六	日	一	二	三	四	五	六	日	一	二
干支	癸丑	甲寅	乙卯	丙辰	丁巳	戊午	己未	庚申	辛酉	壬戌	癸亥	甲子	乙丑	丙寅	丁卯	戊辰	己巳	庚午	辛未	壬申	癸酉	甲戌	乙亥	丙子	丁丑	戊寅	己卯	庚辰	辛巳	壬午
28宿	危 破	室 危	壁 成	奎 收	娄 开	胃 闭	昴 闭	毕 建	觜 除	参 满	井 平	鬼 定	柳 执	星 破	张 危	翼 成	轸 收	角 开	亢 闭	氐 建	房 除	心 满	尾 平	箕 定	斗 执	牛 破	女 危	虚 成	危 收	室 开
五行	木	水	水	土	土	火	火	木	木	水	水	金	金	火	火	木	木	土	土	金	金	火	火	水	水	土	土	金	金	木
吉时（节元）	子 丑 辰 巳	立 秋 中 5	子 卯 午 申	子 寅 申 酉	辰 巳 午 未	卯 午 未 申	立 秋 下 8	辰 巳 未 申	寅 巳 午 未	巳 午 未 申	卯 辰 午 未	处 暑 上 1	丑 寅 卯 申	子 卯 午 酉	寅 卯 午 未	丑 卯 巳 申	处 暑 中 4	丑 寅 午 申	寅 卯 巳 申	子 丑 辰 巳	寅 辰 巳 午	处 暑 下 7	子 丑 寅 卯	子 丑 戌 亥	寅 卯 巳 午	丑 辰 巳 未	白 露 上 9	丑 寅 辰 午	丑 寅 午 未	丑 卯 午 未
黄道黑道	朱雀	金匮	天德	白虎	玉堂	天牢	玉堂	天牢	元武	司命	勾陈	青龙	明堂	天刑	朱雀	金匮	天德	白虎	玉堂	天牢	元武	司命	勾陈	青龙	明堂	天刑	朱雀	金匮	天德	白虎
八卦	坤	乾	兑	离	震	巽	坎	艮	坤	乾	兑	离	震	巽	坎	艮	坤	乾	兑	离	震	巽	坎	艮	坤	乾	兑	离	震	巽
方位	东南 正南	东北 东南	西北 东南	西南 正西	正南 正西	东南 正北	东北 正北	西北 正东	西南 正东	正南 正南	东南 正南	东北 东南	西北 东南	西南 正西	正南 正西	东南 正北	东北 正北	西北 正东	西南 正东	正南 正南	东南 正南	东北 东南	西北 东南	西南 正西	正南 正西	东南 正北	东北 正北	西北 正东	西南 正东	正南 正南
五脏	肝	肾	肾	脾	脾	心	心	肝	肝	肾	肾	肺	肺	心	心	肝	肝	脾	脾	肺	肺	心	心	肾	肾	脾	脾	肺	肺	肝
子时时辰	壬子	甲子	丙子	戊子	庚子	壬子	甲子	丙子	戊子	庚子	壬子	甲子	丙子	戊子	庚子	壬子	甲子	丙子	戊子	庚子	壬子	甲子	丙子	戊子	庚子	壬子	甲子	丙子	戊子	庚子
农事节令	酉时朔，杨公忌					绝日	丑时立秋，七夕，农暴	三伏	上弦						中元节	申时望	农暴	王母诞				申时处暑		下弦				农暴	杨公忌	

公元 2027 年　　农历丁未(羊)年

八月小

仲秋　之月　鸡月　己酉　房宿

白	黑	绿
黄	赤	紫
白	碧	白

天道行东北，日躔在辰宫，宜用艮巽坤乾时

初八日**白露** 4:29　初一日**朔** 1:40

廿三日**秋分** 14:02　十六日**望** 7:03

农历	初初初初初初初初初初十十十十十十十十十二廿廿廿廿廿廿廿廿廿三 一二三四五六七八九十一二三四五六七八九十一二三四五六七八九十
阳历	9月 2 3 4 5 6 7 8 9 10 11 12 13 14 15 16 17 18 19 20 21 22 23 24 25 26 27 28 29
星期	三四五六日一二三四五六日一二三四五六日一二三四五六日一二三
干支	癸甲乙丙丁戊己庚辛壬癸甲乙丙丁戊己庚辛壬癸甲乙丙丁戊己庚辛 未申酉戌亥子丑寅卯辰巳午未申酉戌亥子丑寅卯辰巳午未申酉戌亥
28宿	壁奎娄胃昴毕觜参井鬼柳星张翼轸角亢氐房心尾箕斗牛女虚危室壁 闭建除满平定执执破危成收开闭建除满平定执破危成收开闭建除满
五行	木水水土土火火木木水水金金火火木木土土金金火火水水土土金金
吉时（节元）	寅白子子丑丑白子子丑丑秋寅子子寅秋子寅子寅秋子丑巳子寒丑丑 卯露丑丑辰卯露丑寅寅卯分卯丑丑卯分丑卯丑卯分丑午午丑露巳午 辰中寅辰酉巳下辰卯辰辰上午未寅未中卯申午巳下申申申辰上午未 巳3酉巳戌申6巳巳巳巳7申戌午申1申亥未午4戌酉酉巳6申申
黄道黑道	玉天元司勾青明青明天朱金天白玉天元司勾青明天朱金天白玉天元 堂牢武命陈龙堂龙堂刑雀匮德虎堂牢武命陈龙堂刑雀匮德虎堂牢武
八卦	乾兑离震巽坎艮坤乾兑离震巽坎艮坤乾兑离震巽坎艮坤乾兑离震巽
方位	东东西西正东东西西正东东西西正东东西西正东东西西正东东西西 南北北南南南北北南南南北北南南南北北南南南北北南南南北北南 正东东正正正正正正正正东东正正正正正正正正东东正正正正正正 南南南西西北北东东南南南南西西北北东东南南南南西西北北东东
五脏	肝肾肾脾脾心心肝肝肾肾肺肺心心肝肝脾脾肺肺心心肾肾脾脾肺肺
子时时辰	壬甲丙戊庚壬甲丙戊庚壬甲丙戊庚壬甲丙戊庚壬甲丙戊庚壬甲丙戊 子子子子子子子子子子子子子子子子子子子子子子子子子子子子子
农事节令	丑时朔　农暴，北斗下降　上戊　寅时白露　上弦　教师节　中秋节　辰时望　全国科普日　农暴　离日　未时秋分，农暴　下弦　秋社　杨公忌　孔子诞辰

公元 2027 年　　农历丁未(羊)年

九月小

季秋之月　狗月　庚戌　心宿

天道行南,日躔在卯宫,宜用癸乙丁辛时

初九日寒露 20:18　初一日朔 10:35

廿四日霜降 23:33　十六日望 21:46

农历	初一	初二	初三	初四	初五	初六	初七	初八	初九	初十	十一	十二	十三	十四	十五	十六	十七	十八	十九	二十	廿一	廿二	廿三	廿四	廿五	廿六	廿七	廿八	廿九	三十
阳历	30	10月	2	3	4	5	6	7	8	9	10	11	12	13	14	15	16	17	18	19	20	21	22	23	24	25	26	27	28
星期	四	五	六	日	一	二	三	四	五	六	日	一	二	三	四	五	六	日	一	二	三	四	五	六	日	一	二	三	四
干支	壬子	癸丑	甲寅	乙卯	丙辰	丁巳	戊午	己未	庚申	辛酉	壬戌	癸亥	甲子	乙丑	丙寅	丁卯	戊辰	己巳	庚午	辛未	壬申	癸酉	甲戌	乙亥	丙子	丁丑	戊寅	己卯	庚辰
28宿	奎平	娄定	胃执	昴破	毕危	觜成	参收	井开	鬼开	柳闭	星建	张除	翼满	轸平	角定	亢执	氐破	房危	心成	尾收	箕开	斗闭	牛建	女除	虚满	危平	室定	壁执	奎破
五行	木	木	水	水	土	土	火	火	木	木	水	水	金	金	火	火	木	木	土	土	金	金	火	火	水	水	土	土	金
吉时(节元)	子丑午未	子丑辰巳	寒露中9	子卯午申	子寅申酉	辰巳午未	卯午未申	寒露下3	辰巳未申	寅巳午未	巳午未申	卯辰午未	霜降上5	丑寅卯申	子卯午酉	寅卯午未	丑卯巳申	霜降中8	丑寅午申	寅卯巳申	子丑辰巳	寅辰巳午	霜降下2	子丑寅卯	子丑戌亥	寅卯巳午	丑辰巳未	立冬上6	丑寅辰午
黄道黑道	司命	勾陈	青龙	明堂	天刑	朱雀	金匮	天德	金匮	天德	白虎	玉堂	天牢	元武	司命	勾陈	青龙	明堂	天刑	朱雀	金匮	天德	白虎	玉堂	天牢	元武	司命	勾陈	青龙
八卦	兑	离	震	巽	坎	艮	坤	乾	兑	离	震	巽	坎	艮	坤	乾	兑	离	震	巽	坎	艮	坤	乾	兑	离	震	巽	坎
方位	正南正南	东南正南	东北东南	西北东南	西南正西	正南正西	东南正北	东北正北	西北正东	西南正东	正南正南	东南正南	东北东南	西北东南	西南正西	正南正西	东南正北	东北正北	西北正东	西南正东	正南正南	东南正南	东北东南	西北东南	西南正西	正南正西	东南正北	东北正北	西北正东
五脏	肝	肝	肾	肾	脾	脾	心	心	肝	肝	肾	肾	肺	肺	心	心	肝	肝	脾	脾	肺	肺	心	心	肾	肾	脾	脾	肺
子时时辰	庚子	壬子	甲子	丙子	戊子	庚子	壬子	甲子	丙子	戊子	庚子	壬子	甲子	丙子	戊子	庚子	壬子	甲子	丙子	戊子	庚子	壬子	甲子	丙子	戊子	庚子	壬子	甲子	丙子
农事节令	国庆节 巳时朔,南斗下降							戊时寒露,重阳节,农暴 上弦						国际减灾日		亥时望	世界粮食日	国际消除贫困日	农暴				下弦	夜子霜降	杨公忌,联合国日		冷风信		

十月大

孟冬之月　猪月　辛亥　尾宿

绿紫黑
碧黄赤
白白白

天道行东，日躔在寅宫，宜用甲丙庚壬时

初十日**立冬** 23:39　初一日**朔** 21:35

廿五日**小雪** 21:17　十七日**望** 11:25

农历	初一	初二	初三	初四	初五	初六	初七	初八	初九	初十	十一	十二	十三	十四	十五	十六	十七	十八	十九	二十	廿一	廿二	廿三	廿四	廿五	廿六	廿七	廿八	廿九	三十
阳历	29	30	31	11月	2	3	4	5	6	7	8	9	10	11	12	13	14	15	16	17	18	19	21	20	22	23	24	25	26	27
星期	五	六	日	一	二	三	四	五	六	日	一	二	三	四	五	六	日	一	二	三	四	五	六	日	一	二	三	四	五	六
干支	辛巳	壬午	癸未	甲申	乙酉	丙戌	丁亥	戊子	己丑	庚寅	辛卯	壬辰	癸巳	甲午	乙未	丙申	丁酉	戊戌	己亥	庚子	辛丑	壬寅	癸卯	甲辰	乙巳	丙午	丁未	戊申	己酉	庚戌
28宿	娄	胃	昴	毕	觜	参	井	鬼	柳	星	张	翼	轸	角	亢	氐	房	心	尾	箕	斗	牛	女	虚	危	室	壁	奎	娄	胃
	危	成	收	开	闭	建	除	满	平	平	定	执	破	危	成	收	开	闭	建	除	满	平	定	执	破	危	成	收	开	闭
五行	金	木	木	水	水	土	土	火	火	木	木	水	水	金	金	火	火	木	木	土	土	金	金	火	火	水	水	土	土	金
吉时（节元）	丑寅午未	丑卯午未	寅卯辰巳	立冬中9	子丑寅酉	子丑辰巳	丑辰酉戌	丑卯巳申	立冬下3	子丑辰巳	子寅卯巳	丑寅辰巳	丑卯辰巳	小雪上5	寅卯午申	子丑未戌	子丑寅午	寅卯未申	小雪中8	子丑卯申	寅卯申亥	子丑午未	寅卯巳午	小雪下2	子丑申戌	丑午申酉	巳午申酉	子丑辰巳	大雪上4	丑巳午申
黄道黑道	明堂	天刑	朱雀	金匮	天德	白虎	玉堂	天牢	元武	天牢	元武	司命	勾陈	青龙	明堂	天刑	朱雀	金匮	天德	白虎	玉堂	天牢	元武	司命	勾陈	青龙	明堂	天刑	朱雀	金匮
八卦	离	震	巽	坎	艮	坤	乾	兑	离	震	巽	坎	艮	坤	乾	兑	离	震	巽	坎	艮	坤	乾	兑	离	震	巽	坎	艮	坤
方位	西南正东	正南正南	东南正南	东北东南	西北东南	西南正西	正南正西	东南正北	东北正北	西北正东	西南正东	正南正南	东南正南	东北东南	西北东南	西南正西	正南正西	东南正北	东北正北	西北正东	西南正东	正南正南	东南正南	东北东南	西北东南	西南正西	正南正西	东南正北	东北正北	西北正东
五脏	肺	肝	肝	肾	肾	脾	脾	心	心	肝	肝	肾	肾	肺	肺	心	心	肝	肝	脾	脾	肺	肺	心	心	肾	肾	脾	脾	肺
子时时辰	戊子	庚子	壬子	甲子	丙子	戊子	庚子	壬子	甲子	丙子	戊子	庚子	壬子	甲子	丙子	戊子	庚子	壬子	甲子	丙子	戊子	庚子	壬子	甲子	丙子	戊子	庚子	壬子	甲子	丙子
农事节令	亥时朔，祭祖节		世界勤俭日	万圣节					上弦，绝日	夜子立冬，农暴					下元节	寒婆婆生	午时望			农暴，国际大学生节			农暴，杨公忌	下弦	亥时小雪	寒婆婆死	五岳诞	感恩节		

公元 2027 年　　农历丁未(羊)年

十一月大　仲冬　之月　鼠月　壬子　箕宿

碧 白 白
黑 绿 白
赤 紫 黄

天道行东南，日躔在丑宫，宜用艮巽坤乾时

初十日**大雪** 16:38　初一日**朔** 11:23

廿五日**冬至** 10:43　十七日**望** 0:08

农历	初一	初二	初三	初四	初五	初六	初七	初八	初九	初十	十一	十二	十三	十四	十五
阳历	28	29	30	12月	2	3	4	5	6	7	8	9	10	11	12
星期	日	一	二	三	四	五	六	日	一	二	三	四	五	六	日
干支	辛亥	壬子	癸丑	甲寅	乙卯	丙辰	丁巳	戊午	己未	庚申	辛酉	壬戌	癸亥	甲子	乙丑
28宿	昴建	毕除	觜满	参平	井定	鬼执	柳破	星危	张成	翼成	轸收	角开	亢闭	氐建	房除
五行	金	木	木	水	水	土	土	火	火	木	木	水	水	金	金
吉时(节元)	丑午未申	子丑午未	子丑辰巳	大雪中7	子卯午申	子寅申酉	辰巳午未	卯午未申	大雪下1	辰巳未申	寅巳午未	巳午未申	卯辰午未	闰大雪上4	丑寅卯申
黄道黑道	天德	白虎	玉堂	天牢	元武	司命	勾陈	青龙	明堂	青龙	明堂	天刑	朱雀	金匮	天德
八卦	震	巽	坎	艮	坤	乾	兑	离	震	巽	坎	艮	坤	乾	兑
方位	西南正东	正南正南	东南正南	东北东南	西北东南	西南正西	正南正西	东南正北	东北正北	西北正东	西南正东	正南正南	东南正南	东北东南	西北东南
五脏	肺	肝	肝	肾	肾	脾	脾	心	心	肝	肝	肾	肾	肺	肺
子时时辰	戊子	庚子	壬子	甲子	丙子	戊子	庚子	壬子	甲子	丙子	戊子	庚子	壬子	甲子	丙子
农事节令	午时朔		农暴	世界艾滋病日					上弦	申时大雪					

农历	十六	十七	十八	十九	二十	廿一	廿二	廿三	廿四	廿五	廿六	廿七	廿八	廿九	三十
阳历	13	14	15	16	17	18	19	20	21	22	23	24	25	26	27
星期	一	二	三	四	五	六	日	一	二	三	四	五	六	日	一
干支	丙寅	丁卯	戊辰	己巳	庚午	辛未	壬申	癸酉	甲戌	乙亥	丙子	丁丑	戊寅	己卯	庚辰
28宿	心满	尾平	箕定	斗执	牛破	女危	虚成	危收	室开	壁闭	奎建	娄除	胃满	昴平	毕定
五行	火	火	木	木	土	土	金	金	火	火	水	水	土	土	金
吉时(节元)	子卯午酉	寅卯午未	丑卯巳申	闰大雪中7	丑寅午申	寅卯巳申	子丑辰巳	寅辰巳午	闰大雪下1	子丑寅卯	子丑戌亥	寅卯巳午	丑辰巳未	冬至上1	丑寅辰午
黄道黑道	白虎	玉堂	天牢	元武	司命	勾陈	青龙	明堂	天刑	朱雀	金匮	天德	白虎	玉堂	天牢
八卦	离	震	巽	坎	艮	坤	乾	兑	离	震	巽	坎	艮	坤	乾
方位	西南正西	正南正西	东南正北	东北正北	西北正东	西南正东	正南正南	东南正南	东北东南	西北东南	西南正西	正南正西	东南正北	东北正北	西北正东
五脏	心	心	肝	肝	脾	脾	肺	肺	心	心	肾	肾	脾	脾	肺
子时时辰	戊子	庚子	壬子	甲子	丙子	戊子	庚子	壬子	甲子	丙子	戊子	庚子	壬子	甲子	丙子
农事节令		农暴，子时望				杨公忌		澳门回归日	下弦，离日	巳时冬至，一九		平安夜	圣诞节	毛泽东诞辰	

公元 2027 年　　农历丁未(羊)年

十二月小	黑赤紫 白碧黄 白白绿	天道行西，日躔在子宫，宜用癸乙丁辛时 初十日**小寒** 3:55　初一日**朔** 4:11 廿四日**大寒** 21:22　十六日**望** 12:02
季冬 之月　牛月　癸丑　斗宿		

农历	初初初初初初初初初初十十十十十十十十十二廿廿廿廿廿廿廿廿廿三 一二三四五六七八九十一二三四五六七八九十一二三四五六七八九十
阳历	28 29 30 31 1月 2 3 4 5 6 7 8 9 10 11 12 13 14 15 16 17 18 19 20 21 22 23 24 25
星期	二三四五六日一二三四五六日一二三四五六日一二三四五六日一二
干支	辛壬癸甲乙丙丁戊己庚辛壬癸甲乙丙丁戊己庚辛壬癸甲乙丙丁戊己 巳午未申酉戌亥子丑寅卯辰巳午未申酉戌亥子丑寅卯辰巳午未申酉
28宿	觜参井鬼柳星张翼轸角亢氐房心尾箕斗牛女虚危室壁奎娄胃昴毕觜 执破危成收开闭建除除满平定执破危成收开闭建除满平定执破危成
五行	金木木水水土土火火木木水水金金火火木木土土金金火火水水土土
吉时（节元）	丑丑寅冬子子丑丑冬子子丑丑小寅子子寅小子寅子寅小子丑巳子大 寅卯卯至丑丑辰卯至丑寅寅卯寒卯丑丑卯寒丑卯丑卯寒丑午午丑寒 午午辰中寅辰酉巳下辰卯辰辰上午未寅未中卯申午巳下申申申辰上 未未巳7酉巳戌申4巳巳巳巳2申戌午申8申亥未午5戌酉酉巳3
黄道黑道	元司勾青明天朱金天金天白玉天元司勾青明天朱金天白玉天元司勾 武命陈龙堂刑雀匮德匮德虎堂牢武命陈龙堂刑雀匮德虎堂牢武命陈
八卦	巽坎艮坤乾兑离震巽坎艮坤乾兑离震巽坎艮坤乾兑离震巽坎艮坤乾
方位	西正东东西西正东东西西正东东西西正东东西西正东东西西正东东 南南南北北南南南北北南南南北北南南南北北南南南北北南南南北 正正正东东正正正正正正正正东东正正正正正正正正东东正正正正 东南南南南西西北北东东南南南南西西北北东东南南南南西西北北
五脏	肺肝肝肾肾脾脾心心肝肝肾肾肺肺心心肝肝脾脾肺肺心心肾肾脾脾
子时时辰	戊庚壬甲丙戊庚壬甲丙戊庚壬甲丙戊庚壬甲丙戊庚壬甲丙戊庚壬甲 子子子子子子子子子子子子子子子子子子子子子子子子子子子子子
农事节令	寅时朔 二九 元旦 腊八节，上弦，农暴 寅时小寒 三九 农暴 午时望，南岳大帝诞 杨公忌 四九 下弦 扫尘节，小年，亥时大寒 农暴，西帝朝天 除夕

公元 2028 年

农历戊申(猴)年(闰五月)

戊申岁干土支金,纳音属土。大利东西,不利南北。

七龙治水,四牛耕地,二日得辛,三人七饼。

太岁俞志,九星八白,独立黄猴,大驿阳土。岁德在戊,岁德合在癸,岁禄在巳,岁马在寅,奏书在坤,博士在艮,阳贵人在未,阴贵人在丑,太阳在酉,太阴在亥,龙德在卯,福德在巳。

太岁在申,岁破在寅,力士在乾,蚕室在巽,豹尾在戊,飞廉在辰。

公元 2028 年　农历戊申(猴)年（闰五月）

正月大

孟春之月　虎月　甲寅　牛宿

白	白	白
紫	黑	绿
黄	赤	碧

天道行南，日躔在亥宫，宜用甲丙庚壬时

初十日**立春** 15:32　初一日**朔** 23:12

廿五日**雨水** 11:26　十六日**望** 23:03

农历	初一	初二	初三	初四	初五	初六	初七	初八	初九	初十	十一	十二	十三	十四	十五	十六	十七	十八	十九	二十	廿一	廿二	廿三	廿四	廿五	廿六	廿七	廿八	廿九	三十
阳历	26	27	28	29	30	31	2月	2	3	4	5	6	7	8	9	10	11	12	13	14	15	16	17	18	19	20	21	22	23	24
星期	三	四	五	六	日	一	二	三	四	五	六	日	一	二	三	四	五	六	日	一	二	三	四	五	六	日	一	二	三	四
干支	庚戌	辛亥	壬子	癸丑	甲寅	乙卯	丙辰	丁巳	戊午	己未	庚申	辛酉	壬戌	癸亥	甲子	乙丑	丙寅	丁卯	戊辰	己巳	庚午	辛未	壬申	癸酉	甲戌	乙亥	丙子	丁丑	戊寅	己卯
28宿	参收	井开	鬼闭	柳建	星除	张满	翼平	轸定	角执	亢执	氐破	房危	心成	尾收	箕开	斗闭	牛建	女除	虚满	危平	室定	壁执	奎破	娄危	胃成	昴收	毕开	觜闭	参建	井除
五行	金	金	木	木	水	水	土	土	火	火	木	木	水	水	金	金	火	火	木	木	土	土	金	金	火	火	水	水	土	土
吉时（节元）	丑巳午申	丑午未申	子丑午未	子丑辰巳	大寒中9	子卯午申	子寅申酉	辰巳午未	卯午未申	大寒下6	辰巳未申	寅巳午未	巳午未申	卯辰午未	立春上8	丑寅卯申	子卯午酉	寅卯午未	丑卯巳申	立春中5	丑寅午申	寅卯巳申	子丑辰巳	寅辰巳午	立春下2	子丑寅卯	子丑戌亥	寅卯巳午	丑辰巳未	雨水上9
黄道黑道	青龙	明堂	天刑	朱雀	金匮	天德	白虎	玉堂	天牢	玉堂	天牢	元武	司命	勾陈	青龙	明堂	天刑	朱雀	金匮	天德	白虎	玉堂	天牢	元武	司命	勾陈	青龙	明堂	天刑	朱雀
八卦	离	震	巽	坎	艮	坤	乾	兑	离	震	巽	坎	艮	坤	乾	兑	离	震	巽	坎	艮	坤	乾	兑	离	震	巽	坎	艮	坤
方位	西北正东	西南正东	正南正南	东南正南	东北东南	西北东南	西南正西	正南正西	东南正北	东北正北	西北正东	西南正东	正南正南	东南正南	东北东南	西北东南	西南正西	正南正西	东南正北	东北正北	西北正东	西南正东	正南正南	东南正南	东北东南	西北东南	西南正西	正南正西	东南正北	东北正北
五脏	肺	肺	肝	肝	肾	肾	脾	脾	心	心	肝	肝	肾	肾	肺	肺	心	心	肝	肝	脾	脾	肺	肺	心	心	肾	肾	脾	脾
子时时辰	丙子	戊子	庚子	壬子	甲子	丙子	戊子	庚子	壬子	甲子	丙子	戊子	庚子	壬子	甲子	丙子	戊子	庚子	壬子	甲子	丙子	戊子	庚子	壬子	甲子	丙子	戊子	庚子	壬子	甲子
农事节令	春节，夜子朔	财神节，五九，二日得辛	三人七饼	四牛耕地	破五节		人胜节，七龙治水	上弦	绝日，农暴	申时立春，土神诞	六九		农暴		元宵节	夜子望			农暴	七九，情人节			下弦		填仓节，午时雨水				送穷节，八九，农暴	

公元2028年　农历戊申(猴)年(闰五月)

二月大

仲春之月　兔月　乙卯　女宿

紫	黄	赤
白	白	碧
绿	白	黑

天道行西南,日躔在戌宫,宜用艮巽坤乾时

初十日**惊蛰** 9:25　初一日**朔** 18:36

廿五日**春分** 10:18　十六日**望** 9:05

农历	初一	初二	初三	初四	初五	初六	初七	初八	初九	初十	十一	十二	十三	十四	十五
阳历	25	26	27	28	29	3月	2	3	4	5	6	7	8	9	10
星期	五	六	日	一	二	三	四	五	六	日	一	二	三	四	五
干支	庚辰	辛巳	壬午	癸未	甲申	乙酉	丙戌	丁亥	戊子	己丑	庚寅	辛卯	壬辰	癸巳	甲午
28宿	鬼满	柳平	星定	张执	翼破	轸危	角成	亢收	氐开	房开	心闭	尾建	箕除	斗满	牛平
五行	金	金	木	木	水	水	土	土	火	火	木	木	水	水	金
吉时(节元)	丑寅辰午	丑寅午未	丑卯午未	寅卯辰巳	雨水中6	子丑寅酉	子丑辰巳	丑辰酉戌	丑卯巳申	雨水下3	子丑辰巳	子寅卯巳	丑寅辰巳	丑卯辰巳	惊蛰上1
黄道黑道	金匮	天德	白虎	玉堂	天牢	元武	司命	勾陈	青龙	勾陈	青龙	明堂	天刑	朱雀	金匮
八卦	震	巽	坎	艮	坤	乾	兑	离	震	巽	坎	艮	坤	乾	兑
方位	西北正东	西南正东	正南正南	东南正南	东北东南	西北东南	西南正西	正南正西	东南正北	东北正北	西北正东	西南正东	正南正南	东南正南	东北东南
五脏	肺	肺	肝	肝	肾	肾	脾	脾	心	心	肝	肝	肾	肾	肺
子时时辰	丙子	戊子	庚子	壬子	甲子	丙子	戊子	庚子	壬子	甲子	丙子	戊子	庚子	壬子	甲子
农事节令	酉时朔,中和节	龙头节,闰女节,农暴	农暴				春斫暴	九九,上弦,农暴	上戊,农暴	巳时惊蛰	乌龟暴		妇女节,农暴		花朝节

农历	十六	十七	十八	十九	二十	廿一	廿二	廿三	廿四	廿五	廿六	廿七	廿八	廿九	三十
阳历	11	12	13	14	15	16	17	18	19	20	21	22	23	24	25
星期	六	日	一	二	三	四	五	六	日	一	二	三	四	五	六
干支	乙未	丙申	丁酉	戊戌	己亥	庚子	辛丑	壬寅	癸卯	甲辰	乙巳	丙午	丁未	戊申	己酉
28宿	女定	虚执	危破	室危	壁成	奎收	娄开	胃闭	昴建	毕除	觜满	参平	井定	鬼执	柳破
五行	金	火	火	木	木	土	土	金	金	火	火	水	水	土	土
吉时(节元)	寅卯午申	子丑未戌	子丑寅午	寅卯未申	惊蛰中7	子丑卯申	寅卯申亥	子丑午未	寅卯巳午	惊蛰下4	子丑申戌	丑午申酉	巳午申酉	子丑辰巳	春分上3
黄道黑道	天德	白虎	玉堂	天牢	元武	司命	勾陈	青龙	明堂	天刑	朱雀	金匮	天德	白虎	玉堂
八卦	离	震	巽	坎	艮	坤	乾	兑	离	震	巽	坎	艮	坤	乾
方位	西北东南	西南正西	正南正西	东南正北	东北正北	西北正东	西南正东	正南正南	东南正南	东北东南	西北东南	西南正西	正南正西	东南正北	东北正北
五脏	肺	心	心	肝	肝	脾	脾	肺	肺	心	心	肾	肾	脾	脾
子时时辰	丙子	戊子	庚子	壬子	甲子	丙子	戊子	庚子	壬子	甲子	丙子	戊子	庚子	壬子	甲子
农事节令	巳时望			农暴,观音诞	消费者权益日				下弦,离日	巳时春分	世界森林日	世界水日	农暴,世界气象日	春社,农暴,世界防治结核病日	

公元2028年　农历戊申(猴)年(闰五月)

三月大

季春　之月　龙月　丙辰　虚宿

白	绿	白
赤	紫	黑
碧	黄	白

天道行北，日躔在酉宫，宜用癸乙丁辛时

初十日**清明** 14:04　初一日**朔** 12:31

廿五日**谷雨** 21:10　十五日**望** 18:25

农历	初一	初二	初三	初四	初五	初六	初七	初八	初九	初十	十一	十二	十三	十四	十五
阳历	26	27	28	29	30	31	4月	2	3	4	5	6	7	8	9
星期	日	一	二	三	四	五	六	日	一	二	三	四	五	六	日
干支	庚戌	辛亥	壬子	癸丑	甲寅	乙卯	丙辰	丁巳	戊午	己未	庚申	辛酉	壬戌	癸亥	甲子
28宿	星 危	张 成	翼 收	轸 开	角 闭	亢 建	氐 除	房 满	心 平	尾 平	箕 定	斗 执	牛 破	女 危	虚 成
五行	金	金	木	木	水	水	土	土	火	火	木	木	水	水	金
吉时(节元)	丑 巳 午 申	丑 午 未 申	子 丑 午 未	子 丑 辰 巳	春 分 中 9	子 卯 午 申	子 寅 申 酉	辰 巳 午 未	卯 午 未 申	春 分 下 6	辰 巳 未 申	寅 巳 午 未	巳 午 未 申	卯 辰 午 未	清 明 上 4
黄道黑道	天牢	元武	司命	勾陈	青龙	明堂	天刑	朱雀	金匮	朱雀	金匮	天德	白虎	玉堂	天牢
八卦	巽	坎	艮	坤	乾	兑	离	震	巽	坎	艮	坤	乾	兑	离
方位	西北 正东	西南 正东	正南 正南	东南 正南	东北 东南	西北 东南	西南 正西	正南 正西	东南 正北	东北 正北	西北 正东	西南 正东	正南 正南	东南 正南	东北 东南
五脏	肺	肺	肝	肝	肾	肾	脾	脾	心	心	肝	肝	肾	肾	肺
子时时辰	丙子	戊子	庚子	壬子	甲子	丙子	戊子	庚子	壬子	甲子	丙子	戊子	庚子	壬子	甲子
农事节令	午时朔		三月三，桃花暴，				农暴	上弦	杨公忌	未时清明					酉时望，农暴

农历	十六	十七	十八	十九	二十	廿一	廿二	廿三	廿四	廿五	廿六	廿七	廿八	廿九	三十
阳历	10	11	12	13	14	15	16	17	18	19	20	21	22	23	24
星期	一	二	三	四	五	六	日	一	二	三	四	五	六	日	一
干支	乙丑	丙寅	丁卯	戊辰	己巳	庚午	辛未	壬申	癸酉	甲戌	乙亥	丙子	丁丑	戊寅	己卯
28宿	危 收	室 开	壁 闭	奎 建	娄 除	胃 满	昴 平	毕 定	觜 执	参 破	井 危	鬼 成	柳 收	星 开	张 闭
五行	金	火	火	木	木	土	土	金	金	火	火	水	水	土	土
吉时(节元)	丑 寅 卯 申	子 卯 午 酉	寅 卯 午 未	丑 卯 巳 申	清 明 中 1	丑 寅 午 申	寅 卯 巳 申	子 丑 辰 巳	寅 辰 巳 午	清 明 下 7	子 丑 寅 卯	子 丑 戌 亥	寅 卯 巳 午	丑 辰 巳 未	谷 雨 上 5
黄道黑道	元武	司命	勾陈	青龙	明堂	天刑	朱雀	金匮	天德	白虎	玉堂	天牢	元武	司命	勾陈
八卦	震	巽	坎	艮	坤	乾	兑	离	震	巽	坎	艮	坤	乾	兑
方位	西北 东南	西南 正西	正南 正西	东南 正北	东北 正北	西北 正东	西南 正东	正南 正南	东南 正南	东北 东南	西北 东南	西南 正西	正南 正西	东南 正北	东北 正北
五脏	肺	心	心	肝	肝	脾	脾	肺	肺	心	心	肾	肾	脾	脾
子时时辰	丙子	戊子	庚子	壬子	甲子	丙子	戊子	庚子	壬子	甲子	丙子	戊子	庚子	壬子	甲子
农事节令			中岳大帝诞	南斗下降				下弦，天石暴		亥时谷雨，猴子暴	农暴		东帝暴，世界地球日		

公元2028年　农历戊申(猴)年(闰五月)

四月小	赤碧黄 白白白 黑绿紫	天道行西，日躔在申宫，宜用甲丙庚壬时
孟夏之月　蛇月　丁巳　危宿		十一日**立夏** 7:13　初一日**朔** 3:46 廿六日**小满** 20:10　十五日**望** 3:48

农历	初初初初初初初初初初十十十十十十十十十二廿廿廿廿廿廿廿廿廿三 一二三四五六七八九十一二三四五六七八九十一二三四五六七八九十
阳历	25 26 27 28 29 30 5月 2 3 4 5 6 7 8 9 10 11 12 13 14 15 16 17 18 19 20 21 22 23
星期	二三四五六日一二三四五六日一二三四五六日一二三四五六日一二
干支	庚辛壬癸甲乙丙丁戊己庚辛壬癸甲乙丙丁戊己庚辛壬癸甲乙丙丁戊 辰巳午未申酉戌亥子丑寅卯辰巳午未申酉戌亥子丑寅卯辰巳午未申
28宿	翼轸角亢氐房心尾箕斗牛女虚危室壁奎娄胃昴毕觜参井鬼柳星张翼 建除满平定执破危成收收开闭建除满平定执破危成收开闭建除满平
五行	金金木木水水土土火火木木水水金金火火木木土土金金火火水水土
吉时（节元）	丑丑丑寅谷子子丑丑谷子子丑丑立寅子子寅立子寅子寅立子丑巳子 寅寅卯卯雨丑丑辰卯雨丑寅寅卯夏卯丑丑卯夏丑卯丑卯夏丑午午丑 辰午午辰中寅辰酉巳下辰卯辰辰上午未寅未中卯申午巳下申申申辰 午未未巳2酉巳戌申6巳巳巳巳4申戌午申1申亥未午7戌酉酉巳
黄道黑道	青明天朱金天白玉天元天元司勾青明天朱金天白玉天元司勾青明天 龙堂刑雀匮德虎堂牢武牢武命陈龙堂刑雀匮德虎堂牢武命陈龙堂刑
八卦	坎艮坤乾兑离震巽坎艮坤乾兑离震巽坎艮坤乾兑离震巽坎艮坤乾兑
方位	西西正东东西西正东东西西正东东西西正东东西西正东东西西正东 北南南南北北南南南北北南南南北北南南南北北南南南北北南南南 正正正正东东正正正正正正正东东正正正正正正正正东东正正正 东东南南南南西西北北东东南南南南西西北北东东南南南南西西北
五脏	肺肺肝肝肾肾脾脾心心肝肝肾肾肺肺心心肝肝脾脾肺肺心心肾肾脾
子时时辰	丙戊庚壬甲丙戊庚壬甲丙戊庚壬甲丙戊庚壬甲丙戊庚壬甲丙戊庚壬 子子子子子子子子子子子子子子子子子子子子子子子子子子子子子
农事节令	寅时朔，农暴 劳动节，杨公忌 牛王节，上弦，老虎暴 五四青年节，绝日 辰时立夏 寅时望，农暴 防灾减灾日 母亲节 国际家庭日 下弦 农暴 戌时小满

公元2028年　农历戊申(猴)年(闰五月)

五月大

仲夏之月　马月　戊午　室宿

白	黑	绿
黄	赤	紫
白	碧	白

天道行西北，日躔在未宫，宜用艮巽坤乾时

十三日**芒种** 11:17　初一日**朔** 16:15

廿九日**夏至**　4:02　十五日**望** 14:08

农历	初一	初二	初三	初四	初五	初六	初七	初八	初九	初十	十一	十二	十三	十四	十五	十六	十七	十八	十九	二十	廿一	廿二	廿三	廿四	廿五	廿六	廿七	廿八	廿九	三十
阳历	24	25	26	27	28	29	30	31	6月	2	3	4	5	6	7	8	9	10	11	12	13	14	15	16	17	18	19	20	21	22
星期	三	四	五	六	日	一	二	三	四	五	六	日	一	二	三	四	五	六	日	一	二	三	四	五	六	日	一	二	三	四
干支	己酉	庚戌	辛亥	壬子	癸丑	甲寅	乙卯	丙辰	丁巳	戊午	己未	庚申	辛酉	壬戌	癸亥	甲子	乙丑	丙寅	丁卯	戊辰	己巳	庚午	辛未	壬申	癸酉	甲戌	乙亥	丙子	丁丑	戊寅
28宿	轸	角	亢	氐	房	心	尾	箕	斗	牛	女	虚	危	室	壁	奎	娄	胃	昴	毕	觜	参	井	鬼	柳	星	张	翼	轸	角
	定	执	破	危	成	收	开	闭	建	除	满	平	平	定	执	破	危	成	收	开	闭	建	除	满	平	定	执	破	危	成
五行	土	金	金	木	木	水	水	土	土	火	火	木	木	水	水	金	金	火	火	木	木	土	土	金	金	火	火	水	水	土
吉时(节元)	小满上5	丑巳午申	丑午未申	子丑午未	子丑辰巳	小满中2	子卯午申	子寅申酉	辰巳午未	卯午未申	小满下8	辰巳未申	寅巳午未	巳午未申	卯辰午未	芒种上6	丑寅卯申	子卯午酉	寅卯午未	丑卯巳申	芒种中3	丑寅午申	寅卯巳申	子丑辰巳	寅辰巳午	芒种下9	子丑寅卯	子丑戌亥	寅卯巳午	丑辰巳未
黄道黑道	朱雀	金匮	天德	白虎	玉堂	天牢	元武	司命	勾陈	青龙	明堂	天刑	明堂	天刑	朱雀	金匮	天德	白虎	玉堂	天牢	元武	司命	勾陈	青龙	明堂	天刑	朱雀	金匮	天德	白虎
八卦	艮	坤	乾	兑	离	震	巽	坎	艮	坤	乾	兑	离	震	巽	坎	艮	坤	乾	兑	离	震	巽	坎	艮	坤	乾	兑	离	震
方位	东北正北	西北正东	西南正东	正南正南	东南正南	东北东南	西北东南	西南正西	正南正西	东南正北	东北正北	西北正东	西南正东	正南正南	东南正南	东北东南	西北东南	西南正西	正南正西	东南正北	东北正北	西北正东	西南正东	正南正南	东南正南	东北东南	西北东南	西南正西	正南正西	东南正北
五脏	脾	肺	肺	肝	肝	肾	肾	脾	脾	心	心	肝	肝	肾	肾	肺	肺	心	心	肝	肝	脾	脾	肺	肺	心	心	肾	肾	脾
子时时辰	甲子	丙子	戊子	庚子	壬子	甲子	丙子	戊子	庚子	壬子	甲子	丙子	戊子	庚子	壬子	甲子	丙子	戊子	庚子	壬子	甲子	丙子	戊子	庚子	壬子	甲子	丙子	戊子	庚子	壬子
农事节令	申时朔				端午节，杨公忌，端阳暴			上弦，世界无烟日	国际儿童节				午时芒种，世界环境日，磨刀暴		未时望，农暴			入梅		农暴，分龙	龙母暴		下弦			父亲节		离日	寅时夏至	

公元 2028 年　农历戊申(猴)年(闰五月)

闰五月小

仲夏 之月 马月 戊午 室宿

白黑绿
黄赤紫
白碧白

天道行西北，日躔在未宫，宜用艮巽坤乾时

十四日**小暑** 21:31

初一日**朔** 2:27

十五日**望** 2:10

农历	初一	初二	初三	初四	初五	初六	初七	初八	初九	初十	十一	十二	十三	十四	十五	十六	十七	十八	十九	二十	廿一	廿二	廿三	廿四	廿五	廿六	廿七	廿八	廿九	三十
阳历	23	24	25	26	27	28	29	30	7月	2	3	4	5	6	7	8	9	10	11	12	13	14	15	16	17	18	19	20	21	
星期	五	六	日	一	二	三	四	五	六	日	一	二	三	四	五	六	日	一	二	三	四	五	六	日	一	二	三	四	五	
干支	己卯	庚辰	辛巳	壬午	癸未	甲申	乙酉	丙戌	丁亥	戊子	己丑	庚寅	辛卯	壬辰	癸巳	甲午	乙未	丙申	丁酉	戊戌	己亥	庚子	辛丑	壬寅	癸卯	甲辰	乙巳	丙午	丁未	
28宿	亢收	氐开	房闭	心建	尾除	箕满	斗平	牛定	女执	虚破	危危	室成	壁收	奎收	娄开	胃闭	昴建	毕除	觜满	参平	井定	鬼执	柳破	星危	张成	翼收	轸开	角闭	亢建	
五行	土	金	金	木	木	水	水	土	土	火	火	木	木	水	水	金	金	火	火	木	木	土	土	金	金	火	火	水	水	
吉时（节元）	夏至上6	丑寅辰午	丑寅午未	丑卯午未	寅卯辰巳	夏至中3	子丑寅酉	子丑辰巳	丑辰酉戌	丑卯巳申	夏至下6	子丑辰巳	子寅卯巳	丑寅辰巳	丑卯辰巳	小暑上8	寅卯午申	子丑未戌	子丑寅午	寅卯未申	小暑中2	子丑卯申	寅卯申亥	子丑午未	寅卯巳午	小暑下5	子丑申戌	丑午申酉	巳午申酉	
黄道黑道	玉堂	天牢	元武	司命	勾陈	青龙	明堂	天刑	朱雀	金匮	天德	白虎	玉堂	白虎	玉堂	天牢	元武	司命	勾陈	青龙	明堂	天刑	朱雀	金匮	天德	白虎	玉堂	天牢	元武	
八卦	艮	坤	乾	兑	离	震	巽	坎	艮	坤	乾	兑	离	震	巽	坎	艮	坤	乾	兑	离	震	巽	坎	艮	坤	乾	兑	离	
方位	东北正北	西北正东	西南正东	正南正南	东南正南	东北东南	西北东南	西南正西	正南正西	东南正北	东北正北	西北正东	西南正东	正南正南	东南正南	东北东南	西北东南	西南正西	正南正西	东南正北	东北正北	西北正东	西南正东	正南正南	东南正南	东北东南	西北东南	西南正西	正南正西	
五脏	脾	肺	肺	肝	肝	肾	肾	脾	脾	心	心	肝	肝	肾	肾	肺	肺	心	心	肝	肝	脾	脾	肺	肺	心	心	肾	肾	
子时时辰	甲子	丙子	戊子	庚子	壬子	甲子	丙子	戊子	庚子	壬子	甲子	丙子	戊子	庚子	壬子	甲子	丙子	戊子	庚子	壬子	甲子	丙子	戊子	庚子	壬子	甲子	丙子	戊子	庚子	
农事节令	丑时朔	头莳	全国土地日	中莳，国际禁毒日		末莳		上弦	建党节，香港回归日					亥时小暑	丑时望		出梅		世界人口日			头伏	下弦							

公元 2028 年　农历戊申(猴)年(闰五月)

六月小	黄白碧 绿白白 紫黑赤	天道行东，日躔在午宫，宜用癸乙丁辛时 初一日**大暑** 14:55　初一日**朔** 11:01 十七日**立秋**　7:22　十五日**望** 16:10
季夏 之月 羊月 己未 壁宿		

农历	初初初初初初初初初初十十十十十十十十十二廿廿廿廿廿廿廿廿廿三 一二三四五六七八九十一二三四五六七八九十一二三四五六七八九十
阳历	22 23 24 25 26 27 28 29 30 31 8月 2 3 4 5 6 7 8 9 10 11 12 13 14 15 16 17 18 19
星期	六日一二三四五六日一二三四五六日一二三四五六日一二三四五六
干支	戊己庚辛壬癸甲乙丙丁戊己庚辛壬癸甲乙丙丁戊己庚辛壬癸甲乙丙 申酉戌亥子丑寅卯辰巳午未申酉戌亥子丑寅卯辰巳午未申酉戌亥子
28宿	氐房心尾箕斗牛女虚危室壁奎娄胃昴毕觜参井鬼柳星张翼轸角亢氐 除满平定执破危成收开闭建除满平定定执破危成收开闭建除满平定
五行	土土金金木木水水土土火火木木水水金金火火木木土土金金火火水
吉时(节元)	子大丑丑子子大子子辰卯大辰寅巳卯立丑子寅丑立丑寅子寅立子子 丑暑巳午丑丑暑卯寅巳午暑巳巳午辰秋寅卯卯卯秋寅卯丑辰秋丑丑 辰上午未午辰中午申午未下未午未午上卯午午巳中午巳辰巳下寅戌 巳7申申未巳1申酉未申4申未申未2申酉未申5申申巳午8卯亥
黄道黑道	司勾青明天朱金天白玉天元司勾青明青明天朱金天白玉天元司勾青 命陈龙堂刑雀匮德虎堂牢武命陈龙堂龙堂刑雀匮德虎堂牢武命陈龙
八卦	坤乾兑离震巽坎艮坤乾兑离震巽坎艮坤乾兑离震巽坎艮坤乾兑离震
方位	东东西西正东东西西正东东西西正东东西西正东东西西正东东西西 南北北南南南北北南南南北北南南南北北南南南北北南南南北北南 正正正正正正东东正正正正正正正正东东正正正正正正正正东东正 北北东东南南南南西西北北东东南南南南西西北北东东南南南南西
五脏	脾脾肺肺肝肝肾肾脾脾心心肝肝肾肾肺肺心心肝肝脾脾肺肺心心肾
子时时辰	壬甲丙戊庚壬甲丙戊庚壬甲丙戊庚壬甲丙戊庚壬甲丙戊庚壬甲丙戊 子子子子子子子子子子子子子子子子子子子子子子子子子子子子子
农事节令	午时朔，未时大暑 二伏，杨公忌 荷花节 天贶节，姑姑节，农暴 上弦 建军节 农暴 鲁班诞 申时望 绝日 辰时立秋 农暴 农暴 下弦，三伏 农暴

公元2028年　农历戊申(猴)年(闰五月)

七月大

孟秋之月　猴月　庚申　奎宿

天道行北，日躔在巳宫，宜用甲丙庚壬时

初三日**处暑** 22:02　初一日**朔** 18:44

十九日**白露** 10:23　十六日**望** 7:47

农历	初一	初二	初三	初四	初五	初六	初七	初八	初九	初十	十一	十二	十三	十四	十五	十六	十七	十八	十九	二十	廿一	廿二	廿三	廿四	廿五	廿六	廿七	廿八	廿九	三十
阳历	20	21	22	23	24	25	26	27	28	29	30	31	9月	2	3	4	5	6	7	8	9	10	11	12	13	14	15	16	17	18
星期	日	一	二	三	四	五	六	日	一	二	三	四	五	六	日	一	二	三	四	五	六	日	一	二	三	四	五	六	日	一
干支	丁丑	戊寅	己卯	庚辰	辛巳	壬午	癸未	甲申	乙酉	丙戌	丁亥	戊子	己丑	庚寅	辛卯	壬辰	癸巳	甲午	乙未	丙申	丁酉	戊戌	己亥	庚子	辛丑	壬寅	癸卯	甲辰	乙巳	丙午
28宿	房执	心破	尾危	箕成	斗收	牛开	女闭	虚建	危除	室满	壁平	奎定	娄执	胃破	昴危	毕成	觜收	参开	井开	鬼闭	柳建	星除	张满	翼平	轸定	角执	亢破	氐危	房成	心收
五行	水	土	土	金	金	木	木	水	水	土	土	火	火	木	木	水	水	金	金	火	火	木	木	土	土	金	金	火	火	水
吉时（节元）	寅卯巳午	丑辰巳未	处暑上1	丑寅辰午	丑寅午未	丑卯午未	寅卯辰巳	处暑中4	子丑寅酉	子丑辰巳	丑辰酉戌	丑卯巳申	处暑下7	子丑辰巳	子寅卯巳	丑寅辰巳	丑卯辰巳	白露上9	寅卯午申	子丑未戌	子丑寅午	寅卯未申	白露中3	子丑卯申	寅卯申亥	子丑午未	寅卯巳午	白露下6	子丑申戌	丑午申酉
黄道黑道	明堂	天刑	朱雀	金匮	天德	白虎	玉堂	天牢	元武	司命	勾陈	青龙	明堂	天刑	朱雀	金匮	天德	白虎	天德	白虎	玉堂	天牢	元武	司命	勾陈	青龙	明堂	天刑	朱雀	金匮
八卦	乾	兑	离	震	巽	坎	艮	坤	乾	兑	离	震	巽	坎	艮	坤	乾	兑	离	震	巽	坎	艮	坤	乾	兑	离	震	巽	坎
方位	正南正西	东南正北	东北正北	西北正东	西南正东	正南正南	东南正南	东北东南	西北东南	西南正西	正南正西	东南正北	东北正北	西北正东	西南正东	正南正南	东南正南	东北东南	西北东南	西南正西	正南正西	东南正北	东北正北	西北正东	西南正东	正南正南	东南正南	东北东南	西北东南	西南正西
五脏	肾	脾	脾	肺	肺	肝	肝	肾	肾	脾	脾	心	心	肝	肝	肾	肾	肺	肺	心	心	肝	肝	脾	脾	肺	肺	心	心	肾
子时时辰	庚子	壬子	甲子	丙子	戊子	庚子	壬子	甲子	丙子	戊子	庚子	壬子	甲子	丙子	戊子	庚子	壬子	甲子	丙子	戊子	庚子	壬子	甲子	丙子	戊子	庚子	壬子	甲子	丙子	戊子
农事节令	酉时朔，杨公忌		亥时处暑				七夕，农暴	上弦							中元节	辰时望	农暴	王母诞	巳时白露			教师节	下弦					农暴，全国科普日	杨公忌	

公元2028年　农历戊申(猴)年(闰五月)

八月小

仲秋之月　鸡月　辛酉　娄宿

碧	白	白
黑	绿	白
赤	紫	黄

天道行东北，日躔在辰宫，宜用艮巽坤乾时

初四日**秋分** 19:46　初一日**朔** 2:23

二十日**寒露** 2:09　十六日**望** 0:24

农历	初一	初二	初三	初四	初五	初六	初七	初八	初九	初十	十一	十二	十三	十四	十五	十六	十七	十八	十九	二十	廿一	廿二	廿三	廿四	廿五	廿六	廿七	廿八	廿九	三十
阳历	19	20	21	22	23	24	25	26	27	28	29	30	10月	2	3	4	5	6	7	8	9	10	11	12	13	14	15	16	17	
星期	二	三	四	五	六	日	一	二	三	四	五	六	日	一	二	三	四	五	六	日	一	二	三	四	五	六	日	一	二	
干支	丁未	戊申	己酉	庚戌	辛亥	壬子	癸丑	甲寅	乙卯	丙辰	丁巳	戊午	己未	庚申	辛酉	壬戌	癸亥	甲子	乙丑	丙寅	丁卯	戊辰	己巳	庚午	辛未	壬申	癸酉	甲戌	乙亥	
28宿	尾 开	箕 闭	斗 建	牛 除	女 满	虚 平	危 定	室 执	壁 破	奎 危	娄 成	胃 收	昴 开	毕 闭	觜 建	参 除	井 满	鬼 平	柳 定	星 定	张 执	翼 破	轸 危	角 成	亢 收	氐 开	房 闭	心 建	尾 除	
五行	水	土	土	金	金	木	木	水	水	土	土	火	火	木	木	水	水	金	金	火	火	木	木	土	土	金	金	火	火	
吉时（节元）	巳 午 申 酉	子 丑 辰 巳	秋 分 上 7	丑 巳 午 申	丑 午 未 申	子 丑 午 未	子 丑 辰 巳	秋 分 中 1	子 卯 午 申	子 寅 申 酉	辰 巳 午 未	卯 午 未 申	秋 分 下 4	辰 巳 未 申	寅 巳 午 未	巳 午 未 申	卯 辰 午 未	寒 露 上 6	丑 寅 卯 申	子 卯 午 酉	寅 卯 午 未	丑 卯 巳 申	寒 露 中 9	丑 寅 午 申	寅 卯 巳 申	子 丑 辰 巳	寅 辰 巳 午	寒 露 下 3	子 丑 寅 卯	
黄道黑道	天德	白虎	玉堂	天牢	元武	司命	勾陈	青龙	明堂	天刑	朱雀	金匮	天德	白虎	玉堂	天牢	元武	司命	勾陈	司命	勾陈	青龙	明堂	天刑	朱雀	金匮	天德	白虎	玉堂	
八卦	兑	离	震	巽	坎	艮	坤	乾	兑	离	震	巽	坎	艮	坤	乾	兑	离	震	巽	坎	艮	坤	乾	兑	离	震	巽	坎	
方位	正南 正西	东南 正北	东北 正北	西北 正东	西南 正东	正南 正南	东南 正南	东北 东南	西北 东南	西南 正西	正南 正西	东南 正北	东北 正北	西北 正东	西南 正东	正南 正南	东南 正南	东北 东南	西北 东南	西南 正西	正南 正西	东南 正北	东北 正北	西北 正东	西南 正东	正南 正南	东南 正南	东北 东南	西北 东南	
五脏	肾	脾	脾	肺	肺	肝	肝	肾	肾	脾	脾	心	心	肝	肝	肾	肾	肺	肺	心	心	肝	肝	脾	脾	肺	肺	心	心	
子时时辰	庚子	壬子	甲子	丙子	戊子	庚子	壬子	甲子	丙子	戊子	庚子	壬子	甲子	丙子	戊子	庚子	壬子	甲子	丙子	戊子	庚子	壬子	甲子	丙子	戊子	庚子	壬子	甲子	丙子	
农事节令	丑时朔	秋社，上戊	离日，农暴，北斗下降	戌时秋分				上弦					国庆节		中秋节	子时望				丑时寒露	农暴		下弦，农暴				杨公忌	世界粮食日	世界消除贫困日	

公元2028年 农历戊申(猴)年(闰五月)

九月小

季秋之月 狗月 壬戌 胃宿

黑	赤	紫
白	碧	黄
白	白	绿

天道行南，日躔在卯宫，宜用癸乙丁辛时

初六日**霜降** 5:14　　初一日**朔** 10:55

廿一日**立冬** 5:28　　十六日**望** 17:16

农历	初	初	初	初	初	初	初	初	初	初	十	十	十	十	十	十	十	十	十	二	廿	廿	廿	廿	廿	廿	廿	廿	廿	三
	一	二	三	四	五	六	七	八	九	十	一	二	三	四	五	六	七	八	九	十	一	二	三	四	五	六	七	八	九	十
阳历	18	19	20	21	22	23	24	25	26	27	28	29	30	31	11月	2	3	4	5	6	7	8	9	10	11	12	13	14	15	
星期	三	四	五	六	日	一	二	三	四	五	六	日	一	二	三	四	五	六	日	一	二	三	四	五	六	日	一	二	三	
干支	丙	丁	戊	己	庚	辛	壬	癸	甲	乙	丙	丁	戊	己	庚	辛	壬	癸	甲	乙	丙	丁	戊	己	庚	辛	壬	癸	甲	
	子	丑	寅	卯	辰	巳	午	未	申	酉	戌	亥	子	丑	寅	卯	辰	巳	午	未	申	酉	戌	亥	子	丑	寅	卯	辰	
28宿	箕	斗	牛	女	虚	危	室	壁	奎	娄	胃	昴	毕	觜	参	井	鬼	柳	星	张	翼	轸	角	亢	氐	房	心	尾	箕	
	满	平	定	执	破	危	成	收	开	闭	建	除	满	平	定	执	破	危	成	收	收	开	闭	建	除	满	平	定	执	
五行	水	水	土	土	金	金	木	木	水	水	土	土	火	火	木	木	水	水	金	金	火	火	木	木	土	土	金	金	火	
吉时(节元)	子	寅	丑	霜	丑	丑	丑	寅	霜	子	子	丑	丑	霜	子	子	丑	丑	立	寅	子	子	寅	立	子	寅	子	寅	立	
	丑	卯	辰	降	寅	寅	卯	卯	降	丑	丑	辰	卯	降	丑	寅	寅	卯	冬	卯	丑	丑	卯	冬	丑	卯	丑	卯	冬	
	戌	巳	巳	上	辰	午	午	辰	中	寅	辰	酉	巳	下	辰	卯	辰	辰	上	午	未	寅	未	中	卯	申	午	巳	下	
	亥	午	未	5	午	未	未	巳	8	酉	巳	戌	申	2	巳	巳	巳	巳	6	申	戌	午	申	9	申	亥	未	午	3	
黄道黑道	天	元	司	勾	青	明	天	朱	金	天	白	玉	天	元	司	勾	青	明	天	朱	天	朱	金	天	白	玉	天	元	司	
	牢	武	命	陈	龙	堂	刑	雀	匮	德	虎	堂	牢	武	命	陈	龙	堂	刑	雀	刑	雀	匮	德	虎	堂	牢	武	命	
八卦	离	震	巽	坎	艮	坤	乾	兑	离	震	巽	坎	艮	坤	乾	兑	离	震	巽	坎	艮	坤	乾	兑	离	震	巽	坎	艮	
方位	西	正	东	东	西	西	正	东	东	西	西	正	东	东	西	西	正	东	东	西	西	正	东	东	西	西	正	东	东	
	南	南	南	北	北	南	南	南	北	北	南	南	南	北	北	南	南	南	北	北	南	南	南	北	北	南	南	南	北	
	正	正	正	正	正	正	正	正	东	东	正	正	正	正	正	正	正	正	东	东	正	正	正	正	正	正	正	正	东	
	西	西	北	北	东	东	南	南	南	南	西	西	北	北	东	东	南	南	南	南	西	西	北	北	东	东	南	南	南	
五脏	肾	肾	脾	脾	肺	肺	肝	肝	肾	肾	脾	脾	心	心	肝	肝	肾	肾	肺	肺	心	心	肝	肝	脾	脾	肺	肺	心	
子时时辰	戊	庚	壬	甲	丙	戊	庚	壬	甲	丙	戊	庚	壬	甲	丙	戊	庚	壬	甲	丙	戊	庚	壬	甲	丙	戊	庚	壬	甲	
	子	子	子	子	子	子	子	子	子	子	子	子	子	子	子	子	子	子	子	子	子	子	子	子	子	子	子	子	子	
农事节令	巳时朔，南斗下降					卯时霜降	联合国日	上弦	重阳节，农暴					世界勤俭日	万圣节	酉时望			农暴	绝日	卯时立冬			下弦	杨公忌		冷风信			

公元 2028 年　农历戊申(猴)年(闰五月)

十月大

孟冬　之月　猪月　癸亥　昴宿

白白白
紫黑绿
黄赤碧

天道行东，日躔在寅宫，宜用甲丙庚壬时

初七日**小雪** 2:55　初一日**朔** 21:16

廿一日**大雪** 22:25　十七日**望** 9:39

农历	初一	初二	初三	初四	初五	初六	初七	初八	初九	初十	十一	十二	十三	十四	十五
阳历	16	17	18	19	20	21	22	23	24	25	26	27	28	29	30
星期	四	五	六	日	一	二	三	四	五	六	日	一	二	三	四
干支	乙巳	丙午	丁未	戊申	己酉	庚戌	辛亥	壬子	癸丑	甲寅	乙卯	丙辰	丁巳	戊午	己未
28宿	斗 破	牛 危	女 成	虚 收	危 开	室 闭	壁 建	奎 除	娄 满	胃 平	昴 定	毕 执	觜 破	参 危	井 成
五行	火	水	水	土	土	金	金	木	木	水	水	土	土	火	火
吉时（节元）	子 丑 申 戌	丑 午 申 酉	巳 午 申 酉	子 丑 辰 巳	小 雪 上 5	丑 巳 午 申	丑 午 未 申	子 丑 午 未	子 丑 辰 巳	小 雪 中 8	子 卯 午 申	子 寅 申 酉	辰 巳 午 未	卯 午 未 申	小 雪 下 2
黄道黑道	勾陈	青龙	明堂	天刑	朱雀	金匮	天德	白虎	玉堂	天牢	元武	司命	勾陈	青龙	明堂
八卦	震	巽	坎	艮	坤	乾	兑	离	震	巽	坎	艮	坤	乾	兑
方位	西北 东南	西南 正西	正南 正西	东南 正北	东北 正北	西北 正东	西南 正东	正南 正南	东南 正南	东北 东南	西北 东南	西南 正西	正南 正西	东南 正北	东北 正北
五脏	心	肾	肾	脾	脾	肺	肺	肝	肝	肾	肾	脾	脾	心	心
子时时辰	丙子	戊子	庚子	壬子	甲子	丙子	戊子	庚子	壬子	甲子	丙子	戊子	庚子	壬子	甲子
农事节令	亥时朔，祭祖节	国际大学生节					丑时小雪		上弦	农暴	感恩节				下元节

农历	十六	十七	十八	十九	二十	廿一	廿二	廿三	廿四	廿五	廿六	廿七	廿八	廿九	三十
阳历	12月	2	3	4	5	6	7	8	9	10	11	12	13	14	15
星期	五	六	日	一	二	三	四	五	六	日	一	二	三	四	五
干支	庚申	辛酉	壬戌	癸亥	甲子	乙丑	丙寅	丁卯	戊辰	己巳	庚午	辛未	壬申	癸酉	甲戌
28宿	鬼 收	柳 开	星 闭	张 建	翼 除	轸 除	角 满	亢 平	氐 定	房 执	心 破	尾 危	箕 成	斗 收	牛 开
五行	木	木	水	水	金	金	火	火	木	木	土	土	金	金	火
吉时（节元）	辰 巳 未 申	寅 巳 午 未	巳 午 未 申	卯 辰 午 未	大 雪 上 4	丑 寅 卯 申	子 卯 午 酉	寅 卯 午 未	丑 卯 巳 申	大 雪 中 7	丑 寅 午 申	寅 卯 巳 申	子 丑 辰 巳	寅 辰 巳 午	大 雪 下 1
黄道黑道	天刑	朱雀	金匮	天德	白虎	天德	白虎	玉堂	天牢	元武	司命	勾陈	青龙	明堂	天刑
八卦	离	震	巽	坎	艮	坤	乾	兑	离	震	巽	坎	艮	坤	乾
方位	西北 正东	西南 正东	正南 正南	东南 正南	东北 东南	西北 东南	西南 正西	正南 正西	东南 正北	东北 正北	西北 正东	西南 正东	正南 正南	东南 正南	东北 东南
五脏	肝	肝	肾	肾	肺	肺	心	心	肝	肝	脾	脾	肺	肺	心
子时时辰	丙子	戊子	庚子	壬子	甲子	丙子	戊子	庚子	壬子	甲子	丙子	戊子	庚子	壬子	甲子
农事节令	寒婆婆生，世界艾滋病日	巳时望			农暴	亥时大雪		农暴，杨公忌	下弦		寒婆婆死	五岳诞			

公元 2028 年　农历戊申(猴)年(闰五月)

十一月大

仲冬之月　鼠月　甲子　毕宿

紫	黄	赤
白	白	碧
绿	白	黑

天道行东南，日躔在丑宫，宜用艮巽坤乾时

初六日**冬至** 16:20　初一日**朔** 10:05

廿一日**小寒** 9:43　十七日**望** 0:47

农历	初一	初二	初三	初四	初五	初六	初七	初八	初九	初十	十一	十二	十三	十四	十五
阳历	16	17	18	19	20	21	22	23	24	25	26	27	28	29	30
星期	六	日	一	二	三	四	五	六	日	一	二	三	四	五	六
干支	乙亥	丙子	丁丑	戊寅	己卯	庚辰	辛巳	壬午	癸未	甲申	乙酉	丙戌	丁亥	戊子	己丑
28宿	女 闭	虚 建	危 除	室 满	壁 平	奎 定	娄 执	胃 破	昴 危	毕 成	觜 收	参 开	井 闭	鬼 建	柳 除
五行	火	水	水	土	土	金	金	木	木	水	水	土	土	火	火
吉时(节元)	子丑 寅卯	子丑 戌亥	寅卯 巳午	丑辰 巳未	冬至 上1	丑寅 辰午	丑寅 午未	丑卯 午未	寅卯 辰巳	冬至 中7	子丑 寅酉	子丑 辰巳	丑辰 酉戌	丑卯 巳申	冬至 下4
黄道黑道	朱雀	金匮	天德	白虎	玉堂	天牢	元武	司命	勾陈	青龙	明堂	天刑	朱雀	金匮	天德
八卦	巽	坎	艮	坤	乾	兑	离	震	巽	坎	艮	坤	乾	兑	离
方位	西北 东南	西南 正西	正南 正西	东南 正北	东北 正北	西北 正东	西南 正东	正南 正南	东南 正南	东北 东南	西北 东南	西南 正西	正南 正西	东南 正北	东北 正北
五脏	心	肾	肾	脾	脾	肺	肺	肝	肝	肾	肾	脾	脾	心	心
子时时辰	丙子	戊子	庚子	壬子	甲子	丙子	戊子	庚子	壬子	甲子	丙子	戊子	庚子	壬子	甲子
农事节令	巳时朔		农暴		离日，澳门回归日	申时冬至，一九			上弦，平安夜	圣诞节	毛泽东诞辰				二九

农历	十六	十七	十八	十九	二十	廿一	廿二	廿三	廿四	廿五	廿六	廿七	廿八	廿九	三十
阳历	31	1月	2	3	4	5	6	7	8	9	10	11	12	13	14
星期	日	一	二	三	四	五	六	日	一	二	三	四	五	六	日
干支	庚寅	辛卯	壬辰	癸巳	甲午	乙未	丙申	丁酉	戊戌	己亥	庚子	辛丑	壬寅	癸卯	甲辰
28宿	星 满	张 平	翼 定	轸 执	角 破	亢 破	氐 危	房 成	心 收	尾 开	箕 闭	斗 建	牛 除	女 满	虚 平
五行	木	木	水	水	金	金	火	火	木	木	土	土	金	金	火
吉时(节元)	子丑 辰巳	子寅 卯巳	丑寅 辰巳	丑卯 辰巳	小寒 上2	寅卯 午申	子丑 未戌	子丑 寅午	寅卯 未申	小寒 中8	子丑 卯申	寅卯 申亥	子丑 午未	寅卯 巳午	小寒 下5
黄道黑道	白虎	玉堂	天牢	元武	司命	元武	司命	勾陈	青龙	明堂	天刑	朱雀	金匮	天德	白虎
八卦	震	巽	坎	艮	坤	乾	兑	离	震	巽	坎	艮	坤	乾	兑
方位	西北 正东	西南 正东	正南 正南	东南 正南	东北 东南	西北 东南	西南 正西	正南 正西	东南 正北	东北 正北	西北 正东	西南 正东	正南 正南	东南 正南	东北 东南
五脏	肝	肝	肾	肾	肺	肺	心	心	肝	肝	脾	脾	肺	肺	心
子时时辰	丙子	戊子	庚子	壬子	甲子	丙子	戊子	庚子	壬子	甲子	丙子	戊子	庚子	壬子	甲子
农事节令		子时望，元旦				巳时小寒，杨公忌			下弦，三九			农暴			

公元 2028 年　农历戊申(猴)年(闰五月)

十二月小

季冬之月　牛月　乙丑　觜宿

白绿白
赤紫黑
碧黄白

天道行西，日躔在子宫，宜用癸乙丁辛时

初六日**大寒** 3:02　初一日**朔** 1:23

二十日**立春** 21:21　十六日**望** 14:02

农历	初初初初初初初初初初十十十十十十十十十二廿廿廿廿廿廿廿廿廿三 一二三四五六七八九十一二三四五六七八九十一二三四五六七八九十
阳历	15 16 17 18 19 20 21 22 23 24 25 26 27 28 29 30 31 2月 2 3 4 5 6 7 8 9 10 11 12
星期	一二三四五六日一二三四五六日一二三四五六日一二三四五六日一
干支	乙丙丁戊己庚辛壬癸甲乙丙丁戊己庚辛壬癸甲乙丙丁戊己庚辛壬癸 巳午未申酉戌亥子丑寅卯辰巳午未申酉戌亥子丑寅卯辰巳午未申酉
28宿	危室壁奎娄胃昴毕觜参井鬼柳星张翼轸角亢氐房心尾箕斗牛女虚危 定执破危成收开闭建除满平定执破危成收开开闭建除满平定执破危
五行	火水水土土金金木木水水土土火火木木水水金金火火木木土土金金
吉时（节元）	子丑巳子大丑丑子子大子子辰卯大辰寅巳卯立丑子寅丑立丑寅子寅 丑午午丑寒巳午丑丑寒卯寅巳午寒巳巳午辰春寅卯卯卯春寅卯丑辰 申申申辰上午未午辰中午申午未下未午未午上卯午午巳中午巳辰巳 戌酉酉巳3申申未巳9申酉未申6申未申未8申酉未申5申申巳午
黄道黑道	玉天元司勾青明天朱金天白玉天元司勾青明青明天朱金天白玉天元 堂牢武命陈龙堂刑雀匮德虎堂牢武命陈龙堂龙堂刑雀匮德虎堂牢武
八卦	坎艮坤乾兑离震巽坎艮坤乾兑离震巽坎艮坤乾兑离震巽坎艮坤乾兑
方位	西西正东东西西正东东西西正东东西西正东东西西正东东西西正东 北南南南北北南南南北北南南南北北南南南北北南南南北北南南南 东正正正正正正正正东东正正正正正正正正东东正正正正正正正正 南西西北北东东南南南南西西北北东东南南南南西西北北东东南南
五脏	心肾肾脾脾肺肺肝肝肾肾脾脾心心肝肝肾肾肺肺心心肝肝脾脾肺肺
子时时辰	丙戊庚壬甲丙戊庚壬甲丙戊庚壬甲丙戊庚壬甲丙戊庚壬甲丙戊庚壬 子子子子子子子子子子子子子子子子子子子子子子子子子子子子子
农事节令	丑时朔 寅时大寒 腊八节，农暴 上弦 农暴 未时望 绝日，杨公忌 亥时立春 下弦 扫尘节，小年 农暴，西帝朝天 除夕

六、增广贤文

昔时贤文，诲汝谆谆，集韵增文，多见多闻。观今宜鉴古，无古不成今。知己知彼，将心比心。酒逢知己饮，诗向会人吟。相识满天下，知心能几人。相逢好似初相识，到老终无怨恨心。近水知鱼性，近山识鸟音。易涨易退山溪水，易反易覆小人心。运去金成铁，时来铁似金，读书须用意，一字值千金。逢人且说三分话，未可全抛一片心。有意栽花花不发，无心插柳柳成荫。画虎画皮难画骨，知人知面不知心。钱财如粪土，仁义值千金。流水下滩非有意，白云出岫本无心。当时若不登高望，谁信东流海洋深。路遥知马力，事久见人心。两人一般心，无钱堪买金，一人一般心，有钱难买针。相见易得好，久住难为人。马行无力皆因瘦，人不风流只为贫。饶人不是痴汉，痴汉不会饶人。是亲不是亲，非亲却是亲。美不美，乡中水，亲不亲，故乡人。莺花犹怕春光老，岂可教人枉度春。相逢不饮空归去，洞口桃花也笑人。红粉佳人休使老，风流浪子莫教贫。在家不会迎宾客，出外方知少主人。黄金无假，阿魏无真。客来主不顾，应恐是痴人。贫居闹市无人问，富在深山有远亲。谁人背后无人说，哪个人前不说人。有钱道真语，无钱语不真。不信但看筵中酒，杯杯先劝有钱人。闹里有钱，静处安身。来如风雨，去似微尘。长江后浪推前浪，世上新人赶旧人。近水楼台先得月，向阳花木早逢春。莫道君行早，更有早行人。莫信直中直，须防仁不仁。山中有直树，世上无直人。自恨枝无叶，莫怨太阳偏。大家都是命，半点不由人。一年之计在于春，一日之计在于寅，一家之计在于和，一生之计在于勤。责人之心责己，恕己之心恕人。守口如瓶，防意如城。宁可人负我，切莫我负人。再三须慎意，第一莫欺心。虎生犹可近，人熟不堪亲。来说是非者，便是是非人。远水难救近火，远亲不如近邻。有茶有酒多兄弟，急难何曾见一人。人情似纸张张薄，世事如棋局局新。山中也有千年树，世上难逢百岁人。力微休负重，言轻莫劝人。无钱休入众，遭难莫寻亲。平生莫作皱眉事，世上应无切齿人。士者国之宝，儒为席上珍。若要断酒法，醒眼看醉人。求人须求大丈夫，济人须济急时无。渴时一滴如甘露，醉后添杯不如无。久住令人贱，频来亲也疏。酒中不语真君子，财上分明大丈夫。出家如初，成佛有余。积金千两，不如明解经书。养子不教如养驴，养女不教如养猪。有田不耕仓廪虚，有书不读子孙愚。仓廪虚兮岁月乏，子孙愚兮礼义疏。同君一席话，胜读十年书。人不通今古，马牛如襟裾。茫茫四海人无数，哪个男儿是丈夫。白酒酿成缘好客，黄金散尽为收书。救人一命，胜造七级浮屠。城门失火，殃及池鱼。庭前生瑞草，好事不如无。欲求生富贵，须下死工夫。百年成之不足，一旦败之有余。人心似铁，官法如炉。善化不足，恶化有余。水太清则无鱼，人至察则无徒。知者减半，省者全无。在家由父，出家从夫。痴人畏妇，贤女敬夫。是非终日有，不听自然无。宁可正而不足，不可邪而有余。宁可信其有，不可信其无。竹篱茅舍风光好，道院僧堂终不如。命里有时终须有，命里无时莫强求。道院迎仙客，书堂隐相儒。庭栽栖凤竹，池养化龙鱼。结交须胜己，似我不如无。但看三五日，相见不如初。人情似水分高下，世事如云任卷舒。会说说都是，不会说无礼。磨刀恨不利，刀利伤人指。求财恨不得，财多害自己。知足常足，终身不辱。知止常止，终身不耻。有福伤财，无福伤己。差之毫厘，失之千里。若登高必自卑，若涉远必自迩。三思而行，再思可矣。使口不如自走，求人不如求己。小时是兄弟，长大各乡里。妒财莫妒食，怨生莫怨死。人见白头嗔，我见白头喜。多少少年亡，不到白头死。墙有缝，壁有耳。好事不出门，恶事传千里。贼是小人，知过君子。君子固穷，小人穷斯滥也。贫穷自在，富贵多忧。不以我为德，反以我为仇。宁向直中取，不可曲中求。人无远虑，必有近忧。知我者为我心忧，不知我者谓我何求。晴天不肯去，只待雨淋头。成事莫说，覆水难收。是非只为多开口，烦恼皆因强出头。忍得一时之气，免得百日之忧。近来学得乌龟法，得缩头时且缩头。惧法朝朝乐，欺公日日忧。人生一世，草生一春。黑发不知勤学早，看看又是白头翁。月到十五光明少，人到中年万事休。儿孙自有儿孙福，莫为儿孙作马牛。人生不满百，常怀千岁忧。今朝有酒今朝醉，明日愁来明日忧。路逢险处难回避，事到头来不自由。药能医假病，酒不解真愁。人贫不语，水平不流。一家有女百家求，一马不行百马忧。有花方酌酒，无月不登楼。三杯通大道，一醉解千愁。深山毕竟藏猛虎，大海终须纳细流。惜花须检点，爱月不梳头。大抵选他肌骨好，不擦红粉也风流。受恩深处宜先退，得意浓时便可休。莫待是非来入耳，从前恩爱反为仇。留得五湖明月在，不愁无处下金钩。休别有鱼处，莫恋浅滩头。去时终须去，再三留不住。忍一句，息一怒，饶一着，退一步。三十不豪，四十不富，五十将来寻死路。生不论魂，死不认尸。父母恩深终有别，夫妻义重也分离。人生似鸟同林宿，大限来时各自飞。人善被人欺，马善被人骑。人无横财不富，马无野草不肥。人恶人怕天不怕，人善人欺天不欺。善恶到头终有报，只争来早与来迟。黄河尚有澄清日，岂可人无得运时。得宠思辱，安居虑危。念念有如临敌日，心心常似过桥时。英雄行险道，富贵似花枝。人情莫道春光好，只怕秋来有冷时。送君千里，终须一别。但将冷眼看螃蟹，看你横行到几时。见事莫说，问事不知。闲事休管，无事早归。假缎染就真红色，也被旁人说是非。善事可作，恶事莫为。许人一物，千金不移。龙生龙子，虎生豹儿。龙游浅水遭虾戏，虎落平阳被犬欺。一举首登龙虎榜，十年身到凤凰池。十年窗下无人问，一举成名天下知。酒债寻常行处有，人生七十古来稀。养儿待老，积谷防饥。鸡豚狗彘之畜，无失其时。数家之口，可以无饥矣。常将有日思无日，莫把无时当有时。时来风送滕王阁，运去雷轰荐福碑。入门休问荣枯事，观看容颜便得知。官清书吏瘦，神灵庙祝肥。息却雷霆之怒，罢却虎狼之威。饶人算人之本，输人算人之机。好言难得，恶语易施。一言既出，驷马难追。道吾好者是吾贼，道吾恶者是吾师。路逢侠客须呈剑，不是才人莫献诗。三人同行，必有我师，择其善者而从之，其不善者而改之。少壮不努力，老大徒悲伤。人有善愿，天必佑之。莫饮卯时酒，昏昏醉到酉。莫骂酉时妻，一夜受孤凄。种麻得麻，种豆得豆。天眼恢恢，疏而不漏。见官莫向前，做客莫在后。宁添一斗，莫添一口。螳螂捕蝉，岂知黄雀在后。不求金玉重重贵，但愿儿孙个个贤。一日夫妻，百世姻缘。百世修来同船渡，千世修来共枕眠。杀人一万，自损三千。伤人一语，利如刀割。枯木逢春犹再发，人无两度再少年。未晚先投宿，鸡鸣早看天。将相胸前堪走马，公侯肚里好撑船。富人思来年，穷人思眼前。世上若要人情好，赊去物件莫取钱。死生有命，富贵在天。击石原有火，不击乃无烟。为学始知道，不学亦徒然。莫笑他人老，终须还到老。但能依本分，终须无烦恼。君子爱财，取之有道。贞妇爱色，纳之以礼。善有善报，恶有恶报。不是不报，日子不到。人而无信，不知其可也。一人道好，千人传实。凡事要好，须问三老。若争小可，便失大道。年年防饥，夜夜防盗。学者如禾如稻，不学者如蒿如草。遇饮酒时须饮酒，得高歌处且高歌。因风吹火，用力不多。不因渔父引，怎得见波涛。无求到处人情好，不饮从他酒价高。知事少时烦恼少，识人多处是非多。入山不怕伤人虎，只怕人情两面刀。强中更有强中手，恶人须用恶人磨。会使不在家豪富，风流不用着衣多。光阴似箭，日月如梭。天时不如地利，地利不如人和。黄金未为贵，安乐值钱多。世上万般皆下品，思量唯有读书高。世间好语书说尽，天下名山僧占多。为善最乐，为恶难逃。羊有跪乳之恩，鸦有反哺之义。你急他未急，人闲心不闲。隐恶扬善，执其两端。妻贤夫祸少，子孝父心宽。既坠釜甑，反顾无益。翻覆之水，收之实难。人生知足何时足，人老偷闲且是闲。但有绿杨堪系马，处处有路透长安。见者易，学者难。莫将容易得，便作等闲看。用心计较般般错，退步思量事事难。道路各别，养家一般。从俭入奢易，从奢入俭难。知音说与知音听，不是知音莫与弹。点石化为金，人心犹未足。信了肚，卖了屋。他人观花，不涉你目。他人碌碌，不涉你足。谁人不爱子孙贤，谁人不爱千钟粟。莫把真心空计较，五行不是这题目。与人不和，劝人养鹅。与人不睦，劝人架屋。但行好事，莫问前程。河狭水急，人急计生。明知山有虎，莫向虎山行。路不行不到，事不为不成。人不劝不善，钟不打不鸣。无钱方断酒，临老始看经。点塔七层，不如暗处一灯。万事劝人休瞒昧，举头三尺有神明。但存方寸土，留与子孙耕。灭却心头火，剔起佛前灯。惺惺常不足，懵懵作公卿。众星朗朗，不如孤月独明。兄弟相害，不如自生。合理可作，小利莫争。牡丹花好空入目，枣花虽小结实成。欺老莫欺小，欺人心不明。随分耕锄收地利，他时饱满谢苍天。得忍且忍，得耐且耐。不忍不耐，小事成大。相论逞英雄，家计渐渐退。贤妇令夫贵，恶妇令夫败。一人有庆，兆民咸赖。人老心未老，人穷志莫穷。人无千日好，花无百日红。杀人可恕，情理难容。乍富不知新受用，乍贫难改旧家风。座上客常满，樽中酒不空。屋漏更遭连年雨，行船又遇打头风。笋因落箨方成竹，鱼为奔波始化龙。记得少年骑竹马，看看又是白头翁。礼义生于富足，盗贼出于贫穷。天上众星皆拱北，世间无水不朝东。君子安平，达人知命。忠言逆耳利于行，良药苦口利于病。顺天者存，逆天者亡。人为财死，鸟为食亡。夫妻相合好，琴瑟与笙簧。有儿贫不久，无子富不长。善必寿老，恶必早亡。爽口食多偏作药，快心事过恐生殃。富贵定要安本分，贫穷不必枉思量。画水无风空作浪，绣花虽好不闻香。贪他一斗米，失却半年粮。争他一脚豚，反失一肘羊。龙归晚洞云犹湿，麝过春山草木香。平生只会量人短，何不回头把自量。见善如不及，见恶如探汤。人贫志短，马瘦毛长。自家心里急，他人未知忙。贫无达士将金赠，病有高人说药方。触来莫与说，事过心清凉。秋至满山多秀色，春来无处不花香。凡人不可貌相，海水不可斗量。清清之水，为土所防。济济之士，为酒所伤。蒿草之下，或有兰香。茅茨之屋，或有侯王。无限朱门生饿殍，几多白屋出仕卿。醉后乾坤大，壶中日月长。万事皆已定，浮生空白茫。千里送毫毛，礼轻仁义重。一人传虚，百人传实。世事明如镜，前程暗似漆。光阴黄金难买，一世如驹过隙。良田万倾，日食一升。大厦千间，夜眠八尺。千经万典，孝义为先。一字入公门，九牛拖不出。衙门八字开，有理无钱莫进来。富从升合起，贫因不算来。家中无才子，官从何处来。万事不由人计较，一生都是命安排。急行慢行，前程只有多少路。人间私语，天闻若雷。暗室亏心，神目如电。一毫之恶，劝人莫作。一毫之善，与人方便。欺人是祸，饶人是福。天眼恢恢，报应甚速。圣贤言语，神钦鬼伏。人各有心，心各有见。口说不如身逢，耳闻不如目见。养军千日，用在一朝。国清才子贵，家富小儿骄。利刀割体痕易合，恶语伤人恨不消。公道世间唯白发，贵人头上不曾饶。有钱堪出众，无衣懒出门。为官须作相，及第必争先。苗从地发，树向枝分。父子和而家不退，兄弟和而家不分。官有正条，民有和约。闲时不烧香，急时抱佛脚。幸生太平无事日，恐逢年老不多时。国乱思良将，家贫思贤妻。池塘积水须防旱，田地勤耕足养家。根深不怕风摇动，树正无愁月影斜。奉劝君子，各宜守己。只此程式，万无一失。

七、民间神佛诞辰、纪念日

正月　初一　弥勒佛（布袋和尚）圣诞
　　　初五　五路财神圣诞
　　　初六　清水祖师诞
　　　初八　五殿阎罗王诞
　　　初九　玉皇大帝万寿
　　　十三　刘猛将军（虫王神）诞
　　　十五　上元天官诞
　　　　　　门神户尉诞
　　　　　　临水夫人（陈靖姑）千秋
　　　十九　长春真人（丘处机）诞
　　　二十　招财童子诞
二月　初一　一殿秦广王千秋
　　　初二　济公菩萨诞
　　　　　　福德正神千秋
　　　初三　文昌帝君诞
　　　初六　东华大帝圣诞
　　　初八　三殿宋帝王圣诞
　　　十五　太上老君圣诞
　　　　　　精忠岳王（岳飞）诞
　　　　　　九天玄女娘娘圣诞
　　　十九　观音菩萨圣诞
　　　　　　四殿五官王诞
　　　廿一　普贤菩萨圣诞
三月　初一　二殿楚江王千秋
　　　初三　玄天真武大帝圣诞
　　　初八　六殿卞城王千秋
　　　十五　昊天大帝千秋
　　　　　　赵公元帅（赵公明）诞

	十六	准提菩萨圣诞
	十八	中岳大帝圣诞
	十九	南斗星君圣诞
	二十	注生娘娘诞
	廿三	妈祖圣诞
	廿六	鬼谷先师千秋
	廿七	七殿泰山王千秋
	廿八	东岳大帝圣诞
		制字先师（仓颉）诞
四月	初一	八殿都市王千秋
	初四	文殊菩萨圣诞
	初八	佛祖释迦牟尼万寿
		九殿平等王千秋
	十八	北极紫微大帝圣诞
		华佗神医先师千秋
	廿一	托塔天王（李靖）诞
	廿六	神农先帝万寿
	廿七	十殿转轮王千秋
五月	初一	南极长生大帝圣诞
	十一	城隍诞
	十八	张天师（张道陵）诞
六月	初三	韦驮尊天菩萨诞
	初六	崔判官诞
	十二	彭祖（寿星）诞
	廿三	关圣帝君圣诞
	廿四	雷祖大帝诞
七月	初七	七星娘娘千秋
		大成魁星诞
	十三	大势至菩萨圣诞
	十五	中元地官大帝圣诞
	十八	王母娘娘圣诞
	十九	值年太岁星君千秋
	廿二	太白金星圣诞

	三十	地藏王菩萨圣诞
八月	初三	北斗星君圣诞
		九天司命灶君（灶王爷）诞
	初十	北岳大帝圣诞
	十五	太阴星君诞
	十八	酒仙圣诞
	廿二	燃灯古佛圣诞
九月	初一	南斗星君诞
	初九	斗母星君圣诞
		酆都大帝圣诞
	十三	孟婆神诞
	十五	女娲娘娘圣诞
	十七	金龙四大天王圣诞
	廿八	五显灵公（财神）圣诞
	三十	琉璃光佛生
十月	初一	东皇大帝诞
	初五	达摩祖师诞
	初八	火德星君圣诞
	十二	齐天大圣（孙悟空）诞
	十五	下元水官大帝圣诞
	十八	五百阿罗汉会
	廿五	感天大帝（许真人）诞
	廿七	紫微星君圣诞
十一月	初四	安南尊王圣诞
	十一	太乙救苦天尊圣诞
	十七	西方妙善阿弥陀佛圣诞
	十九	九莲菩萨圣诞
	廿三	张仙大帝（送子神）诞
十二月	十六	南岳大帝圣诞
	廿九	华严菩萨生